中国风景园林学会规划设计委员会
中国风景园林学会信息委员会　编
中国勘察设计协会园林设计分会

Landscape
Architects

风景园林师 **19**

中国风景园林规划设计集

中国建筑工业出版社

图书在版编目（CIP）数据

风景园林师：中国风景园林规划设计集．19 ／ 中国
风景园林学会规划设计委员会，中国风景园林学会信息委
员会，中国勘察设计协会园林设计分会编．—北京：中
国建筑工业出版社，2020.10
ISBN 978-7-112-25326-5

Ⅰ．①风…　Ⅱ．①中…②中…③中…　Ⅲ．①园林设
计－中国－图集　Ⅳ．① TU986.2-64

中国版本图书馆 CIP 数据核字（2020）第 130215 号

责任编辑：田启铭　郑淮兵　杜　洁　兰丽婷
责任校对：王　烨

风景园林师 19

中国风景园林规划设计集

中国风景园林学会规划设计委员会
中国风景园林学会信息委员会　编
中国勘察设计协会园林设计分会
*
中国建筑工业出版社出版、发行（北京海淀三里河路 9 号）
各地新华书店、建筑书店经销
北京富诚彩色印刷有限公司印刷
*
开本：880 毫米 ×1230 毫米　1/16　印张：12$\frac{1}{2}$　字数：412 千字
2020 年 12 月第一版　2020 年 12 月第一次印刷
定价：**138.00** 元
ISBN 978-7-112-25326-5
　　　　（36104）

迁想妙得（代序）

尊敬的各位领导、尊敬的在座的园林规划设计同道，我今天很高兴受到大会邀请，我发言的题目叫作"迁想妙得"。搬迁的迁，思想的想，奇妙的妙，得到的得。这是我们中华民族文化艺术的一个共同的理法，它对中国传统园林规划设计产生了深远的影响。

首先要"不忘初心"，"初心"就是我们的历史传统，包括我们党和国家的传统，包括各方面文化艺术的传统。比如现在我们从事园林艺术是一种意象艺术。从"意"到"象"，就是意在手先，最后要做出环境的形象。这个"意"属于文学，属于第二信号系统，它们怎么样能够从"意"飞跃到"形象"？就靠迁想妙得。迁想，就是这个"象"以外还有什么相应的因素？觅因成果，比方我们现在都讲正能量，但是我们在运用文化艺术的时候，不一定就原本地去讲它正能量。古代有些书斋，我说几个名字，一个书斋叫作"思无邪"，就是思想没有歪斜的，我觉得这个本身就是正能量。还有，在广东佛山清代有个书斋，叫"无懈怠斋"，就是没有懈怠。我们现代的书法家给自己的书斋取名字，取什么名字？叫"逆坂斋"，逆就是倒着，坂就是一个土字旁一个反，也就是坡，逆坂也就是上坡、爬山，但是这个逆坂它更有文学的意味在里面。

我们园林中也有很多取名字取得好的例子，它的好就是能够用诗化来概括本身的综合的功能。比如昆明圆通山，圆通山南边有圆通寺，圆通寺就借圆通山作为屏障，把冬天的寒风都挡住了。圆通山的山脚是黄颜色的岩石，因为下面还有泉，所以上面长了一些苔藓。它面向南，早上东方太阳升起来，呈现紫色，晚上夕阳一抹金，所以这个山壁就很漂亮。他给这个壁起了个什么名字？叫作"衲霞屏"，我先讲这个屏，一个屏字就是屏障，就说明了这个山和寺的关系，寺以山为屏，然后它的主景就是霞，朝霞、晚霞。这个霞怎么来的？是纳进来的，纳入的。但是它这个衲是一种特殊的写法，是一个衣字旁一个内。我们知道和尚他做衣服，叫百衲僧衣，就是一百家的布做成的衣服，所以看到这个衲就知道是个寺庙。所以仅仅用了衲霞屏三个字就把寺庙和山的关系以及景的特色讲得清清楚楚，而且诗意绵长。

在峨眉山有一个景，叫作清音阁。清音阁的周边有三个山两条溪谷，溪水的流量很大，山的坡度也很大，借这个山谷做一个共鸣箱，所以就产生音响效果。"未必丝与竹，山水有清音。"它的面向是坐北朝南，所以在它的北边做了一个寺庙，这个寺庙就叫清音阁。在中间的山脊上做了一个亭子，叫作双桥清音，因为两边有两个桥。最后这两条水流合起来了，合涧，合的地方有一块石头，两条水流就冲洗着这块石头。这本来是自然的现象，但是借这两个水，一个从北边来，北边叫玄武，就是黑的，一个是从西边来，叫白虎，是白的，所以把这个由自然现象产生的景物叫作"黑白二水洗牛心"。就是水流冲着那块石头，把石头叫"牛心石"。为什么叫牛心石？因为我们人认为牛它的音乐水平比较低，对牛弹琴，所以叫牛心石。水流一直冲它，就把这个石头越冲越小，越磨越细。所以这么一个自然的景色，加入了人文，就是"黑白二水洗牛心"，景物因人成胜概，这就是中国园林的特色，天人合一。

现代也很多，我们工程院（中国工程院）大门向北，门开开以后，需要一个对景，要放一块山石，工程院放一块石头应该有它的特色，所以首先就要有心中之石，工程院的院士是人民的院士，这个人民是个文学概念。怎么样把这个文学概念变成一个形象？就想到鲁迅讲的"俯首甘为孺子牛"，说孺子牛他就是人民，而且他由文学意念转为形象。所以我就想象到西藏的牦牛，头低着，肩膀耸得很高，在那儿奋蹄春耕，所以这样我就有了心中之石。有了心中之石，我到房山去选石头，还真选到一块像牦牛一样的石头，把心中石搬来放在工程院，也给它起了个名，叫作"院标石扉"。因为它上面要题中国工程院，是我们的院标，但是它是一个大门，是一个石扉。通过孺子牛做一个迁想，这样我就把这个山石设计成功了。

深圳市委旁边有一个100多年的荔枝园，古荔枝，我们把它改造成一个山水园，其中碰到一个问题，有一个大的机井直径大概6米，水质很好，水量也很足，怎么利用？提出了两个方案：第一个方案，把它填平了。第二个方案，把它做个立体花坛。我认为，这个井它本身还有井的功能，所以我就联想到古代的园林怎么利用井？就想到在留园有个五峰仙馆，五峰仙馆的西边有一个建筑，叫作"吸古得绠处"。因为五峰仙馆是一个书馆，吸古得绠，就是说我们要吸收古代的文化，要得到井绳，绠就是一个绞丝旁一个更加的更。这给我的启发，我就把那个大机井变成小井，而且同时想到，不仅是吸古得绠，而且是修绠汲深泉。就是井绳子越长你吸的古代文化越深，这样的话我们就把这个难点变成一个景点，就叫作"古荔新泉"。把这个井做好以后在上面刻上"修绠汲深泉"。这样就是一种既古且新，就是在传承的基础上进行创新。

最近北京的雁栖湖来请我给它取景名，我说景名主要是要跟景相符。他们有一棵唐代的国槐，1000多年，很粗，生长得很好，给它取个什么名字？他们叫"老圃问槐"。圃就是花圃的圃，花圃的工人来问候这个槐树。我觉得这样没有发挥这个雁栖湖的作用，雁栖湖是我们现在"一带一路"国际会议的会址。所以我就请教古书《广群芳谱》去查这个槐，一查，国槐的槐就是人的胸怀的怀，怀什么？怀来者与之谋，就是心里老想着外面有人来，然后干什么？与之谋，跟他一块商量。这个正好就是"一带一路"的精神实质，所以我们就建议把这个景改成"怀来与谋"。

最后，我跟大家举一个例子。就是现在很多居民小区都取西洋的名字，塞纳河左岸、西班牙什么什么的，但是我们的校友很好，我给你们举两个例子。一个是在座的李金路，一个是园林局原来的总工李炜民，他们也是做的西洋的名字，但他进去以后把它改造了。挖水池子，摆山石，用传统木头门挂对联，最终做出来以后，大家都到他们这儿来参观，就是化洋为中。

这个钟爱传统的力量是很大的，为什么我们在苏联专家支援我们的时候，我们所有的文化古迹都岿然不动呢？并不是不动，而是咱们保卫它。苏联那个时候也做了西湖的改造方案，大轴线、对称，但是咱们都没用，为什么？我们有一个民族文化的自尊心。李金路有一个小院，他在院中开水池，这个水池的水与降水是平衡的，不需要特殊的供水，并且他把附近别人扔的石磨盘这些老物件都放进院子里，一布置起来很漂亮。

我去看了以后很高兴，就给他作了一首诗，什么诗？院子外面都是青山绿水，不是有十渡吗，他那儿叫九渡。头一句就是"日看青山养累目"。白天他看青山，他搞设计，用眼睛太多了，累了，养一养。古代都养盆景、菖蒲，绿的，看书看累了怎么办？就把眼睛转过来看看菖蒲，这样眼睛就恢复了，所以头句诗"日看青山养累目"。"夜聆九渡月清疏，水木小院搬古磨"，就是他把这些石磨都搬来了。"计门后生理精庐"，这个"理精庐"是一个地理的理，精致的精，居住的房子的庐，这样的话我就把他的名字跟院子的环境结合起来了，这都是迁想妙得。

所以我认为迁想妙得是我们取之不尽、用之不竭的民族传统宝藏，所以我愿意介绍给大家，跟大家共同去学习、探讨，谢谢大家。

contents

目 录

contents

contents

记录中国风景园林足迹

中国城市建设研究院有限公司 / 李金路

在社会快速转型、经济高速发展、城市化急速推进中，风景园林也面临着前所未有的发展机遇和挑战，众多的物质和精神矛盾，丰富的规划与设计论题正在召唤着我们去研究论述。

一、回顾

2019 年是风景园林规划设计成果交流 20 周年，又正值中华人民共和国建国 70 周年的好日子，我想用一首打油诗回首小结：

跨越 20 载，交流 40 天；出书 18 本，献礼 70 年。

从 1999 年由中国城市规划设计研究院初次举办的风景园林规划设计交流会算起，全国的行业成果已经跨世纪交流整整 20 年；从中国城市规划设计研究院，到建设部城市建设研究院，再到中国风景园林规划设计中心，最后扩张到全风景园林规划设计行业，交流的地点也从北京逐渐扩展到了全国，交流的成果之花开遍祖国大地。如果每次会议以实际交流 2 天时间来计算，大家总共累计交流的时间为 40 天，共交流项目 700 余个。由中国建筑工业出版社出版的《风景园林师》已经保留下 18 卷的交流记录，今年的交流成果将编入第 19 卷；从形式和内容上看，从交流会初期的手绘图、两个人手拉图纸的汇报方式，到今天的丰富的交流展示形式，规划设计交流的数量和质量都发生了翻天覆地的变化。《风景园林师》这本年度集从一个技术侧面记载了 20 世纪中国经济社会强劲发展和民族鼎立复兴背景下的风景园林专业发展历程！这是各位风景园林师的践行轨迹。

二、定位

聚沙可以塑成塔，众人拾柴火焰高。如果说单个项目是平凡的，那么累计 40 天的交流就是不凡的；如果说单个规划设计项目是某一个风景园林师的工程杰作，那么连续 20 年的记录积累就是风景园林行业的伟大工程，是我们的智慧结晶。而且，随着岁月的推移，《风景园林师》必将日益显示出它历史印记的重要性！中国风景园林行业发展过程中，不仅仅需要及时完整、准确记录处于规划设计实践第一线的时代印记、地域特色、单位人物、思想方法、工程技术、经营管理、多样类型之原真档案，更需要实现自我内省、传承创新的转型升级。每年一度的"中国风景园林规划设计大会"与《风景园林师》印刷出版的关系，是相互对应、相互补充的互促关系，是动态实践与静心思想、短暂交流与长久记录、激动的智慧碰撞与深刻的思想沉淀的结合。《风景园林师》与相关人居环境行业的学术杂志，以及与风景园林行业中的《中国园林》《风景园林》等杂志的功能定位，应当做到相辅相成。《中国园林》着重风景园林的综合性学术研究层面，《风景园林》重视风景园林的高校探索研究，而《风景园林师》特别反映风景园林业界的践行研究。

三、思考

"中国风景园林规划设计大会"可以视为每年一度的行业"庙会"。除了台上正式规定动作的"高大上"交流汇报之外，还有台下的辅助活动：同行的感情互动、朋友相识、信息沟通、还要有成果的记录、人物的留痕、思想的沉淀，目的是促进风景园林师的单位和个人实践的总结提升。回顾改革开放 40 年来，风景园林业界建成的哪些作品称得上是"高值低价"、具有保留价值的园林遗产，而不是"高价低值"、仅仅可算出价格的功能绿地？真心期望我们所有优秀的风景园林规划设计作品，都是某种程度的精神提升，都是具有文化属性的劳动创作，都能够给社会留下准文物性质的作品，都能为国家和民族的复兴积淀成风景园林遗产！

抓铁应有痕，踏石必留印。我们最担心的是大家都在埋头拉车，没有注意走过这段中国改革历史时空留下的行业车辙。或者，由于缺乏思想文化，使得在大量社会投资和个人心血后建设的产品，给后人留下的不是"非物质文化遗产"，而成为"非物质文化遗产"。

四、稿源

《风景园林师》将从每年一次的交流成果的汇总，争取逐渐能够每季度一次的季刊出版，以便更及时、全面地记录风景园林规划设计行业的真实进程，方便全国的专业部门和单位纳入征订目录。《风景园林师》不是大院俱乐部，但却应当浓缩、记录中国当代风景园林规划设计作品、思想、人物的深刻印迹。结合风景园林规划设计行业的发展，放眼开来，《风景园林师》每年刊登作品稿件的来源有 4 个方面：(1) 各单位每年度在中国风景园林学会规划设计大会上的推荐优选，30 余个；(2) 各个省市从事风景园林规划设计研究的大院中，从每年技术储备中推荐的重大典型项目作品，30 余个；(3) 民企、外企的风景园林规划和景观设计公司推荐作品，30 余个；(4) 邀约的各位风景园林名家名师规划设计的得意创新之作，30 余个。我们可以统筹安排出版每年 4 期，总共记录 120 ~ 150 个的规划设计项目，使《风景园林师》具有规划设计领域的时代代表性、广泛分布的地域代表性、风景园林行业三方合作创新的代表性和初心起源的深度代表性。这些构想也是《风景园林师》创始团队与主编的一贯梦想，愿各位风景园林人齐心协力，让我们的梦想成真！

五、本版

2019 年度的风景园林大会，结合国家和各地经济社会发展的改革动态，涉及 10 个分会场。包括院士专家的主旨发言，论述风景园林行业的初心溯源、回顾总结、创新拓展、学科融合、跨界探索、不忘使命。《风景园林师》集成为行业结构的 6 个板块，包括：发展论坛、风景名胜、园林绿地系统、花园公园、景观环境、风景园林工程。规划设计交流会与作品集互为支撑，交相辉映。

六、展望

未来风景园林拓展、融合的领域，将会从大地景物规划、绿地系统规划、园林艺术创作和景观环境发展，随着需求侧的扩展，进一步演绎出风景旅游、世界遗产保护、园林城市、美丽乡村、特色小镇、生态修复、文化创意、休闲度假、视觉景观等新题目。用祖国丰富的历史文化整合山水林田城，构筑城镇乡村家庭美好生活。

各位同仁，20 年的交流转瞬即过，放眼展望未来风景园林规划设计成果交流 30 年，还有仅仅 1 万多天，时不我待。等到 2050 年，正值建国 100 年之后，届时诸君再聚会交流，希望用我们最高水平的规划设计成果，为共和国的百年大寿献上厚礼——以《风景园林师》记录下实现中华民族的伟大复兴的风景园林的原真足迹。

最后让我再用一首打油诗表达期待：

展望 30 载，再会 60 天；出书 100 本，献礼 100 年。

未来一万天，吾龄 90 年；与君共回味，历史记"风园"。

衷心感谢风景园林业界 20 年的鼎力合作！

李金路

2020 年 5 月 5 日于北京

中国国家公园制度探索的历史记忆

郑淑玲　钟石泉

自 1872 年美国建立世界上第一个国家公园——黄石国家公园以来，经过近 100 多年的研究和发展，"国家公园"已经成为一项世界性的自然文化遗产保护运动，被世界各国和地区广泛接受并应用于各自实践，形成了各具特色的国家公园制度。

1930 年风景园林先贤陈植主编的《国立太湖公园计划书》出版，是迄今所见最早成果。其前言说明了"国立公园四字，相缀而成名词，盖译之英语'National Park'者也"；认为"……故为发扬太湖之整个风景计，绝非零碎之湖滨公园，及森林公园能完成此伟业，而需有待于由国家经营之国立公园者也"；并强调"（National Park）盖国立公园之本义，乃所以永久保存一定区域内之风景，以备公众之享用者也。国立公园事业有二，一为风景之保存，一为风景之启发，二者缺一，国立公园之本意遂失"。至今在庐山风景名胜区的展馆中仍然保留着关于编制庐山国家公园规划大纲 [1]。

20 世纪 50 ~ 60 年代中华人民共和国的自然保护和风景名胜事业兴起，70 年代在改革开放大潮中，有着数千年历史的风景名胜区工作被提上国家议事日程，明确了要借鉴国家公园的成功经验，引发了建立国家公园的理论与实践探索。1979 年 1 月，邓小平同志访美签订的中美建交后的第一个中美科技合作协定和文化协定就包含了风景名胜区与国家公园交流的内容 [2]。在选择名称时，为了突出强调自然与文化相结合的中国风景传统文化发展理念，在"中国国家公园""风景名胜区"和"自然风景区" 3 个名称中选取了"风景名胜区"这一名称，但对外则称为国家公园，因而在国家级风景名胜区徽志上对应的英文名称是"National Park of China" [1]。1982 年正式建立中国风景名胜区制度，标志着国家公园制度在中国的探索迈出坚实的一步。

1998 年，中华人民共和国建设部（现为住房和城乡建设部）风景名胜区管理办公室与美国内政部国家公园管理局签署了关于在保护和管理国家公园及其他文化与自然遗产方面开展合作的谅解备忘录。《谅解备忘录》成为中美两国代表团互访、开展培训及分享园区管理经验的框架 [3]。1999 年 9 月，建设部风景名胜区管理办公室在华盛顿与美国国家公园管理局签署了《关于风景名胜区管理与保护的两年合作计划》，至 2012 年先后共签署了 5 次两年行动计划，开展务实合作。

此后，以我国风景名胜区及其管理部门为主体，多次赴美等国家进行了国家公园技术培训、资源管理、解说展示、规划设计和姊妹公园联谊等交流合作活动。至 2012 年，27 个国家级风景名胜区与国外的国家公园建立了友好公园，共派出 2061 名技术人员赴国外学习交流，接待 133801 名国外国家公园相关工作人员访问交流 [2]。

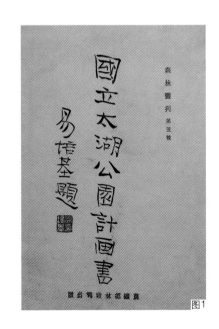

图1

图2

图 1　国立太湖公园计划书
图 2　国家级风景名胜区徽志

图3　赵宝江（左四），郑淑玲
　　　（右三），李如生（左一），
　　　冯忠华（左二），秦福荣
　　　（左三）（图片来源：美国驻
　　　华大使馆微信公众号）
图4　中美代表签署合作计划：
　　　郑淑玲（右）

　　2013年，《中共中央关于全面深化改革若干重
大问题的决定》明确提出建立国家公园体制，再次
掀起我国"国家公园建设试点"的新潮。

　　现如今《谅解备忘录》是美国鱼类和野生动物
管理局与中国自然资源保护委员会合作的基础，也
是目前与中国国家林业和草原局（SFA）就在中国
建立国家公园系统合作的基础[3]。

参考文献

[1]　贾建中，邓武功，束晨阳.中国国家公园制度建设
　　　途径研究［J］.中国园林，2015（2）：8-12.

[2]　住房和城乡建设部.中国风景名胜区事业发展公报
　　　（1982—2012）.

[3]　美国驻华大使馆微信公众号.2019-08-10.

风景名胜区功能定位与国家保护地体系

贾建中

风景名胜区是中国特有的一种保护地类型,与中华民族传统文化特质一脉相承。与单纯的自然保护地相比,她具有深厚的文化内涵;与文化类保护地相比,她具有优越的自然景观环境本底,在国家保护地体系中独具特色。

一、风景名胜区定位

风景名胜资源属国家公共资源,风景名胜区事业是国家公益事业。中国风景名胜区是由国务院设立和命名的自然与文化交织、保护与利用兼得的国家保护地,具备文化与自然综合保护管理职能。

在百废待兴的改革开放初期,国务院根据中国国情决定设立"中国风景名胜区",建立了具有中国特色的国家保护地类型。1979年1月,中美建交后邓小平同志访美第一次签订的中美科技合作协定和文化协定就包含了风景名胜区与国家公园对应的交流内容。1982年,国务院正式建立风景名胜区制度,1985年颁布《风景名胜区管理暂行条例》,2006年颁发《风景名胜区条例》,风景名胜区作为一种国家保护地类型渐趋成熟。

我国风景名胜区在建立伊始借鉴了国外国家公园规划、建设、管理的理念和制度,在长期发展中,根据中国国情和历史文化特点,以我为主,守正创新,在资源构成、设立目标、功能定位、体制机制、管理模式等方面形成了鲜明的中国特色,成为最具中国特色的一种保护地类型。

二、风景名胜区价值

我国风景名胜区凝结了大自然亿万年的神奇造化,承载着华夏文明五千年的丰厚积淀,是自然史和文化史的天然博物馆,是人与自然和谐发展的典范之区,是中华民族薪火相传的共同财富。

风景名胜区源于古代的名山大川、邑郊游憩地和社会"八景"活动。五千年延绵不断的中华文明是其文化源泉,管子之"人与天调,然后天地之大美生",老子之"道法自然",孔子之"知者乐水、仁者乐山",孟子之"顺天者存,逆天者亡",这些关于人与自然关系的哲学思想,充分体现了中华民族从文化层面、哲学高度认识自然、保护自然、利用自然的价值观和方法论,具有独特的"生态文化"价值特征。经过数千年历史文化与自然的交织、融合、演化,中国风景名胜区已经成为中华文化的重要载体、我国生态文明和美丽中国的典型代表,以及向世界展示中华文化理念的重要窗口,对华夏历史乃至世界文明产生了极其重要的影响。

我国244个国家级风景名胜区中,绝大部分具有丰富的自然与文化资源,具有世界级价值和影响。目前我国55项世界遗产中有35项与风景名胜区有关,占我国世界遗产总数的63.6%,涉及57个国家级或省级风景名胜区。各级风景名胜区的保护和建设,有效地带动了景区旅游发展和居民脱贫致富,为促进地方经济社会可持续发展作出了巨大贡献。

三、风景名胜区功能

国务院《风景名胜区条例》明确规定"风景名胜区是指具有观赏、文化或者科学价值、自然景观、人文景观比较集中、环境优美、可供人们游览或者进行科学、文化活动的区域"。风景名胜区是国家依法设立的自然和文化遗产保护区域,以自然景观为基础,自然与文化融为一体,除具有与一般自然保护地相同的自然生态保护功能之外,还具有文化传承、审美启智、科学研究、旅游休闲、区域促进等综合功能及生态、科学、文化、美学、经济等综合功能价值。在保护自然文化遗产、改善城乡人居环境、维护国家生态安全、弘扬中华民族文化、激发大众爱国热情、丰富群众文化生活、促进当地经济社会发展等方面发挥了难以替代的重要作用。

中国风景名胜区兼顾了保护与发展，充分调动了从中央到地方的积极性，保护了一大批中华民族极其珍贵的自然和文化遗产资源。基于中国风景名胜区综合功能而形成的具有中国特色保护地的统筹管理模式，完善的规划、管理、保护、利用与监管体系，成为当地政治、经济、文化不可分割的重要组成部分，与其他自然保护地相比更符合中国国情，得到广大人民群众的喜爱和社会的广泛认可。

四、国家保护地体系

五千年持续的文明发展与土地开发，奠定了我国保护地自然文化难以分割的空间基础，形成了我国保护地的综合性特征。中华人民共和国成立后，我国政府十分重视自然和文化资源的保护工作，1956 年设立了第一个自然保护区，1961 年国务院公布了第一批 180 处国家文物保护单位，1982 年国务院审定公布了第一批 44 处国家重点风景名胜区。此后，带动了国家历史文化名城名镇名村、国家湿地公园、国家地质公园、国家森林公园、国家农业文化遗产公园、国家文化公园等其他类型保护地的发展。

基于此，建议从顶层设计的高度构建国家保护地体系，包括自然、文化、自然与文化相结合的三大保护类型，可以涵盖目前及未来的各类保护地，符合我国保护地的综合性特征，便于制定保护地相关法律法规和管理制度体系。在党中央、国务院的领导下，国家自然保护地体系建设已经启动，《关于建立以国家公园为主体的自然保护地体系的指导意见》要求"逐步形成以国家公园为主体、自然保护区为基础、各类自然公园为补充的自然保护地分类系统""构建科学合理的自然保护地体系"。未来将逐步构建以国家文物保护单位、历史文化名城和大遗址等为主体的国家文化保护地体系；以风景名胜区、国家文化公园、国家农业文化遗产公园等为主体的国家自然与文化保护地体系，进而形成覆盖完整、符合国情的国家保护地体系。

关于"1980 年代中国风景园林"的访谈录

访谈提要：回顾不久的过去，1980 年代仿佛就在眼前。从历史的角度看，在国门刚刚开放和缺乏可借鉴专业经验的背景下，中国风景园林是如何一步步走向成功？这次访谈将揭示出老一辈风景园林学者的心路历程。

刘方馨（下文简称刘）：张老师您好！首先可否请您大致谈谈印象中的 1980 年代？

张国强（下文简称张）：1980 年代可以说是大家工作和感情憋了 10 多年的一种爆发。其实"文革"之前，在"实行大地园林化"的号召下，国内的园林发展也是很不错的。而在"文革"期间就停滞了，园林工作者很多均无事可做。我当时在桂林工作，桂林相较而言氛围好些，专门成立有"外事工程办公室"，没有那么封闭，较少意识形态制约，专看山水风景。当时外国人来中国首先会去北京，一般要事在那里商洽，接着会去西安看古迹兵马俑，然后是在桂林看山水，最后是到广州，它作为出口口岸在当时发展很快，香港的资金大量流入，促进了城市发展，如当时所建的广州白天鹅宾馆，是个典型的现象。

刘：当时风景名胜区建设是怎样的状况？

张：准确而言，我国现代风景区建设早在1960 年代已有所开展，当时我在桂林工作。广州、桂林承担了国家接待外宾的重任，发展也很迅速。1980 年代风景区建设的确是有种爆发性的高潮。

刘：那您当时负责哪些风景名胜区建设实践工作？

张：我在桂林经历过的一个重要阶段就是开发溶洞的内外环境。1970 年代后各地才意识到溶洞资源的宝贵，而且全国有许多溶洞资源可以开发。各地均派人到桂林学习。可以说溶洞的开发建设高潮就是 1970 年代到 1980 年代初。当时我与尚廓

（从事建筑设计）、朱学稳（岩溶研究所）3 人组成小队，及其他几个部门一批人经常支援各地，包括华东、中南、华北、东北、西南地区。因此形成了这一段溶洞风景建设高潮，并有了持续 10 年、一年一届的全国溶洞风景学术讨论会。其中还引发了关于"保护与开发"的争论：有关溶洞中是否能引入电、水和修建道路时，有人坚决反对，认为这是对溶洞的破坏。然而，这就出现了一个问题，不能引电也不能建路，人如何进入？所以这还是一个慢慢认识事物的过程，要开发溶洞就必须做出一系列调整，要搞建设就必须"送电、送水、开路"。总之，需求带动建设，人的看法总是随着时代在变，就像我写的那篇关于"溶洞风景"的文章——"不许动"是不可能的，事情的关键就在于人与自然关系的协调。举个例子，有人提出"不许动"的原则，是因为他们进去考察时会携带锤子等专业工具，不好走的路可以爬。但景区开放后，进来的都是游人，他们没法走那些难走的路，这就必须要求我们对场地进行修整，因为游人也不可能再用火把，或者只穿胶鞋，像专业的人一样进入溶洞风景区。于是，我写的那篇《岩洞风景应有人文景》的文章就这样在当时被认可了。所以，我认为开发建设风景区不是"要不要"的问题，而是涉及在发展的过程中矛盾与冲突如何被协调的问题。人是能动的，人要有意识保护自然，但同时不能忽视或排斥建设。我不是很认同"绝对保护"这样一个观点，我用的是"特别保护区"。

刘："绝对保护"概念是从美国学来的？

张：在一个文史哲功底很深厚的国家和民族中，这种简单又极化的说法很难落地生根。

刘：那您觉得当时在具体的规划设计实践中有什么设计模式吗？

张：我觉得这个是比较微观的问题，同时也涉

及具体问题的具体讨论。我举一个典型的例子就是当时在武当山风景区规划设计时，有关"山顶是否应被开发"的问题。早期相关书目较少，直到90年代末，明代《山志》才被湖北出版社出版，当时只印了一千余册。这个书一出来，很多理论的源头就找到了。例如在此前就有前辈引用武当山的"山本身分毫不要修动"。我当时费解，据我所知，武当山建了很多房子和相关设施，也没有说不让动啊。之后我阅读了《山志》才懂了，其中有一道圣旨说，"其墙务在随地势，高则不论丈尺，但人过不去即止。"历史上的大臣都是通晓文史哲，讲的"分毫不要动"不是不能建东西，而是在一定需求基础上，要保留与自然的一种和谐关系，是不要大动、乱动！

刘： 那当时我国的风景区规划设计理论是自主创立的吗？

张： 是的，都是在历史传承和具体实践中探索提炼的。包括在1980年代风景区中争论最关键的3个系统问题，即风景游赏、旅游设施、居民社会。这是当年争论较多的3个点。我认为三者缺一不可，只是侧重点各有不同。还有，我参与过的10多个"自然保护区"环评（环境评价）中，也都有管理站和居民点。绝对的无人区是理论者的说法。风景区是离不开人的，就连欧美的国家公园也是有居民点的。我们在编制规范的时候也讨论过这个问题，即要不要有居民点。

刘： 这些理论的建立有受到国外经验影响吗？

张： 当然也是有影响的，当时我们已经可以接触到很多国外的期刊文献了。

刘： 那当时也有对风景园林资源的关注，许多国外的量化的理念进来了，是不是成为当时一个主流？

张： 我个人认为量化是有限与无限并存的。中国的文史哲因素还是占主导。新提法要关注，也要知道怎么来的，定性与定量难分家，两相结合才能形成层次框架构成。关于量化，缺少基础理论，大量数据是处理不了的，当时不具备这种条件，达不到应用的程度。

刘： 我记得您在当时还提出了"区域规划"的理念，为什么要提出这个理念？

张： 范围大了嘛，超越了行政区划框架。但总的来说还是社会的需要，实践的需要。社会需求是科技发展的根本动因。当然这跟国外的理论也有关系，如那时国外的海湾规划，现在的雄安新区规划，这种新词都是由于社会的发展驱动我们去探索新的问题。风景区也是如此，考虑到一些新的社会背景因素，比如三峡风景区规划、长江、黄河、长

城等带状规划，这些内容不用新词也是没法概括的。新的词汇可以用来体现规划范围，包括现在的国家公园，还有很多特色园区，都可认为是一种进展。那么到底和风景名胜区有什么异同，还是需要有研究有预备的。

刘： 那"结构网络化"的理念您是出于何种想法所提出的呢？

张： 做规划设计第一步就是解决结构问题，复杂者是网络化内部结构，这些都是作为量化的基础，但能不能量化或者量化到何种程度，就是下一个需要思考的问题了。所以我提出了3个职能体系的概念，它们是互相对应着的，有怎样的风景区，就得有怎样的居民点和旅游设施，这个级别、层次的问题就出来了。这就是为什么要分层次进行分析评价与开发保护。

刘： 那1980年代除了风景名胜区之外，绿地建设是否也兴起了一股浪潮？

张： 这个不是1980年代才开始的，20世纪50～60年代就在学习"苏联模式"，很多理论都是那时候从苏联照搬进来的。苏联理论不能说没用，但是它的国情和我们很不一样。苏联有广阔的土地，且地广人稀，但中国相反。中国人讲求的是"种树"，走到哪里种到哪里，有国外人士就称赞中国城市有种行道树的本领，这里绿荫匝地，"绿地"仅1m²左右。我在《风景园林史纲》那篇文章里也提到，由于国情的不同，在中华人民共和国成立初期的"绿地系统"很多仅能"墙上挂挂"，和实践是两码事，这是直接照搬国外思路导致的弊端。

刘： 是政策引起的吗？

张： 也不是政策问题，就是城市发展规律的问题，"绿地"在城市用地指标中一直都处于弱势，在城市发展历程中，有的"绿地系统"甚至还坚持不了10年，说不定5年就废弃了。具体到建设过程中说不定1年就改了。只要不叫公园，"绿地"随时可能被拿掉变成建设备用地。这是我青年时代的亲身经历。以前的绿化是全民义务劳动一起干的。我说的绿地系统理论不是没用，只是应用到实践上就会有问题。到了1980年代，主要理论框架基本没大变，但是内容越来越充实，越说越复杂，有些仅是知识与理论，也难有应用价值。我们曾开展过"绿色量值群"课题，为克服"绿地"的局限，引入绿量、绿荫、绿视率诸概念，但因各种局限而难以达到应用成果。总的来说，还是需求的问题吧，需求推动发展。也正因如此，这个时候我开始关注"风景"这个事物，从更广的视野，从大山、大水中寻找新思路。

刘：那关于生态问题呢？当时是不是也提的很多？

张："生态"是 1980 年代中期讨论的一个重要词汇。1962 年，我参加了"花坪自然保护区"的考察，科学院用项目经费委托广西植物所，组织了 10 多个专业 20 余人一起考察，其中就有研究"生态"的人。生态学是生物学分化出来的，其产生与国外的一些理念引入有关系，国外学科分工较细，所以分化出了生态学科。因此在这个时期国内也开始关注生态学相关内容。然而，当前"生态"似乎已成为一个新的词汇，现在金融界也讲"生态"，组织部也讲"生态"，它变成了一个公共词汇，不仅是"生物学"中的"生态"。

刘：生态学的出现也伴随了很多类似量化研究方法的产生，用于评价一些绿地的环境、生态效益，那他们当时是怎么计算这些数据？

张：这个在当时和现在都难说清楚。我们风景园林是一个综合性应用学科，太深、太细的量化是人的直观感受不到的。当然，作为单项的科技内容倒也是需要一批人去做研究的。在本学科结构网络框架形成以前，单项量化大多是处于借鉴、探索阶段，它有益于整体与阶段性思维，其中量变引起质变就是哲学的问题，所以，在量化的进程中，在定性与定量的交织中，离不开文哲史人文精神的办法来处理问题。合理的量化应是定性与定量交织并数据化的成果，应用的量化还要加上具体调试的环节。

刘：那张老师 1980 年代时期就有了国家自然科学基金吗？

张：1980 年代后期有，原来这个基金是给科学院专用的，改革开放第一轮就是把科学院的经费公开给了社会，因为意识到理论和实践相结合是当务之急，同时也要解决沿海开放带应用性研究的经费投入，当时既有指向性题目，也可以自由申请。

刘：当时提倡学科交叉的问题挺多？

张：干我们这个专业，天地生、文史哲、理工农、经社法等，每个学科的成果我们都要关注，但最弱的常是文史哲，这是我们的专业框架导致的，只有 4～5 年的大学本科也学不了太多东西，只靠中学的底子那自然是不够的。我们当时几十个学时上了汪菊渊先生的园林史课程，就有学人批判，质问菜园子算不算园林的问题，汪先生强调"园林"和"园艺"是有区别与界限的，这些分界线又是动态的，根据社会发展需要的，如果文史哲的人文精神没解决的话，对定性、定量两种极端化的说法就难以说通。

刘：汪先生当时为什么挑起了园林史研究的重担？

张：汪先生是园艺系出身，社会发展需求促使他一开始就明白只有研究史论才能找到园林的起源，才能找到与园艺的不同，这也是他作为一个学科创始人的必经阶段，学科是否成立就要找历史，找源头，找动因，这也是我们中国人治学的根本。古典园林在 1980 年代很多争论的原因还是这个，找不准来源和发展轨迹就没有未来。

刘：当时还兴起了一股园林美学的热潮？

张：是的。1991 年 5 月我还参与了在扬州的"园林美学研讨会"，会后还出了本文集《园林无俗情》。但是这次会议争论太多，美学界来了 10 多个人，在小组会上有人直接批评说"我们连什么是美都没搞清楚，你们还搞'园林美'。"李泽厚先生当时在大会上提出："因为'美'的定义是很难界定的，所以美学并不是一个成熟的学科，如果叫'审美学'就少了些争议，'审美'这个概念就是人对美的认识、感觉、评论，这是让人能接受的。"可是词汇已经改不回来了，所以还是保留着"美学"这个称谓，这也是很多学科的称呼和内容不一样的原因。

刘：那还是促进了当时园林艺术的研究对吧？

张："园林艺术"好说，"园林美"难说，"园林艺术"这个说法大家都认同，钱学森先生就提出"中国园林是国外 L（Landscape Architecture）、G（Gardening）、H（Horticulture）三个方面的综合艺术"。而到了西方，概念常被分解了，叫"艺术"似乎就高一等，技术可能就被低看了。中国文字词汇是模块式的，就像"中华"与"华中"词意不同，学科分类常与西方相似而又不同（而且中国园林的起源更早）。这也是"风景园林"为什么常有争论，其他学科也一样，一个新词汇直译过来就用一段，就如"生态"是一样的，时代潮流决定了这个事情。

刘：是"文革"导致的？

张：有些东西是反复出现的，也不只是"文革"压抑背景导致的。所以很多争论的本质是中外文史哲的观念争论。早期是陈植先生提倡"造园学"，后来大家都不用了，这也是时代的趋势，就像"造船业"被改为了"船舶学"，它研究的不仅是造船的问题了。时代词汇的变化，由简单变复杂，又从复杂变简单。追溯历史才发现，"园林"这个词汇在汉代就有了——"瞻淇澳之园林"，而"造园"是后来受《园冶》序言影响而出现。"城市及居民区绿化"是从俄文一字不少的翻译，但苏联这个专业和我们有区别，它有工业区，其实工业区它不是城市，后来咱们也弄明白了，就也不再这样叫了。

刘： 名字越长其实它的内涵越少。

张： 对的，其实中文词最容易组合，叫"风景园林"是后来法规决定的。当时大建筑学要一分为三了，大家都想升级为"一级学科"，但是当时国家主管部门有规定，原有的学科不许升级，新学科可以，所以就出现了"城市规划"和"风景园林"。因为只叫"园林"就不允许升为一级学科，改了个名字成为新学科就可以，原来的"园林"概念通常是不包括名山大川的，现在把"风景"纳入，这也合道理，学科内涵拓宽了，"风景园林"四个字就通过成了一级学科。

刘： 那您对现代风景园林的发展有什么建议呢？

张： 我的基本思想可以从《中国风景园林史纲》一文中可看出，只是《中国园林》第 259 期发表时有 3 字是错字，将来有机会再更正。我想强调的就是"需求拉动发展"。而要找出一个时期的发展主路，社会实践又是最重要的。只有在实践中才能总结出自己的理论。

刘： 和您的谈话受益匪浅！非常感谢！

时间：2019年2月28日，18:00～21:30

地点：北京中国城市规划设计研究院会议室

采访、记录：刘为馨（华中科技大学建筑与城市规划学院风景园林专业博士）

注：本文有少许删改

论大尺度空间规划的两个意识

——北京市西山永定河文化带空间规划

中国城市建设研究院有限公司 北京联合大学北京学研究基地／
李金路 王玉洁 郭 倩 朱婕妤

北京市西山永定河文化带是以京西太行山脉和横亘其中、东南流经平原地区的永定河"一山一水"为基本骨架的宽带状文化区，规划范围涉及昌平、海淀、门头沟、石景山、丰台、房山、大兴、延庆8个区，总面积5070km²。这里自然山水灵秀天成，历史文化荟萃凝聚，蕴含了丰富的世界文化遗产、文物保护单位、传统村落等历史文化资源以及世界地质公园、自然保护区、风景名胜区、国家森林公园等生态文化资源，文化与生态相融共生，且与北京城关系密切，成为展示北京人文精神的重要载体，是首都坚守的生态屏障。

西山永定河文化带规划面积巨大，占北京市市域面积的1/3，涵盖了大量的山水生态资源和历史文化资源，也包含了城市的建成区和村庄，其空间纵横交错，资源错综复杂，对于此类复杂的大尺度空间规划需在整体上把控，具有全局战略思维，切忌就点论点；同时还需抓住资源的核心、规划的核心，主次分明、轻重有别，切忌全面开花，故总结西山永定河文化带的空间规划是遵循以上规划思路来逐步入手，这也是大尺度空间规划所需注意的方面，总结为"两个意识"。

一、大局意识

大尺度空间规划应具有大局意识。大局，形势或者事件发展的整体态势，具有大局意识是说要认清所做的规划是处于哪个时代、面临哪些要求和问题，要认清所做的规划是位于哪个地理区域之中，与周边的关系是怎样的。总而言之，大局意识是指要从整体局势、整个局面入手来把控规划的方向，主要包括时间和空间两个维度。

时间维度，是要搞清楚所做的这个规划需解决哪个具体的时代问题。因为"一个时代有一个时代的问题，一代人有一代人的使命"，相同的规划区域放在不同的时代背景下，会面临不同的问题，会形成不同的规划方案，所以认清时代背景非常的重要。那么目前我们普遍处于的大时代背景是新时代中国特色社会主义，我们要坚守的是习近平总书记新时代中国特色社会主义思想，我认为这是每一个做规划的人都应该去了解的时代背景和政治思想，这就好像我们共同乘船出行，我们总要了解一下这艘船会驶向何方，而不仅仅是在船上吃好睡好就可以了，规划与时代是紧密相关的，了解所处的时代背景，也就会明了这个时代的一些基本要求，它往往决定了规划的大方向。

时间维度还指从历史发展演变的角度来分析资源，大尺度空间内的资源的形成通常与其区域历史的演变过程息息相关，故除了要单独分析每个资源（包括文化资源和生态资源）的特点外，还需要从整体上分析资源的产生环境及演变历程，资源不是单独形成的，不可只见木不见林。

西山永定河文化带的资源非常丰富，规划从"源"与"流"的角度来分析该区域内的资源特色。

图1 人类根祖、北京之源

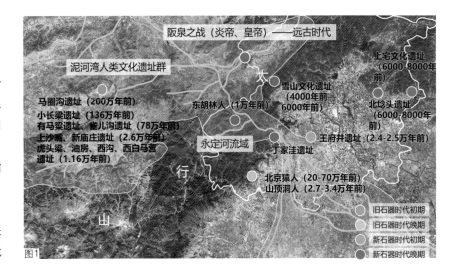

图1

图2 三山五园地区的重要历史时期演变图

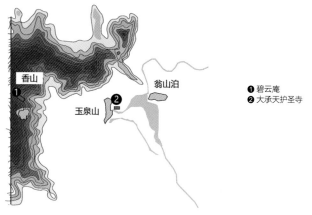

① 碧云庵
② 大承天护圣寺

(a) 元代 (1331 年)

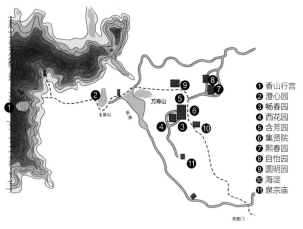

① 香山行宫
② 澄心园
③ 畅春园
④ 西花园
⑤ 含芳园
⑥ 集贤院
⑦ 熙春园
⑧ 自怡园
⑨ 圆明园
⑩ 海淀
⑪ 泉宗庙

(b) 清：康熙时期 (1662 年)

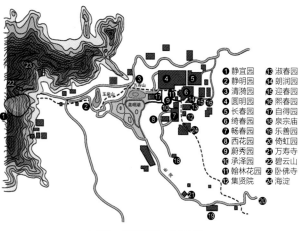

① 静宜园　⑬ 淑春园
② 静明园　⑭ 朗润园
③ 清漪园　⑮ 迎春园
④ 圆明园　⑯ 自得园
⑤ 长春园　⑰ 泉宗庙
⑥ 绮春园　⑱ 乐善园
⑦ 畅春园　⑲ 倚虹园
⑧ 西花园　⑳ 万寿寺
⑨ 蔚秀园　㉑ 碧云山
⑩ 承泽园　㉒ 卧佛寺
⑪ 翰林花园　㉓ 海淀
⑫ 集贤院

(c) 清：乾隆时期 (1736 年)

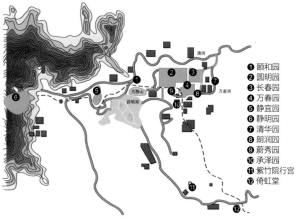

① 颐和园
② 圆明园
③ 长春园
④ 万春园
⑤ 静宜园
⑥ 静明园
⑦ 清华园
⑧ 朗润园
⑨ 蔚秀园
⑩ 承泽园
⑪ 紫竹院行宫
⑫ 倚虹堂

图2　　　　　　　(d) 清：咸丰时期 (1831 年)

第一，该区域是人类根祖、北京之源。位于太行山——西山山麓西的马圈沟遗址的发现，距今超过200万年，这里可能是东方人类的故乡。从200万年前到5000年前，从旧石器时代到新石器时代末期，从北京猿人到山顶洞人再到东胡林人，太行山麓的人类文化遗存没有断层。人类文化遗址集中于太行山——西山，优越的环境孕育人类的发展，太行山有较多的关于上古时期文化的遗存，如山西高平有炎帝庙、河南沁阳有神农山、山西长子县因尧帝封长子丹朱而名、垣曲有历山与舜王坪等舜帝遗存等，北京的延庆县据说是当年阪泉之战（炎帝、皇帝）的发生地。

第二，皇家文化集全国园林文化之大成。北京西山林海苍茫、烟光岚影、四时俱胜，这里从11世纪（金朝）开始营建皇家园林，即金章宗在金中都（今北京广安门一带）的西山修建了八大行宫，称为西山八大水院。这里是皇帝到避暑山庄打猎的必经之路，沿途修建了许多行宫，明清时期的皇家园林总面积达1000多公顷。其中三山五园代表了古代皇家文化的顶峰，也是西山永定河文化带资源的核心代表。三山五园地区从元代到清代历经500多年的发展历史，从香山脚下的碧云庵到众多皇家园林（也有部分私家园林）汇集，它是中国古代传统园林发展演变的重要历史阶段。

第三，京西古道汇集了大量的人流、物流和能流。京西古道是在永定河河谷、西山山隘、沟谷等地形的基础上自然形成的古代交通系统。京西古道起于汉，兴于明清，在现代公路完善后逐渐衰落。按照其功能可分为商旅古道、军事古道和进香古道。西山犹如一道屏障隔离了北京和山西，人们利用河流和山谷等地修建了能够贯穿东西的古道，这条路运载了许多物资（如煤、干果、石材等），丰富了当时两地资源的交流，促进了商贸及文化的互通，这条路还是军事防卫的重点，西山目前还有古长城的遗址均与此有关，从城里到妙峰山上香，必走京西古道，这已经不是一条普通的道路了，而是汇集了物质上的需求和精神上的满足，是人们心中的依赖，是西山的动脉，是北京与外界往来的窗口。

第四，这里是北京红色文化之源。1938年，北平第一个抗日根据地——平西抗日根据地诞生于北京西山。这里是抗战时期华北的最前线，是著名的《没有共产党就没有新中国》的诞生地。山高宜守宜藏，宜占据最佳地势，宜与敌人周旋，宜进宜退，这里是天然的屏障，也是天然的根据地，众多的红色文化诞生于此，因为有了西山和永定河，北

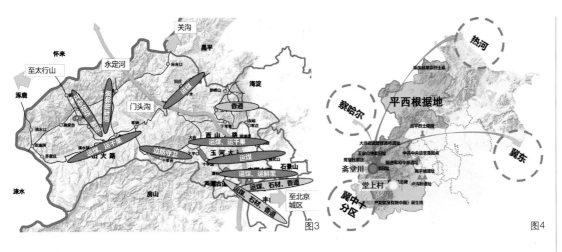

图 3 京西古道——人流、物流和能流
图 4 北京红色文化之源

图3

图4

京的红色文化便有了不同于其他地区的发展特点。比如贝家花园，它是我军的秘密基地，它救助了多少的伤员，又掩护了多少的爱国志士、地下党员奔向革命基地，它又是中法文化交流基地，同时，它还是一处掩映在西山隽秀山林中的美丽的山地花园，它中西合璧，它有着浓郁的北京特色，北京西山红色文化的特色。

这是西山永定河文化带自身的历史演变过程，它体现了该地区发展的时间维度特点，形成了上述4个方面的特色，这也是需重点规划的内容，是该地区历史文化发展的脉络，这种从历史发展的角度来看待资源的方式，可以有效避免一下子扎入细节而丧失总体的风险，其实对于大尺度空间而言，资源是说不完的，因为空间尺度大，资源是源源不断、层出不穷的，但是资源的特点是固定的，因为它不仅仅是资源本身决定的，更多的是该地区历史发展的演变历程所决定的，这就是具有时间维度的规划意识的益处，它让你能够看到这种演变形成的脉络，让你能够把这些零散的资源有效地分类，能够看到这些资源的前世、今生和未来。

其次是空间维度，之所以把时间维度放在第一位来说，是因为时间维度更加重要，我们所做的规划是为了这个时代而服务的，是为了解决这个时代的问题而服务的，是基于这个地区历史演变过程而规划的，同样，我们所塑造的空间是为了上述的目标而服务的，是为了解决时间问题而服务的。所以先把时间维度搞清楚，才能把空间维度搞清楚。关于空间维度的问题，往往是关于区域地理环境的问题。因为大尺度空间规划其本身的空间尺度已经很大了，它可以是一座山，一条河的流域，或者一座城市的核心区域，抑或一个较大范围内的国家公园、自然保护区或风景名胜区（其中较大范围是指其不会只有一个单纯的地貌单位，它通常会包括平原、浅山、中山，或者它会包括城市、村庄和自然

地貌等，是一个相对复杂、综合的环境单元，同时其往往跨越几个行政区划的单元），所以这样的空间尺度，它的形成往往不是内部自发形成的，它会受到外在环境的影响，受到它周边更大范围的地理环境的影响，比如以西山永定河文化带的规划范围为例，来说明空间维度的分析过程。

西山是北起昌平区南口关沟，南和西至市界，东临北京小平原这样的范围，总体呈北东—南西走向，长约90km，宽约60km，面积约3000平方千米，约占全市面积的17%。但是从更大一个层面的空间来看，即从西山所处的区域地理环境来看，北京西山是太行山的一条支阜，古称"太行山之首"，所以对于西山的空间维度认知应该包括两个层面，一是其内部空间的认知，西山形成四列挺拔绵延大致平行的山脉，由西北至东南依次为：东灵山—黄草梁—笔架山，白草畔—百花山—清水尖—妙峰山，九龙山—香峪大梁，大洼尖—猫耳山。四列山脉串联着西山众多的历史文化资源和自然生态资源，承载着北京的山水城市意象。二是对于外部即太行山脉的认知，太行山又名五行山、王母山、女娲山，是中国东部地区的重要山脉和地理分界线。它是我国第二级阶梯与第三级阶梯分界线，是黄土高原与华北平原界线，是中国最主要的地貌构架，故太行山是华北平原的母地、华北的脊梁，在这条山脉上，汇集了北岳恒山、五台山、百花山、王屋山等众多的著名山峰，也沉淀了悠久的人类发展历史，被誉为中华始祖之源，在这样的环境下（一连串冲积扇，水土条件适宜，文明发祥地），商周以来，至少110个古国在此荟萃，更"出产"了商邢都、燕下都、中山王城、赵邯郸王城等多个古都。这里被誉为华北古都之源，而太行山东麓也被称为一条盛产"古都"的大走廊。从这个层面上看，北京古都的产生与太行山有着密不可分的关系，太行山本身就是一个山水与文化汇集的

胜地，两者相互交融产生了璀璨的人类文明，而西山就像一个浓缩的太行山，它与北京古都的历史有着血肉相连的关系，三山五园地区是园林景观在此影响下所产生的文化精华，而除此之外还有众多类似这样的资源，它们看似是生态资源或历史文化资源，但其实是基于两者而形成的一个反映中国传统文化价值观的西山文明（或可称为西山文化特色）。此外还需分析京津冀地区的地域环境特色和其对西山的影响。除了西山之外，还有永定河及其流域的区域地理环境分析，在此由于篇幅关系便不详细赘述。

这是西山永定河文化带的区域地理环境特点，空间维度和时间维度是相互辩证的关系，不可只看其一。例如三山五园地区，其空间上是先从香山、玉泉山下发展起来的，在平原靠近水域的区域发展较快，而从时间维度上看是在清代达到鼎盛，这和清代北京城作为都城有很大关系，皇家园林在这一时期得到了快速发展，其选址、建造形式和主题均体现了中国传统文化的精华。这就是大局意识，并非只是简单地分析上位规划，而是要形成从时间和空间的维度上来系统看待资源的特点、分析历史的演变，从而总结该地区的特点和发展趋势，为规划能够量体裁衣提供素材，形成基本认知。

二、核心意识

"核心意识"指要善于抓住关键，找准重点，抓大放小，解决主要问题。因为大尺度空间涉及的面积大、内容多，规划如果做到事无巨细、面面俱到的话，很难突出重点，也很难实施。所以要善于抓核心，这个核心包括核心的要素、核心的资源、核心的问题、核心的矛盾、核心的空间、核心的文化、核心的项目等，即在规划中抓住可以"牵一发而动全局"的那个核心，是最好入手解决问题的角度，也是规划能够立住的所在。

以西山永定河文化带的规划为例，面对众多的资源，首先从整体入手对其进行全面的分析，总结其资源的特点。这里有丰富多彩、多元交融的文化，呈现出古都文化、红色文化、京味文化和创新文化交相辉映的特征。这里拥有丰富的山水林田湖草生态资源，归纳为"四岭三川十八峰"，即4条主要山脉，3条主要水系和18个标志性的山峰。然而文化与生态是交融的，虽然在分析资源的时候是单独分析的，但是在总结资源特点的时候应该看到其相互交融之后所产生的新的特性，总结为"两脉"。

一条为山水人和生态脉。永定河自西向东流入北京小平原，其河流走向与西山山脉垂直交叉，从层层山岭中穿越而出，为北京城的存在和发展提供生生不息的养分，山、水与人和谐共生，水、人与城，唇齿相依，相生相融，相辅相成，是文化带重要的生态文明发展脉络。

规划以永定河为主体，整合发展沿线的世界地质公园、风景名胜区、森林公园、水库资源、湿地公园等生态资源，将京西古道、传统村落、古街名镇等历史文化资源有机融合，打造沿河城、爨底下、三家店、模式口、卢沟桥、宛平城、北京大兴国际机场等重要节点，形成一条山、水、人相互交融的生态文化脉络，展示"山水人和"的文化精神。

一条为家国情怀文化脉。西山东山麓是距离北京城最近、历史文化资源分布最密集、交通最便利、山水环境最好的一条文化脉络，兼得山区与平原的优势，有山而平坦，多水而靓丽，幽闭又开阔，是人类活动密集频繁的一条古代大道，沉淀了一代又一代先人的家国情怀，记录了文化带与北京城市共同发展的历史脉络。

规划以浅山区为主体，以颐和园、周口店世界文化遗产保护为引领，着力推进八大处、西周燕都遗址、潭柘寺、戒台寺、金陵、十字寺、云居寺等重要历史文化遗产保护利用和文化价值提升，加强与妙峰山、小西山、上方山等生态资源的有机结合，形成一条底蕴深厚的历史文化脉络，展现"家国情怀"的文化精神。

"两脉"融合了历史文化与自然生态的顶级资源，这是现状资源分布的特点，也是该地区历史发展所形成的两条主要脉络，它体现了西山永定河文化带独有的"山水人和·家国情怀"的文化精神，展现了其与长城文化带和大运河文化带所不同的品质。

因此其规划空间布局的结构为"四岭三川，一区两脉多组团"。"四岭三川"体现的是西山永定河的山水格局特征，"一区"即三山五园地区，它是北京城市总体规划中历史文化名城保护体系里的两大重点区域之一，"两脉"是以西山永定河历史文化资源与生态资源的密集分布带为经脉，集中体现了"山水人和，家国情怀"的文化精神。"多组团"是基于上述结构形成的重点发展片区。

抓住资源的核心特点，就抓住了空间结构的核心布局，也就抓住了规划的核心内容，而"多组团"正是将如此庞大的一个规划归纳为多个可具体实施的点，每个组团几乎都包括自然资源和文化资源，具有自己的组团特色。而这个组团所体现的恰恰是前面所分析的皇家园林的文化精髓，也是西山永定河文化的精髓。

从字面上看，西山、永定河体现的是中国传统的山水文化，它区别于长城文化带以人为主，大运河文化带以自然为主，它的空间决定了它必定是要将自然与人文相结合的规划。必须要明确的是山水并不等于纯生态，文化也不等于文物，所以西山永定河文化带规划并不是一个纯粹的生态规划和文物规划，而是一个体现其生态与文化特色的文化带规划，它是基于生态和文化而规划的，但是其结论必定是两者的融合。

从区域山水空间上看，西山与永定河的自然山水孕育了北京城，直接奠定了其五朝帝都的国家地位，而最具标志性的三山五园地区正是集山水文化与皇家文化为一体而形成的，它其实是一个浓缩的生态与文化资源融合的典范。

以颐和园为例，最早在建园之前，元代已有翁山和翁山泊，明末清初的时候对这里的山水空间已经有了初步的整理，乾隆时期在此修建了清漪园，后来才有了颐和园，所以颐和园其实是对已有山水资源的改造和提升。它的形成充分体现了园林是智慧、财富、技术、收藏的积累和升华，也体现了古人对于自然山水的理解和热爱，将普通山水营造成为"人间天堂"，最终成为世界文化遗产，流传千古。

而圆明园更是一座堪称在平地上造园的典范，人造山水，以水为主，山体配合，不求山体高峻，只求山环水抱、连绵不绝。虽然不像颐和园有天然山水的基础，但是仍然求山求水。在圆明园著名的四十景图之中，几乎景景都是人造山水与建筑的融合，山水的相互开合与建筑的布局巧妙耦合，使其构成了一个新的景观，可以说每一个景点都体现了自然与文化，是两者相互结合而构成的景观。

在《北京城市总体规划（2016年～2035年）》中专门有一节是讲关于如何加强三山五园地区保护，其中第一条提出要"构建历史文脉与生态环境交融的整体空间结构"，第二条要"保护与传承历史文化，加大文物和遗址保护力度；保护历史风貌和重要历史文化节点；活化非物质文化遗产"，其目的是为了"恢复山水田园的自然历史风貌，保护西山山脉生态环境；恢复大尺度绿色空间；开展综合整治和功能提升"。所以从历史构成到现代规划，从未将这里看作只有自然或者只有文化，两者一直是相互依存、相互促进的。造园如此，规划亦如此。我们要构建的是历史与生态交融的空间，要传

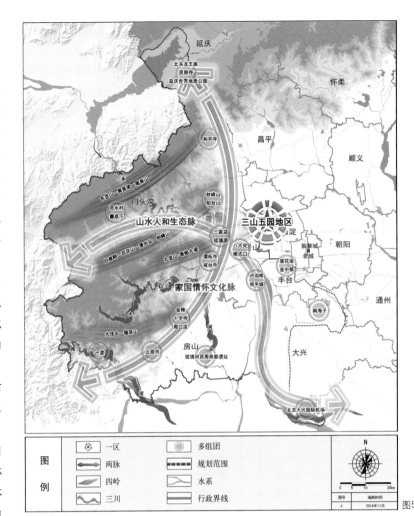

图5

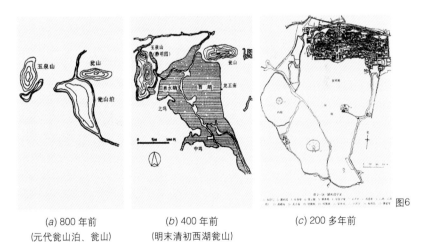

(a) 800年前
(元代瓮山泊、瓮山)

(b) 400年前
(明末清初西湖瓮山)

(c) 200多年前

图6

(a) 正大光明

(b) 上下天光

图7

图8 调研所发现的房山优质的
　　山水空间
图9 潜在的三山五园模式

承的历史文化是融于这自然风貌之中的，所以是综合的整治与提升。

故总结一句话，西山永定河文化带在山水间、文化中、生态上。

带着这样的理念来看西山永定河文化带就是一条将古人"天人合一"思想付诸实践的具体区域，我们在分析每一处资源的时候都无法明确地区分自然与文化，两者相互交融而产生了新的文化。

如位于房山的金陵，是国家重点文物保护单位，它与房山独特的燕山环形山脉融为一体，故在中国各个皇陵区中，金陵的"风水"堪称最佳。

上方山以"兜率寺"为首的七十一禅院错落布局于山间，形成了著名的"九洞十二峰"，是上方山国家森林公园的核心景观。房山具有浅山、中山、高山不同高度的山脉，大石河与拒马河穿越山间，构成了大量优越的山水空间。"群山回护如房势，万仞昂然耸碧霄。日出雾收呈壮丽，风吹云散见岩尧。东连褐石峰相近，西接昆仑路不遥。胜景

非凡堪纵目，一时良匠亦难描"——这是明代诗人张才歌咏大房山赞美大房山，为房山八景之一"大房耸翠"题写的诗句。而房山浅山区的沟峪河流所形成的环抱山坳是具有房山山水空间特征的典型"小房山"，构成了谷积山、青龙湖、金陵十字寺、宝金山、上方山、云居寺石经山五个典型的山水空间，其风水极佳，也孕育了一批重点的文物资源，可见山水与文化从就来就不是相互独立的，而是彼此共生的，三山五园地区就是将这一理念发挥到了极致。

规划认为西山永定河文化带应继承和发扬中国传统文化的智慧，在这条文化带之上构建多个"三山五园"，即选择具有同样优质的潜在的山水资源和文化资源，塑造成类似上方山、香山、颐和园这类的风景名胜，并使其具有城市功能，满足城市未来休闲游憩、商务、政务等需求。例如雁栖湖就是一个成功的案例。通过现场调研和现状分析，规划选择了十处符合条件的山水空间，适宜发展成为未来的三山五园或雁栖湖模式。

在此次规划的"四岭三川，一区两脉多组团"中的多组团主要是基于此而进行选择的，希望能够带动各个区域的发展，可以与分区规划、分区绿地系统规划等相结合，更好地推进本规划的实施。

此外前面分析所提及的红色文化、京西古道、北京之源都作为单独的一章或一节进行专门的规划和论述，而三山五园地区本就是北京市总规的重点规划地区，该地区作为本规划的空间结构的"一区"也进行了专门的规划，但更重要的是规划抓住了三山五园地区，或者说西山永定河文化带的核心来进行空间布局，引导未来规划与建设的方向。

然而，大尺度空间规划还需进行科学的、系统的分析，如GIS分析、生态敏感度分析等，本文因为篇幅有限，只列举了其所必需的两个思维意识，而大尺度空间规划是不局限于此的，还有政治意识等其他思维意识，但文中所述两点是基础，是基于西山永定河文化带规划所总结出的两个最重要的方面，而西山永定河文化带规划也是基于此得以逐步完成的。

项目组成员名单

项目负责人：李金路　张宝秀

项目主要参加人：王玉洁　张景秋　郭　倩
　　　　　　　　朱婕好　等

项目演讲人：郭　倩（中国城市建设研究院有限
　　　　　　　　公司）

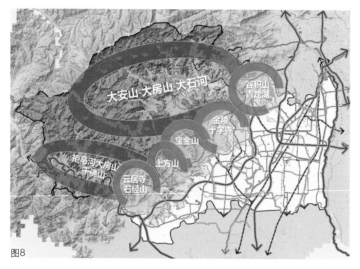

图8

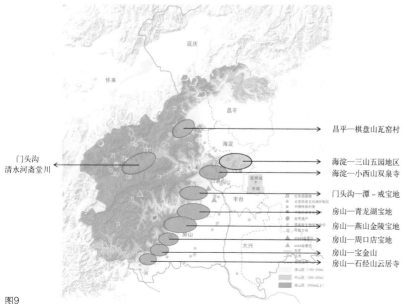

图9

大洪山风景名胜区总体规划

中国城市规划设计研究院／邓武功　宋　梁　杨天晴　刘冬梅　于　涵

风景一词出现在晋代（公元265～420年），风景名胜源于古代的名山大川和邑郊游憩地及社会选景活动。历经千秋传承，形成中华文明典范。当代我国的风景名胜区体系已占有国土面积的2.02%（19.37万km²），大都是最美的国家遗产。

一、风景名胜区概况

大洪山风景名胜区位于湖北省中部，西临襄（阳）钟（祥）江汉盆地、东接陨水丘陵、南连江汉平原、北邻南襄盆地，地处随州、钟祥及京山三市交界，东西宽约21km，南北长约30km，呈等腰梯形分布，总面积约为336.7km²。主峰——宝珠峰海拔1055m，位于随州市境内，素有"楚北第一峰"之称。

大洪山风景名胜区是国务院于1988年审定公布的第二批国家级风景名胜区，于1993年底完成了第一版大洪山风景名胜区总体规划成果，规划实施期限至2010年。20年间，风景名胜区长期以来受外部条件制约，发展相对缓慢，游人量低于第二批国家级风景名胜区平均水平，旅游发展水平相对滞后。

但近年来随着区域、交通、政策等外部发展环境的改善，风景名胜区逐步进入快速发展的阶段，在新时期、新形势下对风景名胜区提出了新的要求，遂提出进行总体规划修编。

二、风景资源评价

（一）空间结构特征

大洪山风景名胜区的山水空间格局可以归纳为"圈层嵌套、三星拱月"。地形整体上呈现田园乡村—浅山缓丘—自然山林3个层次，形成以大洪山主峰——宝珠峰为中心，主山外以浅山、缓丘为主，田园间各村镇依山分布的格局，整体上的景观过渡和层次比较好，空间纵深比较大，可利用的游线长。

三个圈层分别为：核心资源、观光旅游的内圈，初具规模；外围景区的中圈，尚未有效利用；乡村资源的外圈、休闲度假刚起步，与景区联动不足。长岗镇、客店镇、绿林镇为三个支点，与景区的空间关系紧密，但旅游参与程度较弱。

（二）风景资源特征

大洪山是华中地区较为典型的喀斯特地貌，溶岩洞穴、高山盆地、浅山缓丘和峡谷溪涧，地形地貌品类繁多；其生态系统完整，植被覆盖率高，人工干扰较少、四季植被富于变化；绵延的群山，茂密的植被所形成的优良自然环境本底，孕育了大洪山内涵丰富的历史和文化，与自然环境和谐相融，体现中国传统文化中天人合一的和谐之美，自古被誉为"荆楚名山"。

从类型上看，大洪山风景资源特征上也体现在自然和人文两个方面：人文方面概括为：悠久的佛教文化建筑、独特的绿林文化遗址、辉煌的红色文化胜迹、神秘的长寿文化乡村；自然方面概括为奇特的溶洞石景、优美的山体形态、丰富的泉池水景、多彩的森林植被。

图1 空间结构特征图

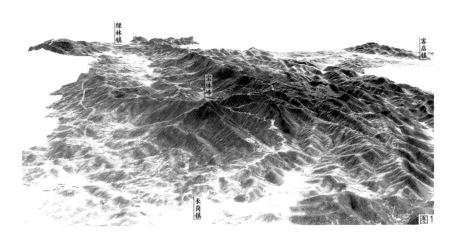

图1

图2

图2 风景资源
图3 综合现状图
图4 规划总图

（三）风景资源评价

1. 景点评价

共评价了112个景点。按类型分，包括人文景点39个、自然景点73个；按级别分，包括一级景点23个、二级景点31个、三级景点35个、四级景点23个。

2. 突出价值评价

（1）文化价值

大洪山文化符号多元，大洪山既是禅宗的嫡传法系，华中地区典型的佛教名山；同时也是中国绿林文化的发源地，在全国具有代表性、唯一性，具有极高的历史研究意义。

（2）美学价值

大洪山的植被季相变化丰富，形成了四季不同的色彩；地形地貌变化丰富，既有溶岩洞穴和高山盆地，也有浅山缓丘和峡谷溪涧；当地生产生活还维持了较为原真的状态，自然环境与传统村落融为一体，体现了人与自然和谐之美。

（3）科学价值

地质方面，大洪山所有的钾镁煌斑岩在世界上罕见，尤其是由海底火山爆发形成的钾镁煌斑岩在世界上尚属首例；白龙池是华中区域少见的火山口湖，具有较高的科学价值。植被方面，大洪山是我国北亚热带常绿阔叶林向暖温地带落叶林带过渡的森林植被区，植被有明显的过渡性点。

（4）游憩价值

大洪山资源类型多样，文化内涵丰富，特色突出，具有发展风景名胜区观光旅游的基础。同时

大洪山地质溶洞、山林植被、温泉地热等自然资源类型多元，具备发展生态徒步、攀登探险、科考探秘等多种旅游形式的环境资源本底。此外，大洪山气候舒适宜人，突出的田园风光和独特的气质和魅力，具有开展乡村旅游、民俗度假旅游的吸引力。

3. 总体评价

大洪山风景名胜区风景资源的基础是以自然山林、溶洞奇观为特点的自然景观，和以佛教文化、绿林文化为突出代表的历史文化相融合的风景地，风情独具的乡间生活构成了一幅田园诗画，进一步升华丰富了其自然景观的内涵，使其成为人与自然和谐共处的典范之区。

三、现状问题分析

（1）资源保护有待加强：景区发展诉求强烈，建设压力较大，道路建设对山体植被造成一定程度的破坏。另外，核心的溶洞景观，随着水质和生态环境的变化开始出现老化脱落的现象，溶洞出口受风化影响严重。

（2）风景资源利用方式待提升：现有景点建设水平不高，与整体环境和文化相融性较差，影响文化内涵的展示和观光品质。一些有价值的历史文化资源尚未得到有效的保护和利用，仍具有较大的旅游吸引力，如城子寨、椰头寨等。

（3）旅游发展方向不明，模式单一：目前风景名胜区的游览模式仍以相对初级的观光游为主，不能对接周边城市日益突出的休闲度假需求，住宿、餐饮、购物、娱乐等构成的旅游产品链尚未形成。

（4）设施建设仍较为薄弱：整体旅游服务设施相对薄弱，服务设施建设水平偏低，长岗、客店镇旅游参与程度还不够深入，尚未形成旅游服务中心。

（5）村庄建设未与风景名胜区形成良性互动：目前风景名胜区村庄的发展未能与景区的发展形成更好的互动关系。自发形成的农家乐较多，旅游服务功能偏弱。在村庄的风貌控制上，也缺乏特点，未能继承风景名胜区的文化和传统。

（6）景区管理作为制约目前风景名胜区发展的重要问题，主要表现在：总体上未形成统一管理，跨县市分散管理导致各区发展各自为政，竞大于合，总体缺乏统筹协调，造成景区一系列发展和保护的问题。

由于管理体制和空间上的制约，目前大洪山在游览组织、品牌营销、景点建设、设施建设等方面都缺乏统筹，难以形成发展合力。

四、规划性质、范围与总体策略

（一）风景名胜区性质

大洪山风景名胜区是以佛教文化、绿林文化、长寿文化、红色文化为核心，溶洞景观、自然山水为底蕴，田园村落为突出景观特征，具有山水游赏、户外体验、科普教育、休闲度假等综合功能的山岳型国家级风景名胜区。

（二）风景名胜区范围

风景名胜区范围以宝珠峰至娘娘寨高山岭脊为主体，洪山河、赵泉河及三里坪溶洞为骨架，北至随州市长岗镇、三眼泉，南至京山县厂河乡的美人谷，西至钟祥市客店镇的月池、南庄珍珠泉，总面积为336.7km²，地理坐标为东经112°50′48″～113°6′48″，北纬31°18′3″～31°34′11″。核心景区面积118.8km²；占风景名胜区总面积的35.3%。

（三）总体策略

在充分认识资源价值和空间结构特点的前提下，释放管理体制约束，做好保护基础，充分发展旅游，协调好乡镇发展和风景名胜区的关系。最终实现景区旅游发展、三区统筹发展、景乡协调发展。

1. 做好保护基础、强化景观层次

以严格保护大洪山的生态环境与自然景观为前提，注重维护"山上游山下住"的理想空间布局。开展旅游活动与设施建设。依据空间特征，由外向内逐步加强保护管控要求，从而突出大洪山资源的保护和利用层次。

2. 文化引领旅游、空间整合优化

整体打造大洪山大品牌、大交通、大旅游格局，整合景区的资源，做优观光和游览体系。在交通组织、游览组织、景区运营、设施布局上强调整体性，统筹组织三区整体的游览，延长游览序列，打破三区旅游壁垒。

在展示核心观光资源、巩固风景名胜区的整体形象的基础上，根据三个片区的资源特色，在旅游产品引导、景区规划立意、项目设置几个方面注重差异化发展，铸就多元旅游小环线，丰富特色游览体验，发展不同的专项体验游览线，形成优势互补。

3. 协调景乡关系、实现功能互补

以乡村休闲度假旅游为主要发力点，提升乡镇的服务能力和品质，引导乡村和景区的联动效应，打破风景名胜区现在单一观光游和门票经济的现状，提高游客重游率、过夜率。通过景区提升乡镇吸引力，通过乡镇提升景区的接待水平。

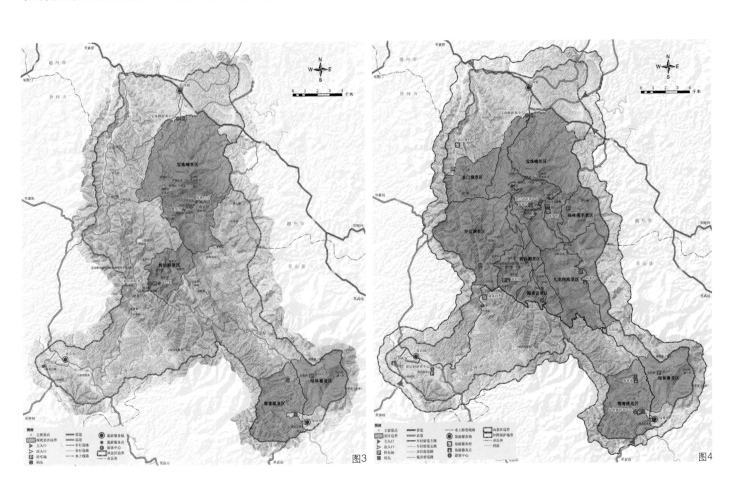

图3　　　　图4

五、保护规划

（一）资源分级保护

风景名胜区划分为一级、二级、三级保护区，实施分级控制保护。

1. 一级保护区（核心景区——严格禁止建设范围）

（1）一级保护区区划与概况

一级保护区是风景名胜区内风景资源集中分布，同时对人类活动敏感的区域或对保护生物多样性及生态环境作用十分重要的区域。面积为118.8km²，占风景名胜区总面积的35.3%。是风景名胜区的核心资源，需进行严恪保护。

（2）一级保护区的保护规定

1）严格保护风景资源的真实性、完整性及其周边环境。控制游人量，管理好游览活动与游客行为，不得因游览损害风景资源及其价值。

2）严格限制与风景保护、游览无关的各类建设与活动，对区内违规违章、破坏风景环境的各项建设，应当结合详细规划制定逐步整治、拆除等计划，并限期完成。

图5　分级保护规划图

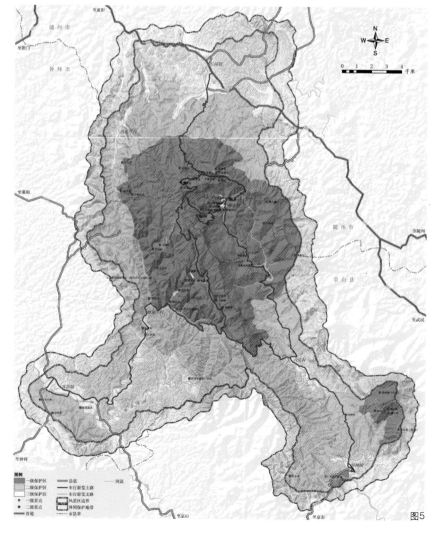

图5

3）严格控制村庄的人口规模和建设规模。区内村庄依据规划优先搬迁、整治，村庄改建应符合原址原规模的要求。

4）保护、恢复植被，结合居民调控开展退耕还林工作。

5）加强卫生管理，将垃圾转运至山下。对污水、污物进行环保处理。

2. 二级保护区（严格限制建设范围）

（1）二级保护区的区划与概况

二级保护区是风景资源相对较少但植被环境较好的区域，是风景名胜区景观环境和生态环境的重要组成部分，以浅山区域为主，主要保护风景名胜区生态环境背景。总面积123.6km²，占风景名胜区面积的36.7%。需在保护的基础上进行合理的利用。

（2）二级保护区的保护规定

1）严格保护风景资源，保护生态环境和田园景观背景，以恢复植被为主，严禁开山采石，加大封山育林力度。

2）可开展自然山水游赏、历史文化探源、自然科普、生态科考、户外运动、乡村休闲等活动，可根据游览需要开展景点、游步道及必要的游览设施建设。

3）区内村庄应按照居民点调控要求严格控制人口规模和建设规模。区内村庄可以进行旅游接待活动。可依据规划进行环境整治，条件成熟时可疏解，并改善卫生条件、加强环保管理、加强村庄绿化。

4）严禁破坏风景环境的各种工程建设与生产活动。严格控制区内设施规模和风貌。不允许新建宾馆酒店。

3. 三级保护区（控制建设范围）

（1）三级保护区的区划与概况

三级保护区是一级、二级保护区以外的区域，以山下平原地区为主，包括部分山林地、村镇集中分布区域和旅游服务设施集中建设区域，主要保护风景名胜区特色的乡村田园景观。总面积94.3km²，占风景名胜区面积的28%。三级保护区是风景名胜区的弹性空间，需进行环境品质提升。

（2）三级保护区的保护规定

总体上不得安排污染环境和破坏景观的项目，已经存在的应采取措施限期进行调整、改造或拆除；加大封山育林力度和荒山绿化力度；可开展游赏活动，根据游览需要开展景点、游步道及必要的游览设施建设。通过功能分区进一步细化控制要求。

1）应依据详细规划进行游览设施建设和村庄建设。

2）区内的风景恢复区以恢复植被为主，严格控制区内设施规模和风貌。不允许新建宾馆酒店。可保留第一产业的生产活动，可在原有坡耕地的基础上发展观光果园等形式的第三产业。

3）区内的村庄协调区可接纳从一级保护区、二级保护区搬迁的居民，禁止风景名胜区外人口迁入。可对区内村庄进行合理调整置换建设用地，安排旅游设施。

4）区内的旅游服务区建设应保持山体余脉、河流水系、田园绿地自然要素。建筑高度参照村庄风貌控制在2层，局部控制在3层以下。

5）区内的城镇发展区合理开展服务设施、居民安置、相关旅游产业建设，建设风景城镇。可接纳从一级、二级保护区搬迁的居民，总体上需符合风景名胜区居民点调控规划和城市土地利用规划要求。

（二）资源分类保护

根据资源的不同类型进行针对性保护，包括文物保护单位、宗教活动场所、溶洞地貌、生物多样性、河流水系、森林植被、传统村落、非物质文化遗产八类，对大洪山最有特点的溶洞地貌和传统村落的保护措施如下：

1.溶洞地貌保护

维持原始环境，避免人为改造岩溶地貌发育区的自然环境。保持原有地表水与地下水径流模式，维持周边原有的植被环境。

重点保护珍稀资源，限制开发建设，在喀斯特山体景观区中进行开发建设，编制影响评估报告，限制对景观可持续利用有影响项目的进入。

在各游览洞穴内作温度、湿度、二氧化碳含量、风速等项目的长期观测，控制游客数量；严禁在洞内抽烟；采用通风或化学吸附法等适用方法清除二氧化碳。

使用低环境影响的洞穴灯光系统。

加强环境卫生管理：加强对游客的宣传教育，禁止在溶洞及其水系内丢弃垃圾杂物、吐痰便溺等行为。

2.传统村落保护

保护古村落的传统格局和历史风貌，维护历史文化遗产的真实性和完整性。

合理展示水没坪、娘娘寨等古村落历史文化遗存，弘扬地方优秀传统文化；促进古村落的可持续发展。

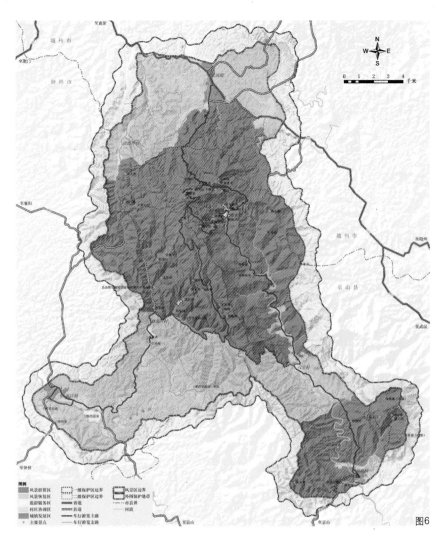

图6

保护村落内的传统民居，在不改变建筑内部结构的情况下，可适当改善居住条件、厨房、卫生条件。

村落内新建建筑的性质、高度、体量、形态、色彩及建筑材料应与传统民居相协调。

图6 功能分区图

六、游赏规划

（一）游客容量

风景名胜区日游客容量约为36600人次。年游人规模可达435万人次。宝珠峰、黄仙洞和鸳鸯溪景区现状发展较为成熟，日极限容量分别为15000人次、8000人次和10000人次。

（二）旅游发展思路

1.做优观光、整合资源

以区域合作促资源整合，形成大洪山地区统筹发展合力，实现从单一景点景区建设管理到综合目的地统筹发展转变。

2.做强文化、突出特点

立足文化资源优势，积极发展具有原真性的精

图7 游赏规划图
图8 道路交通规划图
图9 游览设施规划图

品观光旅游，打造核心旅游品牌形象。实现从初级的自然山水到文化生态名山的品牌转变。

3. 做足体验、多元拓展

拓展特色体验专项旅游，抓住中短途市场，提升重游率，实现从旅游封闭自循环向"旅游+"开放融合发展方式转变。

4. 做优乡村、提升设施

以乡村旅游为抓手，提供高品质服务，发展全域旅游，带动风景名胜区发展，实现从门票经济向产业经济转变。

（三）景区规划

风景名胜区划分为9个景区。各景区应加强游览组织、景观环境控制、游览解说系统和基础设施建设，编制详细规划。

对景区之外的其他区域，如客店镇南庄台村的对节银杏、猴子寨、古佛岩，长岗镇的长岗三泉，绿林镇的姑嫂桥等进行统一规划管理。

突出"洪山问禅、黄仙洞府、绿林访古"的风景资源核心价值，规划综合游览组织充分挖掘各景区资源特色，多元定位，营造"寻心礼佛（宝珠峰景区）、洞穴体验（双王洞景区）、山地徒步（绿林佛手景区）、溶洞观光（黄仙洞景区）、溶洞探险（罗汉洞景区）、古寨探秘（隐秀谷景区）、汉寨怀古（绿林寨景区）、水之体验（鸳鸯溪景区）、山水栖居（九龙探海景区）"九大主题。

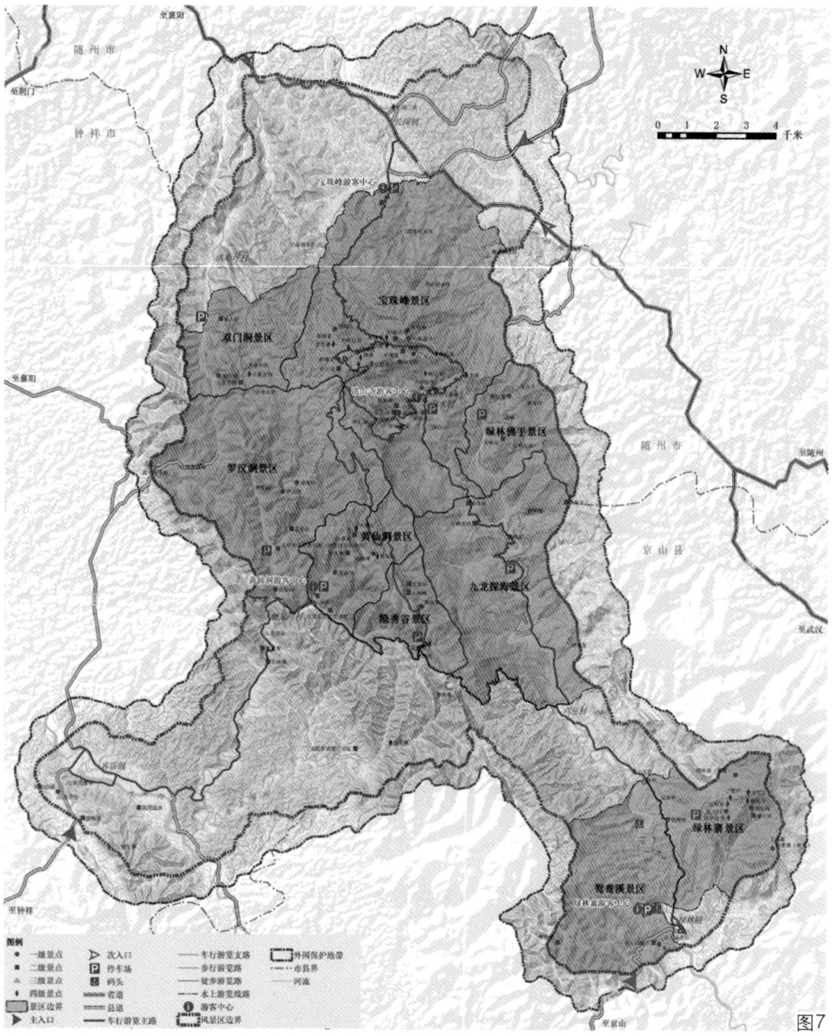

图7

对宝珠峰、黄仙洞、绿林寨3个主要景区的规划重点内容如下：

1. 宝珠峰景区

面积53.8km^2，景点37个。

净化各类与游览无关的建设；加强游览组织与管理，扩大游客容量。

修建游客服务中心—灵官垭—大慈恩寺祈福朝圣步道，游步道建设以青石材料为主，维护其古朴风韵。

改造状元塔，要求建筑规模、建筑形式参考传统建筑风格。

提升明清一条街的整体风貌，整治绿水村的景观环境，改造为传统民居特色村落。

在景区外围、视觉影响较小处修建玻璃观景台和悬空栈道，以观赏群山。策划千佛寺观佛灯、状元塔赏佛光、金顶观日出等夜间旅游产品。

2. 黄仙洞景区

面积10.5km^2，景点8个。

对黄仙洞钟乳石进行专项保护规划，封闭黄仙洞景区后入口。

重点整治黄仙洞景区入口，加强风景建设，应与自然环境相协调。

建设串联黄仙洞、娘娘祠、水没坪村、城子寨的游步道环线。

重点提升水没坪古村落，提升旅游接待品质。村中可适当增加休闲场地、餐饮点、展示馆等旅游服务设施。

结合高山雾茶场开展茶文化体验项目，完善高山雾茶场的旅游项目和旅游接待功能。

改造提升原有娘娘祠景点，打造以杨贵妃文化为主题的旅游项目。

限制自驾游车辆进入景区，使用环保车接送游客。

3. 绿林寨景区

面积14.3km^2，景点14个。

净化各类与游览无关的建设，保护古寨遗址本体，对绿林古寨环境整体保护。

加强景点建设，整修栖凤寺。

完善旅游基础设施，整合现有游步道，形成串联主要景点的连续的游步道系统。

完善解说系统，通过多种形式的展陈手段对绿林文化的历史故事进行展示。

策划参与式实景表演项目，展示再现绿林好汉训练、会盟、作战等场景。

在遗址的外围打造古兵寨影视取景地，用于拍摄古兵寨主题的影视作品。

低山区域发展户外拓展运动项目。

七、道路交通规划

（一）对外道路交通规划

利用已建成的 006 县道、004 县道、096 乡道、京绿线、坪客线和 010 乡道作为骨干道路，加强对外交通联系。在外围形成风景名胜区外环游览百里画廊景观道路。

（二）内部道路交通规划

规划设置 5 处风景名胜区出入口和 9 处景区出入口，并设立风景名胜区标志物（含徽志）。

建设"一环、三纵、多嵌套"的总体游览道路系统，局部根据需要设置车行游览支路。

围绕主要景点建设步行游览道。步行游览主道一般宽度为 2～3m，登山游步道宽度 1.5～2.5m，采用当地材料。栈道宽度 1.5～2m。次要步行游览道宽度 1.5m 以内。步行游览道的选线和建设形式应在详细规划和设计阶段确定。

研究设置宝珠峰景区长岗游客中心至灵官垭索道、黄仙洞景区入口至成子寨索道的可行性，并应符合国家规定程序与要求。

（三）交通设施规划

保留宝珠峰景区樊家台入口、黄仙洞入口、绿林寨入口 3 处景区入口停车场。在绿水村、双门洞、罗汉洞、姚家冲、祁家村、隐秀谷和鸳鸯溪增建 7 处停车场，其绿化覆盖率宜大于 50%。

在樊家台、绿水村、黄仙洞、鸳鸯溪，依托停车场，建设旅游交通换乘中心。

在洪山坪村、赵泉河村和六房村共设置 3 个自驾游服务基地。

八、游览设施规划

旅游服务设施规划必须服从风景名胜区总体规划确定的目标，遵循"山上游览，山下住宿；依托城镇，区域共享；以需定量，渐进调整；合理布局，绿色高效"的基本原则。

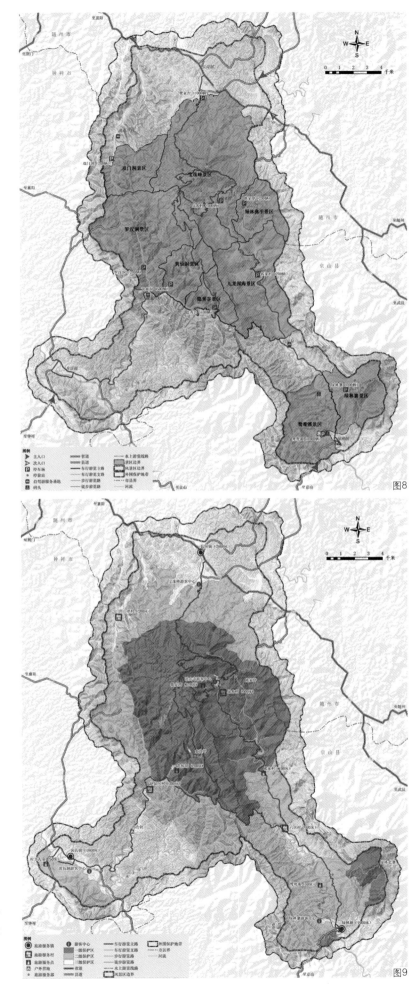

图8

图9

游览设施分级配置　　表1

服务基地		主要设施类型									
分级	名称	餐饮	住宿	购物	娱乐	交通	医疗	宣传	咨询	解说	管理
旅游市	随州市、钟祥市、京山县	●	●	●	●	●	●	●	●	●	●
旅游镇	长岗镇、客店镇、绿林镇	●	●	●	○	●	●	●	●	●	●
旅游村	洪山坪村、绿水村、赵泉河村、六房村	●	●	●	△	○	● 救护		● 信息	●	○
旅游点	筱泉湾、姚家冲、鸳鸯溪、黄仙洞、水没坪、祁家村、陈湾温泉、对节人家	●	○ 少量	○ 简易	△	○	● 救护		○ 信息	●	○
服务站	—	● 食品		● 小卖			○ 救护		● 信息		
游客中心	宝珠峰景区入口、黄仙洞景区入口、绿林寨景区入口,洪山寺	—	—	—	—	—	—	● 教育	●	●	●

注：●应该设置；○可以设置；△可保留不宜设置；—不适用。

（一）游览设施布局与分级配置

形成旅游市—旅游镇—旅游村—旅游点—服务站旅游服务基地系统。建设游客中心。

（二）游览设施建设控制引导

3个旅游镇的旅游服务设施结合镇总体规划，同居民社会服务设施一并安排，提升景观环境与建设品质，其建设应突出文化传统与地方环境风貌特点。长岗新区建筑高度控制在3层以下。

旅游村分别配置设施用地，结合村庄建设，发展旅游民宿。

旅游点结合居民房屋，发展家庭旅馆。姚家冲、水没坪、绿林北寨旅游点不安排宾馆住宿。

旅游村、旅游点建设应注重保护自然环境和维护传统村庄景观风貌，建筑高度控制在3层以下。

游客中心建筑规模应与需要适宜，建筑高度宜在2层以下，建筑形式宜体现当地传统建筑特色。

（三）床位规模与分级配置

风景名胜区内床位总数控制在6120床以内。在风景名胜区内及周边村镇以民宿的形式预留弹性床位5000床。

九、居民点协调发展规划

（一）调控原则

风景名胜区内人口自然增长，不得迁入外来人口，鼓励农村居民向所属城镇转移。核心景区等重点风景保护地段的村庄实行居民衰减原则。对景观环境和游览影响较大的村庄实行生态搬迁原则。对风景保护和生态环境影响较小的乡镇实行居民集中发展原则。

（二）居民安置点

规划缩小型村庄3个，超量人口按生态移民方式向所在镇区转移。保持现状型村庄5个，新增人口按生态移民方式向所在镇区转移。自然增长型村庄13个，允许村庄人口的自然增长，禁止外

图10　居民点协调发展规划图

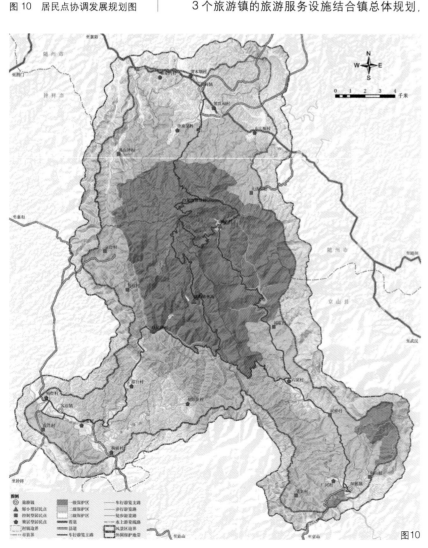

图10

来人口迁入。城镇聚集型3个，即长岗镇、客店镇和绿林镇，鼓励镇域范围内村庄人口向三镇镇区进行城镇化转移。

1. 人口规模调控

风景名胜区内常住总人口控制在24500人。其中随州长岗镇、钟祥客店镇、京山绿林镇在风景名胜区内的人口分别控制在11480人、5700人和7320人。禁止迁入和安置风景名胜区外人口。

2. 居民点建设要求

居民点各项建设应纳入所属乡镇规划管理部门统一管理，严格审核审批，统一执法。房屋建筑按照当地民居传统风貌进行控制和改造，采用乡土建筑材料；以坡屋顶形式为主，村庄控制建筑高度在3层以下；房屋建设因地制宜、顺应地形，保护古树名木和大树，严禁毁林开荒；加强村庄乔木绿化和垂直绿化，达到绿树掩映的效果。

缩小型村庄不再允许房屋新建和扩建，被拆除的建筑基址用于生态恢复。

保持现状型村庄允许对建筑进行修缮改造，但改造的内容仅限于在原有宅基地基础上进行建筑修缮或者原址新建。原址新建的建筑规模维持在原有规模，不得进行扩建。

自然增长型村庄鼓励零散分布的居民点进行搬迁、撤并，向中心村集中搬迁。

城镇建设应合理控制建筑高度、体量与密度，加强绿化，统一建筑风格，达到城景协调，形成风景城镇的景观效果。

（三）经济发展引导

1. 加强特色种植业

调整农业产业结构，鼓励发展对自然资源有利且收益高的特色种植业。扩大香菇、茶叶、葛粉等特色经济作物的种植规模；结合佛教文化、长寿文化、绿林文化等大洪山文化形象，开发米汁等延伸产品，构建多元化特色农产品体系。

2. 构建多元化的旅游经济，凸显生态和文化特色

积极适应旅游国际化的发展需要，突出地方性、参与性和体验性。重视夜晚体验，活化乡镇，逐渐使长岗、绿林、客店三镇成为游住结合的综合服务基地；促进景村融合，农旅融合，以佛教养生文化、绿林文化、长寿文化为内涵，加强文化旅游产品的研发和设计；鼓励居民制作食品、服饰和传统手工艺品等，保存并发扬民俗文化。

3. 提升旅游服务水平，改变传统经营模式

鼓励居民以房屋、农家乐、经营管理技能入股，采用联合经营、集体经营等方式，提高农家乐的规模经营效益和服务水平。鼓励精品民宿发展成为旅游亮点，弱化风景名胜区内居民对现阶段低品质农家乐的过度依赖。

在不损害风景名胜区生态资源的前提下，提高现有游览服务设施档次，推广旅游特色乡（镇）、村和乡村酒店农家乐星级评定，促进乡村旅游规范发展。

演绎大运河多元文化的交融共生

——以郑州市惠济区大运河水系总体规划为例

中国城市建设研究院有限公司 ／
李金路　王玉洁　张　潮　裴文洋　陈锦程　郑　爽　张　昕　郭　倩

隋唐大运河通济渠荥阳古城段位于郑州市惠济区，2011年被列为中国大运河申遗首批申报项目。文章以该段大运河申遗为背景，规划"惠济区大运河水系文化休闲带"（文中简称为：运河休闲带），详细阐述了中国大运河作为世界文化遗产对于郑州尤其是惠济区的意义，大运河不仅仅是一条线形文化遗产、一条城市的蓝绿生态带，更是城市的发展原动力。规划以"大生态、大文化、大旅游、大产业"为总体发展目标，将大运河打造成为郑州市的"黄金文化旅游带"、惠济区的城市客厅。总体规划"一河两岸六园八景十二遗珠"，协调城市发展、城市用地规划与遗产保护，充分挖掘文化、保护文化、利用文化、弘扬文化，讲述运河故事。

一、规划背景及总体定位

（一）实现四大战略目标

惠济区位于郑州市北部，世界文化遗产隋唐

大运河通济渠荥阳古城段由西向东横穿惠济区，连接最具历史文化底蕴的荥阳故城（中国历史文化名镇）和最具生态涵养价值的万亩鱼塘，而大运河本身又是自然与人工完美结合的产物，承载千年运河文化；故运河休闲带要达到内外兼顾，满足外来游客和本地市民不同的休闲旅游需求，打开内外两大市场，服务内外两种人，最终实现"大生态、大文化、大旅游、大产业"的总体发展战略。

"大生态"是运河休闲带发展的基础。保护好生态环境，建设良好、稳定的生态系统，让惠济区不仅成为郑州的后花园，也成为郑州生态旅游发展的前沿和核心。

"大文化"是运河休闲带发展的内涵。荥阳故城拥有悠久而璀璨的历史文物古迹，具有极高的文化价值、历史价值和科学价值。隋唐大运河通济渠郑州段为中国大运河世界遗产中"最长、保存最完整"的一段，体现惠济区最具价值的历史文化内涵。

"大旅游"是运河休闲带发展的核心。大运河独特的水韵风情和悠久的历史文化，是惠济区的优质旅游资源，承载着郑州市1013.6万人口（2018年）的休闲旅游梦。

"大产业"是运河休闲带发展的动力。以旅游业为龙头，整合沿线"农业、渔业、林业、商业、文化业"等，带动大运河的发展，推动惠济区经济腾飞。

（二）讲述运河上的故事

河流孕育了人类文明，促进了城市的产生，影响着城市的发展和变迁，荥阳，就是应大运河而生的城市。几千年前，郑州号称全国八大雄州之一，既是运河的码头，又是陆路的驿站，是南北物资贸易、文化交流的枢纽。驿站彻夜不关城门，

图1　古荥镇现状大量无序、无特色、无规划的建设

古荥镇

纪公庙村

师家河

桐树村

图1

来来往往的商旅、信使络绎不断。繁荣的水路运输留下了大量的水工遗存：漕粮码头、仓廪输场、渡口驿站、桥梁水坝、城堡村落、寺庙观菴等遗址遗迹，至今仍然可寻。荥阳，这座因为运河而生的城市，在隋唐大运河的发展上有着浓墨重彩的一笔。

大运河穿城而过，带着这座城市所有的记忆，成为一首流动的史诗。它不仅是城市的风景与蓝绿生态带，更将再次成为城市发展的核心和休闲旅游的重要载体。规划以运河文化为主线，演绎大运河因水而生，因水而立，因水而兴，因水而名、因水而强的辉煌历史。

规划旨在展现大运河历史上独特和辉煌的历史文化，即大运河五之最：最重要的资源依托是世界文化遗产和国家级文物保护单位；最辉煌的历史时期是汉代和隋唐时期；最核心的文化脉络是运河枢纽中心；最独特的文化价值是大运河包容天下的文化特点；同时融入旅游这一最具人流号召力的手段。描绘千里风景画廊，讲述千年运河故事，让惠济区成为新时代"运河上的城市"。

（三）打造城市的黄金文化旅游带

从历史走来的大运河带着丰富而璀璨的文化积淀和优美的自然环境，成为惠济区最具特色的旅游发展带，在大运河水系休闲带上讲述一个个经典的运河故事，将活色生香的大运河历史画卷徐徐展开，从汉代天下名都的政治、军事文化到唐代大运河的商业、娱乐文化，一条大运河黄金文化旅游带，将从古至今的军事文化、民俗文化、漕运文化、农耕文化、商业文化、文人文化、渔业文化都串联汇聚起来，成为惠济区最具旅游发展价值的核心。

二、总体规划布局

（一）"一河两岸六园八景十二遗珠"的总体布局及空间结构

在惠济区城市规划基础上，对大运河及其两侧空间进行整体规划，提出"一河两岸六园八景十二遗珠"的规划总体布局及空间结构格局。

"一河两岸八景"指大运河及其两岸约5m范围内，属于大运河申遗的遗产保护区，根据《大运河通济渠郑州段管理规划》的规定，该区域内不得进行与水利建设和遗产保护与展示无关的其他建设工程，只能进行保护展示以及必要的辅助设施。所以该区域以保护为主，以河道两岸的植物景观形成

优美的滨水空间，同时根据大运河建设—通航—漕运—治理各个历史阶段不同的文化特点，规划大运河两岸八大文化广场，即运河伊始、万舸竞发、纤夫船号、水上船工、水利清沙、筒车兴农、贾鲁胜景、沤苎渔网，构成运河两岸的文化休闲游憩节点。

"六园"位于大运河两岸保护范围之外的建设控制地带或城市建设区之内，根据实际地块使用情况、街区格局来进行划分，便于规划和管理。根据大运河枢纽中心的特点，将大运河的军事文化、艺术文化、民俗文化、商业文化、文人文化、农耕文化和渔业文化进行旅游的艺术提升，从游客的角度出发，更具吸引力地展现给游客，形成独具魅力的运河古城、运河人家、运河码头、运河驿馆、运河农舍和运河渔歌六大园子。

"十二遗珠"指位于大运河两侧、惠济区内的12个具有历史文化特点的文物古迹，如红光寺、岔河遗址、小双桥、程氏家庙、惠济桥、玉皇阁、花园口决堤遗址、东岳天齐庙、二爷庙、三槐堂王氏宗祠、祥云寺、大王卢医庙，他们散落在大运河两岸，与大运河的历史有着千丝万缕的联系，如岔河遗址便是索须河开始的位置，东赵村的玉皇阁与当年大运河繁华的码头有着紧密联系，规划对这些散落的文化遗址进行整合，通过大运河的规划带动周边地区的发展，将惠济区的历史文化更加完整、更加系统地展现给游客，让珍贵的历史遗

图2　大运河郑州段现状水藻泛滥，驳岸堆满垃圾
图3　大运河郑州段的辉煌历史文化示意图
图4　规划理念示意图

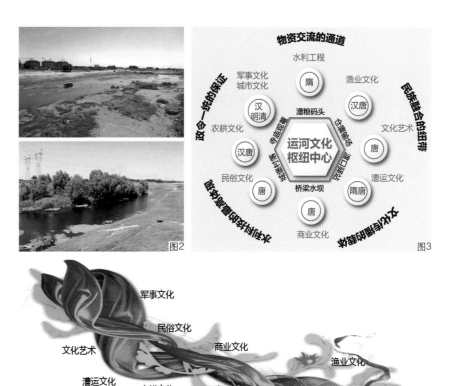

图2

图3

图4

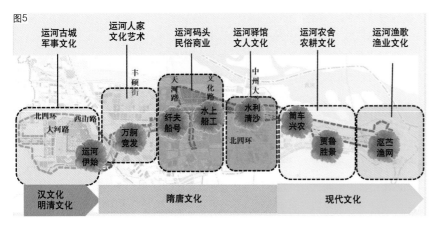

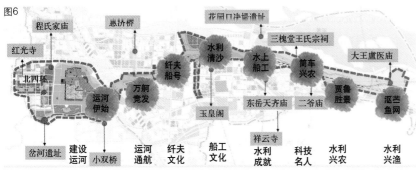

图5　规划空间结构示意图
图6　八景十二遗珠结构示意图

迹不再淹没于城市建设之中，而能发挥出重要的文化旅游价值。

"一河两岸六园八景十二遗珠"从内到外，根据大运河文化保护的要求，进行景点规划和旅游项目策划，形成"点—线—面"的旅游产品结构，全面构筑大运河城市黄金文化旅游带，形成惠济区的"龙形之地"。以古城为龙头，利用丰厚的历史文化，打造风情旅游小镇，从而实现大旅游产业战略，带动惠济区产业结构转型与跨越发展。以大运河为龙身，以保护促发展，线性带动周边旅游开发，推动惠济区城市建设及经济社会发展，传承运河文化，开启惠济美好明天。

（二）规划所涉及的土地利用调整

此次规划范围内的城市用地性质包含绿地、居

六大主题园列表　　　　　　　　　　表1

六园	主题文化展示	功能定位	服务人群
运河古城	古荥阳独特的军事文化	文物展示和休闲娱乐	外地游客为主，本地居民为辅
运河人家	隋唐时期丰富而璀璨的文化艺术	艺术观演和餐饮购物	
运河码头	大运河繁华的水上码头景象	民风民俗、餐饮购物	
运河驿馆	大运河两岸为了航运而兴起的驿馆文化和来往文人在此居住所形成的独特的文人文化	文人文化和住宿餐饮	
运河农舍	古代农业和现代农业的文化	农耕文化和休闲娱乐	周边市民为主，外地游客为辅助
运河渔歌	大运河与渔业的关系	渔业文化和休闲娱乐	

住用地、商业用地、教育科研用地、生态绿地等城镇建设用地。但大运河申遗之后，按照《大运河通济渠郑州段管理规划》的规定，保护范围内的用地不得作为除文物古迹用地之外的其他城镇建设用地。现状用地性质与该规定不符的，应逐步进行调整。故保护范围即河道两侧5m之内均调整为文物古迹用地，仅用于文化的展示和环境的整治，不建设其他与遗产保护和文化展示无关的建设工程。而保护范围之外的用地性质，根据此次规划进行相关调整，并与控制性详细规划、土地利用规划等其他相关规划进行衔接，整体上建议减少居住用地，适当增加商业服务业设施用地、文化设施用地、娱乐康体用地和公园绿地，满足大运河未来开展旅游活动的需要，以确保规划的延续性和规划思想的贯彻落实。

（三）六大功能分区，全面满足旅游的各种需求

根据六大园子不同的主题定位，规划不同的功能性质，全面满足旅游的"吃住行游购娱"的需求。六大园子相辅相成，各有侧重，沿运河两岸形成具有浓郁文化底蕴和丰富旅游项目的六大旅游区。

三、分区规划

（一）一河两岸规划

以生态环境的保护和植物景观的规划为主。河道两岸现状的植被种类比较单一，以草坪、杨树、柳树等植物为主，在长达22.5km的运河滨水景观上，容易让游客感觉枯燥和单调，缺少游览性和景观的变化。

故根据著名的古诗《隋堤柳》："大业年中炀天子，种柳成行夹流水。西自黄河东接淮，绿影一千三百里。大业末年春暮月，柳色如烟絮如雪"中所描写的当时运河两岸的植物景观，进行规划。通过4个层次由内到外依次提高运河两岸滨水景观效果。

第一层增加水生植物，如荷花、水葱、香蒲等，丰富河道的岸线景观，避免单一的护坡缺乏观赏性，同时便于形成稳定的水生生态系统，为鱼类和鸟类的繁衍提供栖息地。

第二层增加地被花卉，在现有的草坪上采取人工播种的方式，增加野生草花和观赏性花灌木，如波斯菊、绣线菊、萱草、锦带、南天竹等，丰富草坪的植物层次和观赏性。

第三层在现有的乔木林中，增加杨柳科的植物，形成河道两岸的乔木背景林，再现隋唐时期大运河"隋堤烟柳"的植物景观。

第四层在乔木林中增加色叶植物，如乌桕、白蜡、楸树、银杏、五角枫等，在单一的绿色背景中增加丰富的色彩变化，在秋季形成河道两岸红叶绚烂的美丽景色。

通过水生植物—地被花卉—隋堤烟柳—色叶植物的植物景观配置，形成近景、中景、背景等不同层次的景观效果，利用高中低不同高度的搭配，改变现状单一的河道景观，驳岸随形就势，有起伏、有变化、有景致，在保护生态系统和环境的基础上，让河道景观更加具有旅游的吸引力和游览性，最终形成两岸遍植杨柳、俯映碧流、破晓烟凝、苍翠欲滴、四季变化的运河百里画廊景观。

（二）六园规划

6个园子的文化主题定位各有侧重，在大运河一条主线的贯穿下，全面展现大运河的历史文化特色，满足不同游客的需求。

1. 运河古城

以古城为龙头，利用丰厚历史文化，打造风情旅游小镇，从而实现大旅游产业战略，带动惠济区产业结构转型与跨越发展。

利用中国历史文化名镇及众多国保资源，讲述运河上的古城故事，将荥阳古城未来规划为5A级景区，对区内村庄逐步进行拆迁，村民在景区就业，以旅游产业带动收入的增加，从而实现产业升级转型；周边城市用地将转变为旅游服务用地及景区内老百姓搬迁用地。塑造具有旅游城市特色的景观空间，满足宜居宜游的城市休闲度假需求。

规划以荥阳古城为核心，以运河为主线，以水城为特色，构建古城内5A级旅游景区——运河古城和古城外旅游配套区——水上新城。内游外住，内赏外品，相辅相成，共同发展。实现城市与景区环水通航。

古城内：在文物保护的前提下，充分体现其辉煌的汉代、清代两大历史时期的文化特色，将居住用地全部从古城调出，形成完整古文化景区，近期建设成为以遗址观光、科普教育、文化体验和主题娱乐为主要内容的4A级旅游景区，未来升级为5A级景区。

古城外：利用现有的城镇用地配套旅游景区所需要的吃住行游购娱等旅游服务设施，合理安置搬迁居民，营造环城绿带水系，形成新时代的水上新城，满足宜居宜游生态城市新理念。

2. 运河人家

中国大运河——水上小唐国，缩天地于盆池！

唐文化博大精深，全面辉煌，泽被东西，独领风骚，成为世界的文化交流中心。规划意在取其精华，以小见大，南北重构，再现辉煌。充分展现大运河"南北之缟毂、东西之孔道"的枢纽中心的文化价值，将运河上的东西南北文化交通、少数民族与外来文化的汇集展现给游客，让游客感受隋唐大运河通济渠郑州段的独特文化魅力。

规划展现大运河文化"融合"的性格。大运河文化的交流、融合是不同文化地域的文化元素之间的平等对话。不同的文化通过互动的解读与诠释，不断地冲突、融合，形成了大运河文化的自身性格——"融合性"，是中华传统文化中"和文化"的体现，大运河文化的核心精神就是"和文化"。规划以隋唐大运河为主线，融合运河风情，艺术化演绎历史上一座座运河名城的锦绣繁华，充分体现盛唐时期开放、大气、兼容并蓄的文化内涵，打造全新的文化旅游体验产品，形成独具魅力和品牌效应的"运河人家"文化旅游景区，为游客呈现一场流动的视觉盛宴。

3. 运河码头

据专家介绍，唐代码头南裹头位于黄河之上，由此引水进入大运河。目前东赵村仍保存有一座3层、10米多高的"玉皇阁"，它与通济渠有着重要渊源。经文物部门考证，该村曾是通济渠的一个码头所在地，该村现有人口1000多户，40余个姓氏，多是运河航运时期全国来此的商人的后代。结合上位规划定位及城市用地现状，最终在大运河北岸与东风渠交界地规划运河上的码头景区。

利用现状村庄李西河村和常庄村所在用地规划运河码头旅游景区，展现大运河丰富、繁华、热闹的码头文化，从市井百姓的角度展现当时的平民文化，更加贴近生活，呈现不同的旅游体验产品，激发游客的游览兴趣，更加深入直观地感受运河文化。

4. 运河驿站

该区域靠近黄河温泉带，利用黄河温泉带的天然资源，结合大运河特有的驿馆文化和文人文化，营造一个具有温泉酒店、康疗中心、养生养老地产功能的运河驿馆。采用集中式和分散式布局，与运河景观相融合，规划主要服务中高档人群的4星级酒店。充分发挥温泉资源优势，引进更多高品质的休闲、游乐、养生、度假项目，形成具有运河特色的国家级旅游度假区特色产业链，打造国际化温泉养生旅游小镇。

图7 河道两岸现状
图8 一河两岸规划效果图

图9

图10

图11

5. 运河农舍

运河沿线现有一些蔬菜大棚，但分布较散，不成体系。规划通过现代技术与传统方式展示大运河与南北农业发展的关系，并与现状农业相结合，开启休闲农业旅游。以充分开发具有旅游价值的农业资源和农产品为前提，将农业生产、科技应用、艺术加工和游客参与融为一体，利用田园风光、生态资源和自然环境，结合农业生产与经营，满足人们旅游、娱乐、休养身心的需要。产品设计围绕"老人与孩子、食品安全、养生与养老"3个方面展开。

6. 运河渔歌

现状万亩鱼塘为 1990 年代初建设的联合国粮农署 2814 项目，目前已经荒废，变成仓储用地，生态环境遭受了一定程度的破坏。

结合大运河沿线的丰富渔业文化，以运河渔歌和运河号子为文化主线，根据现状将其规划为生产区、旅游区和生态湿地公园三部分。生产区将生产鱼塘景观化营造，使其可生产、可游览、可观赏。旅游区需要合理布局，明确发展方向，打造新颖独特的娱乐产品，做足"鱼"的文章，形成集观鱼、赏鱼、戏鱼、品鱼、钓鱼、购鱼于一体的特色鲜明的娱乐美食购物项目。娱鱼于游，娱鱼于乐，生态湿地公园区将鱼塘与湿地公园相结合，净化水源，营造大生态环境，可游憩，可观赏。

通过生态环境的恢复和改善以及植物景观的营造和旅游项目的策划，使其建设成为具有"花、鸟、鱼、石、岛"多元特色的大生态湿地游览区，游客可以感受到"得水之情、盆鱼有乐，领山之趣、拳石皆奇，享木之翠、百鸟归林"的黄河生态湿地风情。

（三）八景规划

1. 运河伊始

605 年，隋炀帝命开凿大运河，"发河南诸郡男女百余万，开通济梁，自西苑引谷水、洛水达于黄河，自汴水引河通于淮水"，长 1000 多公里。608 年，隋炀帝沿洛阳东北方向开凿永济渠，沟通沁河、淇水、卫河，通航至天津，接着，溯永定河而上，通涿郡。610 年，隋炀帝继续开凿江南运河，使得镇江至绍兴段通航。隋唐大运河跨越地球 10 多个纬度，纵贯在中国最富饶的华北平原和东南沿海上，地跨北京、天津、河北、山东、河南、安徽、江苏、浙江 8 个省、直辖市，是中国古代南北交通的大动脉，在中国的历史上产生过巨大的作用，是中国古代劳动人民创造的一项伟大的水利建筑工程，也是世界上开凿最早、规模最大的运河。

将大运河的开凿历史通过浮雕墙的形式完整地展现给游客，结合水景瀑布，在大运河两岸形成气势磅礴、恢宏大气的景观，讴歌这一伟大的水利建筑工程为子孙后代带来的丰功伟绩。

2. 万舸竞发

晚唐诗人皮日休在《汴河怀古》这首诗中对此有评价："尽道隋亡为此河，至今千里赖通波。若无水殿龙舟事，共禹论功不较多"。隋唐大运河建成不久，隋炀帝就率领群臣巡游江都，据说就是从这里出发的。当年，隋炀帝乘辇车到这里出游江都，舟船相接 200 多里，在岸上拉纤的纤夫就有 8 万多人，沿河两岸还有骑兵护送，旌旗蔽日，气势非凡。据记载："庚申，遣黄门侍郎王弘、上仪同于士澄往江南采木，造龙舟、凤艒、黄龙、赤舰、龙船等数万艘"。

以巨型龙舟为标志景观，数船扬帆向龙舟处而立，中心设大型音乐喷泉，随礼乐变换造型，两侧皆是以精美羽仪为装饰的黄麾仪仗雕塑，呈现当年气势非凡的官方文化巡礼。

3. 纤夫船号

在古运河上，船遇到顺风时，就拉起船帆，乘风前进，既省时又省力；遇到顶风时，就需要十多人或者几十人用系在船头上的绳索向前用力牵拉，使船前进。拉纤人被称为纤夫。广场上设置不同功能的船只，地上雕刻不同情况下拉纤号子的歌词，让游客更深刻体会到普通劳动者的勤劳与艰辛。

4. 水上船工

大运河水上运输十分繁华，"漕船往来，千里不绝"。而在大运河上的跑船人，一年有三百天在船上寂寞度过，为南北漕运作出了一生的奉献，是大运河遗存的劳动者的赞歌。通过景观广场的形式，再现当年运河水上运输的繁华，与六园之运河码头相结合，将朴实的劳动人民的生活展现给游客，让更多人能够感受到当时水运的艰辛与不易。

5. 水利清沙

大运河是人工与自然结合的产物，它的修建遇到了很多困难和实际问题，聪明智慧的先贤为了能够修建大运河而发明创造了很多水利工程，很多方法一直延续至今，仍然非常实用。例如定期人工挖掘清淤、河堤上植杨柳榆树固堤、"木岸"狭河等。通过节点展示大运河修建的水利创造，起到科普宣教的作用。

6. 贾鲁胜景

随着政治中心由西安、洛阳东移至开封，通济渠航运渐衰，北宋时开封汴河、明清贾鲁河成为中原对外的"大运河"。贾鲁河原名惠民河，南宋后，大运河淤塞，因元朝贾鲁开河通浚，名贾鲁河；明弘治七年（1494 年），刘大夏在疏浚贾鲁河故道时，自中牟另开新河长 70 里，导水南行，经开封之朱仙镇、尉氏之夹河、水坡、十八里、张市、永兴、王寨到白潭出尉境入扶沟，亦称贾鲁。明清两代水运畅通，又有运粮河之称。

规划采用柔曲的线条模拟大运河的柔美，在广场上设置船形廊架，从大运河远远望去，仿佛一条条船只在河道中穿梭，让游客身临其境，置身于当年黄金水道的繁华之中。

7. 筒车兴农

筒车发明于隋代而盛于唐代，距今已有 1000

多年的历史，巨大的筒车转动，为两岸的农业带来了无限的生机，凝聚了劳动人民的智慧。在六园之运河农舍中设置筒车兴农景观节点，与大运河现在的农业景观相协调，通过筒车和喷泉形成有趣的水景广场，增加游览趣味性。

8. 沤苎渔网

"沤苎成渔网，枯根是酒卮。老年唯自适，生事任群儿。"以钢丝编织渔网凌空抛撒，漫铺至地，犹如渔人撒向水面的千张网，网中锦鳞腾跃，展现运河河畔渔人捕鱼的生产场面，壮观而撼人心扉。

此外，在八景之间，大运河两岸设计若干文化小节点，在满足《公园设计规范》GB 51192 的要求下，为滨水游览的游客提供休闲游憩的小广场，增加坐凳、亲水木栈道、活动广场等必要的休憩设施，同时融入大运河的历史文化，与一河两岸植物景观以及八景相结合，以点带线，形成大运河两岸的滨河文化公园。

（四）十二遗珠规划

十二遗珠中寺庙居多，寺庙休闲成为现代都市人寻求心灵慰藉的重要形式之一。规划禅修养生院，为现代人提供心灵休闲的净土，营建清心寡欲的城市隐居地。并与中国传统文化相结合，开展周末短期修行、佛门"七日禅"、静心营、古琴感悟、国学养老、亲子夏令营等一系列相关活动，提供独有特色的旅游产品，从而带动区域旅游发展。

四、结语

该项目通过线（一河两岸：大运河贯穿始终，两岸风景景观化，打造运河百里风景画廊）、点（八景十二遗珠：八大文化广场，演绎从建设—通航—漕运—治理运河故事并串接区内沿河 12 个文物古迹，形成文化休闲游憩节点）、面（六大园区通过原真与艺术、静态与动态、本土与外来、传承与创新 4 个方面的结合，进一步展现大运河郑州段作为运河枢纽的独特性和鲜明性）结合的方式将古城与运河的资源活化，形成新的创意亮点。将中国大运河通济渠郑州段这一世界遗产作为项目文化的主线和灵魂，充分演绎了多元文化交融共生的场景，再现了辉煌灿烂的运河故事，将一幅活色生香的大运河历史画卷徐徐展开。该项目不仅热情讴歌这一伟大工程为人类所作出的杰出贡献，也记录了为大运河作出杰出贡献的建设者们，在弘扬由此所产生的丰厚的运河文化的同时让隋唐大运河光耀千秋，让古荥阳这座古城再度因水而辉煌！

城市型风景名胜区总体规划方法研究

同济大学建筑与城市规划学院／吴承照

一、引言

　　蜀冈—瘦西湖风景名胜区位于江苏省扬州市老城区西北角，是扬州古城大遗址的主体部分。风景区规划面积 8.37km²，外围保护地带面积 3.74km²。1988 年，蜀冈—瘦西湖风景名胜区由国务院审定公布为第二批国家级风景名胜区，它凝聚了扬州 2500 年的文化精髓，记载着古城历史的沧桑与繁盛。

图1

　　随着扬州城市格局的变化，蜀冈—瘦西湖风景名胜区已从原先的城郊型风景区变为城市型风景区，风景名胜区所面临的社会、经济、生态和文化环境均发生了很大变化，风景区内部土地权属关系复杂，风景区周边被新城包围，城景关系纵横交错，社会需求同风景区产品供给之间矛盾日益尖锐，扬州城市发展对风景名胜区的定位提出更高要求。如何科学处理城景协调关系、古城遗址与风景名胜关系、遗产保护与绿色发展关系，是此次总体规划修编的重点。

二、项目特点与难点

（一）项目特点

　　复合型规划：蜀冈—瘦西湖风景名胜区具有城市公园、世界遗产、古城遗址、风景名胜等四重角色，在城市总体规划中定位为城市公园绿地，在大

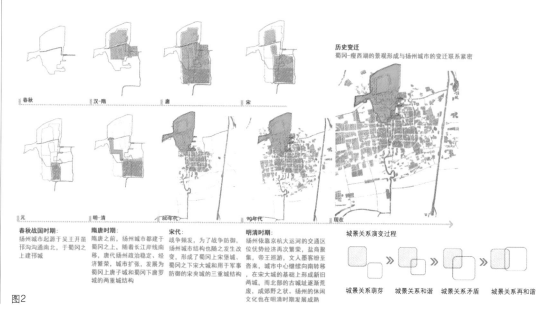

图2

图 1　蜀冈—瘦西湖风景名胜区
图 2　蜀冈—瘦西湖景观形成与
　　　扬州城市变迁关系

遗址保护中定位为遗址公园，在京杭大运河世界遗产格局中定位为瘦西湖世界文化遗产，这个规划既要统筹协调各领域的保护要求，又要突出风景名胜区规划的特色，是一个复合型规划。

能动型规划：对风景区周边城市建设用地和城市道路交通、公共服务体系规划提出要求，包括用地性质、功能布局、建筑高度、色彩风貌等，以风景保护要求统筹协调周边地区城市总体规划、详细规划和城市设计。

生态型规划：蜀冈—瘦西湖风景名胜区的一个突出特色是古护城河水网格局所形成的景观肌理，保护水网格局、水系联通与水体自净能力提升、现状鸟类栖息地保护与生境修复、重要水景体系修复、古长江岸线遗址保护与生物多样性恢复、传统乡土植物景观保护等是本次规划重要特点。

文旅融合规划：蜀冈—瘦西湖风景名胜区文化底蕴深厚，文化价值保护利用要同时代需求结合、同城市发展需求结合。文化展示、文创产业、游憩体验、休闲活动和旅游服务业的空间布局与容量调控是本次规划的重要内容。

（二）项目难点

多重边界协调：规划要进行景区边界、遗产边界、古城遗址边界、城市建设用地边界、城市设计空间边界、天际线控制边界等物理边界、生态边界、文化边界的协调统一。

复杂用地关系调整：由于历史原因，风景区内及边界地带存在多处同风景区性质不协调的用地形态，产权关系复杂。

城市交通与景区旅游交通的交织分流：每天繁忙的城市通勤穿越景区，来自四面八方的外来旅游车辆汇聚景区，空间分流和时序调控是规划一大难点。

遗产保护的空域和景域量化控制：瘦西湖景区是世界文化遗产，对景区外围环境特别是建筑高度和环境噪声有严格要求，对景区内景观品质和景观整体性、连续性、体验性等也有严格要求。

文旅融合的度与质的临界控制：文化价值的产品转化是风景社会价值实现的重要途径，是文旅融合的具体载体，对于风景区来说，在保持风景质量

图3 莲花桥处的视线通廊
图4 风景区外围保护地带空间引导
图5 城市风景体系规划图

图3

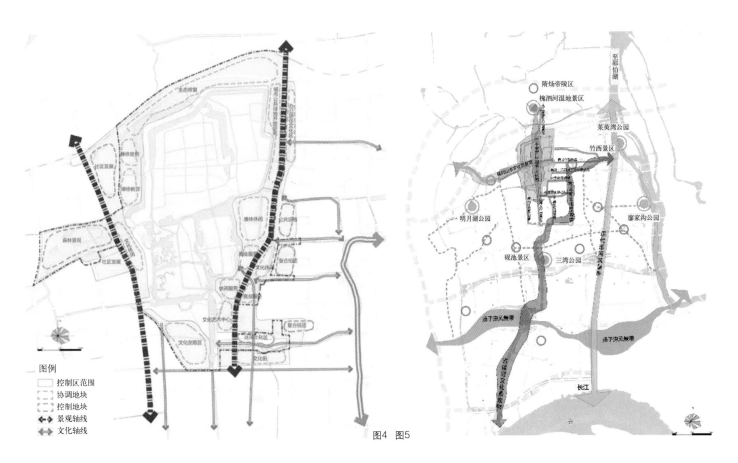

图例
☐ 控制区范围
☐ 协调地块
☐ 控制地块
⬌ 景观轴线
⬌ 文化轴线

图4 图5

的同时通过产品转化延伸风景价值链，获取高质量的综合效益，既要避免过度商业化，又要避免过度拥挤，其中转化临界点的规模与质量控制最为重要。

三、规划主要内容

（一）划定城景协调的三类控制线：景域天际线、土地功能线、生态红线

城景协调规划需要解决城市型风景名胜区在城市化进程中所产生的城景关系矛盾。其矛盾主要表现在：①城景交界地带用地矛盾严重，风景区用地被侵占，城景交界带用地和建筑功能同风景区风貌不符；②城市交通穿越风景区，带来噪声和尾气污染，过境交通穿越大虹桥、冈前地带等重要景点，降低了风景体验品质；③城景界面单一，风景区边界处都以单一、封闭的围墙分割，城市与风景区完全隔绝；④风景区向城市的文化生态渗透薄弱，蜀冈上下水系和风景区内外水系不连通，水质差，自净能力下降，护城河垃圾堆积。

针对以上问题，规划通过划定三类控制线以实现城景协调。

1. 城景风貌协调的景域天际线

风景区外围视域范围内的建筑高度、色彩、建筑立面、屋顶形式的总体控制线。以风景视觉景观要求为第一考虑要素，在小金山、莲花桥、白塔、二十四桥、平山堂等重要景点及水上游线的视线通廊范围内，禁止建设破坏天际线和景观风貌的建/构筑物。

2. 风景区外围保护、协调发展带的功能控制线

对风景区外围保护控制地带、协调发展地带内的土地利用性质提出控制要求，从城市总规和风景区总规中用地规划相互关系角度，提出地块的功能协调控制范围，保障城景关系的最优化。通过生态防护林、城市公共绿地开放空间、社区发展组团、文化创意组团、康体休闲组团、商业服务组团、休闲文化组团等文化生态型土地利用方式的划定，引导城景界面合理有序地发展。

3. 多规合一的生态红线

按照《扬州市城市总体规划》《扬州城遗址（隋至宋）总体保护规划》的要求，对外围保护地带范围内的绿线、蓝线、紫线、黄线进行规划控制。

构建区域层面的生态、文化风景体系，形成"水脉、绿脉、文脉"交相辉映的大风景体系。根据区域风景空间分布特征，规划一条跨越 2500 年的南北古城文化轴，同时通过历史水道、历史街区将东西向重要遗址和景区串联起来，梳理城市绿地、扩展沿河空间，以水网和绿网共同联系各风景节点，形成"一轴七带"城市风景体系。

（二）保护、利用、管理三位一体边界合一的管理分区

传统风景名胜区游赏规划专注于景区分区规

图6

图例

- 风景游赏用地
- 游览设施用地
- 居民社会用地
- 交通与工程用地
- 林地
- 水域
- 城市紫线
- 城市蓝线
- 城市黄线
- 城市绿线
- 城市道路
- 铁路
- 隧道
- 外围保护地带范围
- 风景名胜区范围
- 景区界限

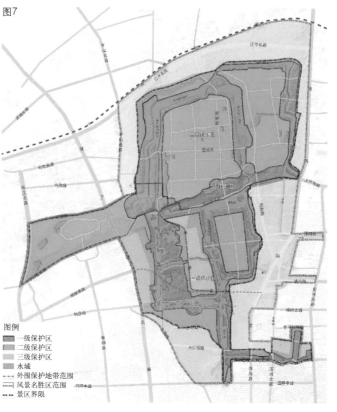

图7

图例

- 一级保护区
- 二级保护区
- 三级保护区
- 水域
- 外围保护地带范围
- 风景名胜区范围
- 景区界限

图8

划，与一般规定中的功能分区和保护规划中的保护
分区相重叠，存在分区不明、管理脱节的问题。

规划在此背景下探索具有可操作性的分区规
划方法，以五大景区为基础统筹保护分区和功能分
区，三区边界合一，每区保护、功能、管理要求统
一，通过景区内的土地利用方式分区实现保护与利
用的空间协调，设置管控目标，形成一张表一张图
的管控清单——分区保护目标清单、功能清单、管
理要求清单，三位一体。

（三）保护古城水网格局，修复完整的文化生态系统

规划基于保存完整的唐宋古城格局，保护护城
河空间格局，修复护城河水网体系，恢复历史上重
要水景体系，如双峰云栈、石壁流淙等，保护唐子
城完整的古城墙、护城河、十字街格局和待考古遗
址区，修复重要标志性节点——南城门，治理古城
内居民社会用地，疏通护城河，再现古城文化、风
景文化、生态文化与休闲文化和谐统一的景观风
貌。修复宋夹城遗址重要标志性节点——东城门和
北城门，古城内以生态绿化为主，适度发展体育休
闲设施，成为向市民开放的体育休闲公园（衍生于
宋夹城古代军事训练场）。

挖掘古扬州非物质文化遗产，丰富瘦西湖景区
文化内涵和文化体验产品。

（四）优化游憩体验结构，完善旅游服务体系

规划依据风景美学价值、历史文化价值、精神

健康价值 3 个层次相应策划布局三大类游憩活动，
构建"点—线—面"完整游憩活动和设施体系。风
景美学游憩体验设施规划于瘦西湖景区，延续传统
风景游赏活动，形成完整的国人风景游憩活动的图
谱。历史文化游憩体验设施规划于蜀冈、唐子城景
区，包括有唐子城考古遗址公园、大明寺、双峰云
栈等，提供丰富多样的文化游赏体验活动。游憩休
闲设施规划分为片区规划和线性规划，包括宋夹城
体育休闲公园、瘦西湖温泉酒店等在内的休闲场地
与蜀冈—瘦西湖风景区慢行交通体系，提供丰富多
样的户外休闲体育活动和养生度假体验，构建沿古
运河、玉带河、小秦淮步道及漕河路、盐阜西路、

图9

东关街、凤凰桥街的步行道和自行车道，建立跨越不同历史时空的水上游线。

为满足游客和市民多样化需求，建设信息化、生态化旅游服务系统，建构景区总体容量和重要节点流量控制体系、外来旅游交通分流与空间组织体系，提高游憩旅游体验质量。包括建设数字化信息管理平台、设置智能检票系统和视频监控系统，便于实时统计和调控游客数，有效限制容量和使用。与此同时建立网络服务窗口，如微信、微博公众平台等，实时查看景区服务、景区地图、文化景观讲解、导游预约、活动介绍等，实现与风景区生态、便捷的互动交流。

四、规划创新与特色

（一）内生外引，内外联动，构建城景协调的规划体系

从三个维度构建城景协调的规划目标：一是以河网为骨架，整合大遗址风景文化生态体系，突出古扬州水文化景观特色；建立风景区与扬州东部京杭大运河、北部生态敏感区、西部新城、南部长江的联系，提出风景区与扬州城联动的活水净水规划，盘活生态文化基底，感受扬州 2500 年来因水而生、与水相伴的历史文化。

二是通过三线（景域天际线、地域功能线、生态红线）划定，缝合城景空域界面、功能界面和风貌界面，实现景区外围保护地带和城市控制发展地带的功能联动，明确风景区外围"东游西景，南文北廊"的发展空间定位，规划文化生态型土地利用格局，加强城景界面联系性和融合度，通过生态红线控制引导风景区绿色斑块向城市延伸，实现风景价值转化效益最大化。

三是疏解景区交通和接待服务压力，构建一体化的城景慢行游赏体系、区域观光游览体系、旅游服务体系和公共停车体系，联动城市旅游发展。

（二）服务管理，空间支撑，构建三位一体的管理分区体系

以保护管理目标为导向，以景区划分为基础，保护等级、功能分区、管理政策三位一体，边界合

一，分区控制和指标控制一体化，景区总体容量同重要节点流量控制一体化。

（三）生态优先，绿色发展，构建风景价值导向的产品转化体系

以水润景，景区价值和社会需求相结合，深入挖掘文化内涵，策划构建各具特色的休闲游憩产品体系，恢复重要文化景点和瘦西湖水上游赏文化体系，保护风景区已经形成的自然生态系统，充实自然教育产品。空间产品、特许经营、科学管理、品牌提升、景城共享，五位一体。

五、结语

城市型风景区是在城市发展中形成，经历城市历史更迭，与城市共生相依，受城市影响较大的同时对城市也具有突出影响。蜀冈—瘦西湖风景名胜区是具有多重角色的城市型风景区，承担遗产保护、风景游赏、公园游憩、旅游服务等职能。在城景协调方面，构建"城景融合"的全局理念，通过三线划定，实现城景形态融合、功能融合与生态融合。在遗产保护方面，规划在遗产文化与历史价值展现基础上，以保护管理目标为主导，构建三位一体的管理分区，构建资源、保护、功能相融合的管控政策集合，形成具有可操作性的分区管理。在绿色发展方面，规划构建区域层面的生态、文化风景体系，形成"水脉、绿脉、文脉"交相辉映的大风景体系，策划休闲游憩与生态文化产品体系，再现蜀冈—瘦西湖独特的游憩价值，成为城市精神文化共享场所。

（注：项目规划单位：上海同济城市规划设计研究院有限公司、扬州市城市规划设计研究院有限责任公司）

项目组成员名单
项目负责人：吴承照
项目参加人：匡晓明　张　松　王　辉　周思瑜
　　　　　　姚海峰　周　洁　杨戈骏　杨天人
　　　　　　陶　聪　王　婧　孙敏华　曹文祥
　　　　　　李加恩　朱　玢
项目演讲人：吴承照

风景名胜区文化的保护与利用

——以小武当风景名胜区总体规划为例

中国城市建设研究院有限公司／尹一南　韩　笑　马育辰　王延博　考睿杰

一、研究背景

（一）国家自然保护地制度体系构建

2019 年 6 月，国务院发布《关于建立以国家公园为主体的自然保护地体系的指导意见》，将自然保护地按生态价值和保护强度高低依次分为 3 类，级别由高到低为：国家公园、自然保护区、自然公园。建立以国家公园为主体的自然保护地体系，是贯彻习近平总书记生态文明思想的重大举措，是党的十九大提出的重大改革任务。风景名胜区属于自然公园，"是指保护重要的自然遗迹、自然景观等，具有生态、观赏、文化和科学价值，可持续利用的区域。"国务院《风景名胜区条例》对风景区的定义为："具有观赏、文化或者科学价值，自然、人文景观比较集中，环境优美，可供人们游览或者进行科学、文化活动的区域。"从中华人民共和国成立初期到现在，国务院共颁布 9 批 244 处国家级风景名胜区，加上约 700 处的省级风景名胜区，共有约 900 多处风景名胜区。

（二）区域经济社会的发展需求

我国处在落实中国特色社会主义建设"五位一体"总布局阶段，即经济建设、政治建设、文化建设、社会建设和生态文明建设"五位一体"，经济持续稳定发展，人民群众的精神生活需求日益高涨，对传统文化更深层次的探索和认知的需求日益高涨。

二、风景名胜区总体介绍

"风景名胜区是与城市文明相呼应的承载着中华文明的另一支脉，是中华民族的山水文明"（李金路）。与美国的国家公园所不同的是，中国的风景名胜区不仅仅是保护地，以保护生态为主那么简单，而是具有自然和人文高度融合的特质。中国历史悠久，名山大川之中往往承载着古人的足迹、智慧、文明、文化以及古人的世界观、人生观、价值观，也包括着先人的一些理论观，如天人合一理论、风水理论、阴阳五行的理论等，还有儒家、道家、法家和佛教等的优秀的思想和文化。这是中国特色保护地体质与国外以自然生态保护为主的保护地体制最大的差别，也是最具中国特色的部分，所以风景名胜区内的文化保护和利用成为中国保护地体制的精髓之一。

（一）小武当风景名胜区概况

2017 年，国务院批复第九批国家级风景名胜区，"小武当风景名胜区"位列其中；风景区涵盖 3 个主要区域，一是以小武当山景区为核心的武当镇石下村盆地，一是以关西新围景区为核心资源的关西镇关西村盆地，一是以国家级文保单位燕翼围、乌石围、太平桥为代表的位于杨村镇的 4 处独立景点。

1. 区位分析

小武当风景区地处赣粤交界处——素有"江西

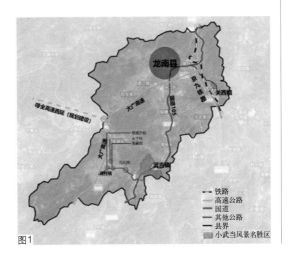

图1

图 1　小武当风景名胜区区位图

图2 杨村太平桥
图3 燕翼围内部
图4 关西新围透视图（张嗣介绘制）
图5 关西新围内部图片
图6 乌石围模型
图7 武当片区和杨村片区景源评价图
图8 关西片区景源评价图

南大门"之称的赣州市龙南县，对外交通便利。是客家人和客家文化的主要聚集地之一。龙南县城与风景区内的武当、关西、杨村片区呈三角之势分布，距离分别为40km、20km、50km。

2. 历史沿革

龙南县历史悠久，春秋战国时期先后分别地属吴、越、楚；秦、汉时期地属南县，隶豫章君（九江君）；南唐保大十一年（953年），以信丰虔南场置龙南县，隶虔南州；宋绍兴二十三年（1153年）改虔州为赣州，龙南隶赣州。风景区内的杨村、武当片区均与王阳明有关。明正德十三年（1518年）正月，时任南赣巡抚的王阳明，奉命前往龙南与广东交界处的三浰地区平定"三浰之乱"。平定"三浰之乱"后，王阳明从九连山行至杨村镇，又剿了部分当地贼寇。为祈天下太平，他把杨村河命名太平江，并建太平桥。返程途经武当镇时，见小武当山九十九座石峰拔地而起，王阳明又挥笔写下"武力不如法力，力修力行力作善；当仁何必让仁，仁心仁德仁为宗"，表达了希望施德仁政的心愿。

（二）文化景观资源分类

1. 客家文化

中原古汉民为避战乱和荒灾，自西晋至明清千余年间，历经大规模迁徙和不断零星的转移，先驻足于赣闽粤交界地区，后以闽粤赣边区为基地逐渐向南方各省及海外播衍，于特定的时空条件下形成一支独特的民系——客家人。客家先民南迁带来的中原汉文化，主要以儒家文化为主，在与土著文化的不断融合中"始于赣南、发展于汀州而成熟于梅州"，形成颇具特色的地域性文化——客家文化，包括语言、戏剧、音乐、舞蹈、工艺、民俗、建筑、饮食等方面。客家文化精神主要以团结奋进、崇文尚武、耕读传家等为主，充分体现出客家人的祖先崇拜和重教观念。

风景区内钟灵毓秀的大地是客家的摇篮，是客家人迁徙中的第一站，徐氏宗族聚族而居，展示了一个家族的兴盛壮大和客家人的生生不息，明清遗留下来的围屋、堂屋星罗于山脚田间，国宝、省宝承托起"世界围屋之都"的桂冠。

2. 客家建筑景观

龙南县被称为是中国客家围屋第一县，并于2007年被上海大世界吉尼斯总部授予"拥有客家围屋最多的县"的称号。小武当风景区内有中国历史文化名村关西村以及中国传统村落关西村、杨村和乌石村；这些村落因围屋、堂屋群而得名，具备独特的传统建筑群体风貌和沿袭至今的传统民俗。风景区内最具代表性的围屋包括关西新围、燕翼围、乌石围、西昌围、福和围等。

赣南围屋是一种以生土、砖石、木材为主要建筑材料，防御功能显著，集家、堡、祠三种职能于一体的特殊的大型聚居性居住建筑，与福建土楼、广东围龙屋一起成为客家人居环境的代表。

小武当风景名胜区内的围屋具有较强的典型性和代表性。现存最早的龙南围屋建于明代中后期，如建于明万历年间的杨村乌石围。清代围屋建设进入全盛期，国家级文保单位杨村燕翼围始建于清康

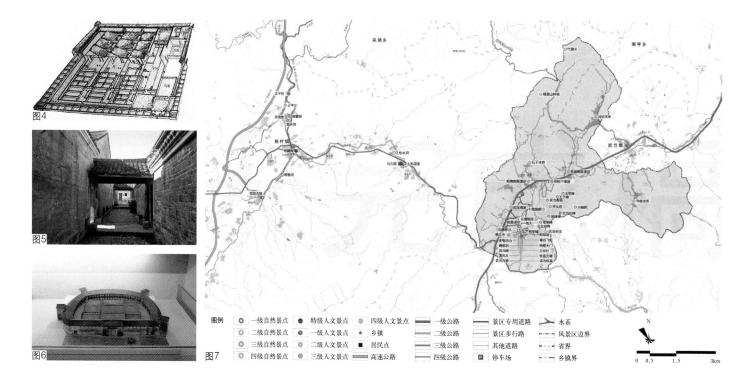

图例
⊙ 一级自然景点　● 特级人文景点　◎ 四级人文景点　━━━ 一级公路　━━━ 景区专用道路　✈ 水系
◎ 二级自然景点　● 一级人文景点　★ 乡镇　━━━ 二级公路　┈┈┈ 景区步行路　～～ 风景区边界
◎ 三级自然景点　◎ 二级人文景点　■ 居民点　━━━ 三级公路　━━━ 其他道路　－－－ 省界
◎ 四级自然景点　◎ 三级人文景点　━━━ 高速公路　━━━ 四级公路　Ｐ 停车场　┈┈┈ 乡镇界

图4
图5
图6
图7

熙十六年（1677 年），关西新围始建于清嘉庆三年（1798 年），它们与耕作环境、自然环境密切融合，建筑组群形式多样、建筑尺度变化丰富，深刻蕴含和充分展示着客家文化的博大精深，成为文化积累、传承与演变的特定物质形态。

3. 民俗风情

龙南县被称为"客家摇篮"，是客家民系的重要分布地和客家人的重要聚居地之一，风景区便成为客家文化的重要载体，包括历史文化遗址、姓氏宗教文化、方言文化、民居文化、饮食文化、服饰文化、民俗文化和民间文艺等方面，内涵丰富。

三、风景名胜区内文化的利用展示途径

（一）确立文化的主题和内涵

根据风景名胜区的历史和特点，深入挖掘风景名胜区的文化内涵，分层次确立以风景名胜区特色文化内涵为核心的文化主题。

小武当风景名胜区以客家文化为主，丹霞文化为辅，核心展示客家文化在景区中的保护、利用和传承。将文化展示和利用主题定位"溯源围都，绿满武当"，开展以客家文化围屋、民俗以及丹霞、生态为主的展示活动，揭秘神秘围屋，追溯客家源流、体验民俗生活等。树立小武当风景名胜区客家文化发源地形象、巩固"客家摇篮"地位。

（二）构建文化利用与展示体系

1. 文化区域构建

对风景名胜区不同文化所分布的区域进行深入研究和挖掘，将不同文化以及同一文化的不同层次融入环境区域进行展示，并通过时间线或者空间线等游览线路进行有机串联，形成体系完整的文化保护、利用和展示网络。文化区域的构建有助于对风景区内不同文化主题和内涵进行更准确的界定，以展示风景名胜区的特点。

小武当风景名胜区由相互隔离的 3 个区域组成，分别位于武当镇、关西镇、杨村镇，3 个区域的主体风景资源各不相同，小武当片区以自然生态文化——丹霞地貌为主，关西片区以客家文化——客家围屋群落为主，杨村片区以客家文化——客家历史村镇为主，根据以上分析将其文化特色和主题概括如下：

（1）丹壁田园

主要分布于小武当片区，以丹霞地貌和自然生态为依托，对自然生态文化进行保护和利用。主要开展以自然生态文化为主题的活动，如登山健身、

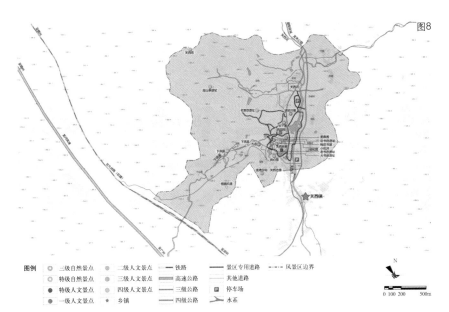

图8

图例
二级自然景点　二级人文景点　铁路　景区专用道路　风景区边界
特级自然景点　三级人文景点　高速公路　其他道路
特级人文景点　四级人文景点　三级公路　停车场
一级人文景点　乡镇　四级公路　水系

N

0 100 200 500m

风景名胜资源评分表　　表1

序号	景源名称	级别	分类	评分	景源价值（满分80）	环境水平（满分10）	利用条件（满分5）	规模容量（满分5）
1	关西新围	特级	人文	92	74	9	4	5
2	燕翼围	特级	人文	90	74	8	3	5
3	乌石围	特级	人文	90	74	8	4	4
9	铁索云梯	一级	人文	81	70	7	2	2
10	西昌围	一级	人文	83	68	7	4	4
11	太平桥	一级	人文	80	66	7	3	4
19	绝壁天门	二级	人文	77	66	7	2	2
20	寒谷飞虹	二级	人文	79	66	8	2	3
21	武当祖庙	二级	人文	75	63	7	3	2
22	彭皋围	二级	人文	73	63	6	2	2
23	田心围	二级	人文	73	62	7	2	2
24	圳下围	二级	人文	73	63	6	2	2
25	梅花书屋	二级	人文	71	60	7	2	2
26	下燕围	二级	人文	79	68	6	2	3
27	福和围	二级	人文	70	59	5	3	3
28	关西塔	二级	人文	73	60	7	3	3
29	上新屋围	二级	人文	73	60	7	3	3
46	功德亭	三级	人文	60	52	5	1	2
47	佛光寺	三级	人文	60	52	5	1	2
48	文华轩	三级	人文	60	52	5	1	2
49	柏树下堂屋	三级	人文	63	52	6	2	3
50	小花洲	三级	人文	62	52	5	2	3
51	大书房遗址	三级	人文	64	52	7	3	2
52	新书房遗址	三级	人文	60	50	6	2	2
53	老书房遗址	三级	人文	60	50	6	2	2
54	莲塘宗祠	三级	人文	60	52	5	1	2
55	武当古道	三级	人文	60	50	5	2	3
56	徐名均墓	三级	人文	60	51	5	2	2
57	晋贤围	三级	人文	68	60	4	2	2
58	德馨第	三级	人文	68	60	4	2	2
59	集庆围	三级	人文	60	60	4	2	2
64	新围围屋遗迹	四级	人文	59	48	6	2	3
65	新屋围屋遗迹	四级	人文	58	48	5	2	3
66	财神庙	四级	人文	54	45	5	2	2
67	老寨顶遗址	四级	人文	58	48	5	2	3
68	指山寨遗址	四级	人文	57	47	5	2	3

图 0　燕翼围航拍图
图 10　关西片区鸟瞰

地质科普、极限运动、越野徒步等，充分挖掘小武当片区自然文化内涵。

（2）客家博览

主要分布于关西片区，以客家文化保护和展示为核心，依托关西围屋群落，演绎客家族群迁徙壮大的艰辛历程，系统展示客家文化，包括文物遗迹、建筑技艺、方言、民居、饮食、服饰、民俗、宗族等文化以及丰富多样的民间文艺。

（3）围屋之冠

主要分布于杨村片区，以客家文化保护和展示为核心，依托以围屋为核心的历史村镇，渲染围屋、堂屋等历史建筑组成的传统风貌街巷氛围，为游客浸入式体验客家文化创造条件；开展文物观光、围屋住宿体验、传统手工艺及制作技艺体验、美食如客家米酒酿造等传统工艺体验以及龙舟赛等特色民俗体验。

2. 场所空间营造

（1）竖向利用

通过对区域竖向的分析，将不同性质的文化景观资源在不同的空间里有机地结合，通过竖向空间的打造和视线的引导，给游人不同的游览体验。

主要利用于小武当丹壁田园片区。该片区以丹霞石壁、石柱为主，绵延十里，山谷的石下村与山上的丹霞地貌相得益彰，山谷为丹霞地貌的最佳观赏面，山下可赏云雾，山中可观日出。田园与丹霞对望互为景，小武当山亦是山间田园的最佳观赏点。小武当山山麓，地势较为平缓，植被茂盛。规划以花海为背景和基底，开展山地拓展运动，与丹霞绝壁游览相呼应，从山上、山谷和山麓 3 个空间层次铺展开小武当片区自然景观文化的展示。

（2）功能分区

根据各个区域特色文化保护和展示的需求以及游人活动的需求对不同区域的场地功能进行定位，从而进行更有效的文化景观资源的保护。功能的定位不仅要结合文化的本身特征，还要结合周边的自然空间，最大限度地保持场地原有的功能和特征。

在小武当风景名胜区总体规划中，杨村片区主要以 4 处分散的景点为主，以滨河绿道相连接，形成以燕翼围景区为核心的"Y"形游览结构。四个景区主题互补、风格迥异，共同构成深度体验式游览片区。乌石围景区为游客从武当片区进入杨村片区的第一处重要景点。依托以围屋为核心的历史街区，体现乌石围为赣南最古老的围屋之一的特点，以乌石围、上屋新围、夯土建筑为主体，融合杨村特有的米酒酿造技艺，开展浸入式的高端客家文化体验游览，将特色街巷空间注入非物质文化遗产，

丰富游览形式和内容，充分展示客家文化的魅力，使游客感受"龙南一日、客家千年"的沧桑之美。

关西片区以群体的客家围屋单体建筑为主，客家文化通过时间和空间两条轴线展开叙述，以关西新围景区作为依托，以游客参观游览线作为空间线，以客家生存、发展艰辛历程的主题为时间线，将围屋分别赋以"耕读""登科""婚庆""拜寿""致富""添丁""祭祖"等主题，通过不同区域和各个围屋的展示，讲述客家徐氏宗族的发展壮大历程，串联客家人人生各个主要节点的民风民俗，将物质与非物质文化遗产相结合，在空间和时间的双重维度上，全方位、多角度地展示客家文化，营造"客家文化博览园"。

3. 游赏线路组织

风景名胜区中游线的组织与文化景观资源有着密切的关系，换句话说，游览线路就是景区文化景观资源展示的窗口。游览线路串联着各个文化景观资源，而不同的文化主题也决定了不同的游览线路。

在小武当风景名胜区规划之中，围绕客家文化的不同主题规划出多条游线如：

客家寻根问祖游：关西新围景区—乌石围—燕翼围—杨村龙舟赛—太平桥。

客家文化体验游：关西围屋文化博览—乌石米酒学艺—燕翼仄巷寻古—龙舟赛事喧天—太平桥头忆古。

丹霞风光探奇游：丹霞绝壁游览—田园民俗启智。

四、风景名胜区内文化的利用展示方法

（一）原址修缮

原址修缮的方法主要针对的是一些传统的文化景观建筑等物质文化，通过对古建筑和文化的修缮，尽最大可能保存整个物质文化内涵，同时，原址修缮也是对风景名胜区内的文化进行保护的重要方法，通过"修旧如旧"以及"新旧对比"等修缮手法，还原整个文化的价值。风景名胜区内大部分文化尤其是古迹等具有不可替代性，一旦消失或者被毁，文化将受到巨大的冲击，因此，原址修缮对这些文化的保护和展示具有重要的意义。

围屋和堂屋是客家文化重要的建筑形式，也是客家物质文化重要的传承形式，分布在小武当风景名胜区的各个区域内，每一栋围屋和堂屋都记载着相应的历史和故事，部分围屋和堂屋已经破损废弃，所以修缮各区域内破损废弃的围屋可以更好地

利用和保护客家的围屋，展示客家文化，同时将各个景区内零散的客家文化线更好地串联起来。

（二）博物馆

针对一些文物以及文化相关的物质载体和非物质文化如传统技艺以及手工艺作品、传统民俗风情等可以通过博物馆的形式进行展示和保护。将传统的文化运用现代的技术手段，跨时空地进行展示，表现出每一个时间段的文化内涵，以更好地对物质文化和非物质文化进行传承和保护。保护和利用的形式分为实物展示和数字手段展示两种。

在小武当风景名胜区内，实物展示主要针对围屋以及相关的客家文物，规划客家室外博物馆片区，对客家传统民居建筑围屋进行展示，并最大限度地保护围屋周边的环境和村庄肌理。数字展示主要以影院的形式，对客家文化、客家围屋文化以及客家民俗风情进行展示，通过4D和5D电影、VR影院等形式进行多感官的文化展示，产生与游客的互动和情感上的共鸣。运用现代技术，将单一的观赏模式多样化，将抽象的文化变成游客看得见摸得着的场景，让游客身临其境地体验客家民俗与文化。

（三）演绎和传承

主要针对非物质文化遗产，包括民俗文化和传统的匠人手工艺等的展示。以现代的手法重新演绎传统文化的内涵，重新赋予文化新时代的价值，通过现代的手法演绎文化，也是文化旅游从观光到体验的重要转变。主要以艺术民俗工坊的形式展开，在对非物质文化遗产展示的同时也起到重要的传承作用。

在景区各个区域内规划客家工坊，包括客家服装制造、客家围屋营造技艺、杨村米酒酿造技艺，在展示民俗生活的同时，与游客互动，并有匠人进行技艺的传授，对非物质文化进行传承。在景区内规划客家文化舞台，展示客家的歌舞、服饰等文化。通过舞台的演绎和展示，可以让游客亲身感受到非物质文化遗产的魅力，感受到传统文化的精髓，并通过互动和体验活动等，加深游客对客家文化的认知。

（四）文创周边产品展示

通过现代手段制造文化周边产品和文创产品，通过文化纪念品的传播，提升文化宣传力度。同时，文创产品可以拉动地方和风景名胜区的收入，促进经济发展。

对客家文化主题通过创新的方式进行解读和再创造，形成可以满足人类某些需求的物质实体，如茶具、书签、玩偶和服装等。巩固赣南地区客家文化摇篮地位，通过新的艺术形式向游客展示多层次的客家文化。

五、结论和展望

风景名胜区内的文化包括物质文化——传统建筑景观文物等，和非物质文化——民俗技艺等，最好的保护和传承方式就是利用。笔者总结了文化在风景名胜区内保护和展示的若干途径和方法，见表2。

随着以国家公园为主体的自然保护地体系的建立，国家对自然生态文明的建设提出了更高的要求。但是对于上下五千年的中国自然生态系统来说，灿烂文化和自然生态文明相伴相生，也就是所谓的"天人合一"，而这才是中国生态文明建设中的精髓和最独特的部分。如何对风景名胜区内的文化和生态进行更合理的保护和利用，为景区游人提供良好的游赏环境，为文化提供更好的传承和发展，才是研究的意义所在。

文化保护利用展示的途径和方法　　　　　　　　　　表2

	确立文化主体和内涵	景区文化核心特点和竞争力
文化保护利用展示途径	构建文化利用与展示体系	文化区域构建
		场所空间营造
		游赏线路组织
文化保护利用展示方法	原址修缮	以物质文化保护为主，包括建筑古迹等
	博物馆	以非物质文化保护和展示为主
	演绎和传承	以民俗和民间手艺的传承为主
	文创周边产品展示	以扩大文化影响力为主

长沙桐溪寺景区景观及建筑工程设计

西安市古建园林设计研究院／温魏魏

一、引言

桐溪寺位于长沙市望城区坪塘乡桐溪村境内的伏龙山下，为唐代振郎禅师创建，距今已有1300余年历史。桐溪寺景区与湘军文化广场、曾国藩墓组成湘军文化园，总占地面积约150亩，其中，桐溪寺景区总面积约为10215m²。长沙桐溪寺景区景观及建筑工程设计以弘扬传统文化为指导思想，依据"一轴三环五区"的规划格局，景观布局分为沐禅区、参禅区、悟禅区、禅林区及曲院泉香区五大景观区，营造出蕴含禅意之德、浓缩自然之美的寺庙园林，为人们创造出一处参禅悟道、清淡恬静的"净土"。

桐溪寺景区工程于2012年开始筹备重建，一期工程占地面积约5904m²，2017年12月29日验收，项目概算4015万元，一期竣工决算1928万元。该设计充分研究桐溪寺的前世今生，针对区域整体情况，从整体布局上精准定位，结合周边环境，依山就势而建，在总体设计中强调园林景观、建筑与周边自然环境的协调，提倡传承、生态、和谐，重视建筑群体关系，并追求人、建筑、自然环境三者平和相融而重于"意境"。

桐溪寺景区设计体现了"人文景观和自然景观相和谐"的思想，较好地实现了集生态、节约、文化等多功能于一体的设计理念，现已成为长沙市重要的中国传统文化活动场所及湖南省绿色旅游品牌，为长沙市"绿色新城"形象注入了新内涵，受到社会各界一致好评。

二、寺院历史

桐溪寺始建于791年（贞元七年）。据《五灯会元》卷五记载，振郎禅师来到古长沙城，最终锁定伏龙山。山后桐林茂密，山前流水潺潺，山青水

图1　山门外景图
图2　大雄宝殿雪景图
图3　法会活动
图4　总体鸟瞰效果1

秀，鸟鸣谷应，环境清幽而雅致，是不可多得的修行宝地。振郎禅师身先士卒，率众搬基石、伐木材、一砖一瓦垒筑起桐溪寺的前身兴国寺。落成后的兴国寺掩映于绿树丛中，建筑宏伟，楼阁玲珑，三道大门，宽敞明亮，山门上书"兴国寺"三字，门联云"兴国家风古，伏龙祖道长"，含义隽永。兴国寺为唐代名刹，寺周有八景，景景都与兴国寺紧密相连，相得益彰，倍受游人青睐。

时代变迁，寺院几经沉浮，至宋代更名为伏龙庵。清代天岩应适禅师亲自领众收拾废墟，重建寺院，重塑佛像金身，且正式将寺名更名叫"桐溪寺"。民国期间是桐溪寺最为鼎盛的时期，为"长沙八大丛林"之一。中华人民共和国成立后寺宇逐渐废而不存，至今仅留下两株罗汉松和一株白果树。复建前寺院是在原址上五间土砖房内礼佛。

三、地貌地形分析

桐溪寺隐于长沙市岳麓区坪塘镇伏龙山中。

项目用地比较规整，东西窄、南北长，用地为阶梯地貌，地形走势东北高、西南低。地块南部有水塘，西南、东北角为林地，中部为耕地。基地相对周边海拔较低，基地最高海拔为59m，最低处为55m，相对高差为4m，地表植被以灌木为主，零散分布松树、樟树等。大部分用地坡度平缓，局部为台地。

寺院整体布局定位上结合周边环境及现场地形地貌依山就势而建，减少对现状地形整修和周边自然环境的破坏，整个营建过程强调建筑与周边自然环境的协调，提倡传承、生态、和谐，重视建筑群体关系，并追求人、建筑、自然环境三者平和相融且重于"意境"。

四、营造风格

根据历史文献记载，桐溪寺始建于贞元七年，同时桐溪寺法源兴起于唐代，并在此时期为禅宗发展的鼎盛时期。在此基础上，本次桐溪寺园区营造规划法式特征确定为唐风寺庙园林，整体规划布局和建筑构造完全按照唐代造园理念进行设计营造，传承古典园林风格特征，结合现代材料及功能使用进行创新和发展。

五、造园理念及手法

自然景色的优美、环境景观的独特、天然景观

图5

与人工景观的高度融合、内部园林气氛与外部园林环境的有机结合是本次设计首要考虑的技术核心和设计难点。

（一）造园理念：

1. 便生适形

节俭、不追求奢华，对环境资源保护意识强，以崇尚自然为圭臬，顺应自然，因势利导，与自然协调。

2. 等级礼制

中国为礼仪之邦，建筑作为礼制的表征，受到等级制约和规范，通常利用建筑体量、尺度和形式来进行主次区分。

3. 中轴对称

中国传统园林空间有时存在明显的中轴线左右对称平面布局。重要主题居于中轴线、两侧对称排列副题这种空间布局表明中国人的宇宙空间观念崇尚向纵向空间开拓，以形成深宅大院的美学特色。

图5 地理环境分析图
图6 总体鸟瞰效果2
图7 寺院纵剖图

图6

牌楼　天王殿　客堂　禅堂　大雄宝殿　文化展厅　藏经楼　僧寮房　曾国藩墓

图7

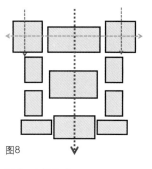

图8

图 8 空间构成
图 9 殿宇布置图
图 10 功能区位划分图
图 11 藏经楼剖面图
图 12 转角铺坐
图 13 柱头铺坐
图 14 大雄宝殿立面图

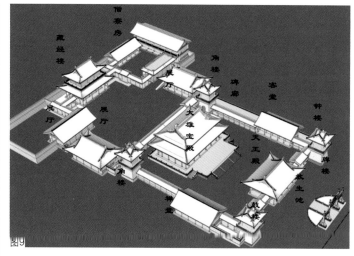

图9

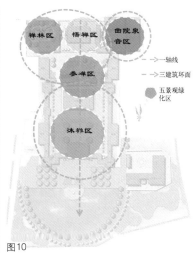

图10

（二）造园手法

中国传统"礼制文化"强调强化中心、方正空间、对称布局、院落组合、高低错落、从前至后、层层递进的空间关系，本设计秉承"问道、寻道、悟道、证道"的设计理念，遵循"天人合一"的原则，强调用一种积极的态度，妥善处理传统文化、生态保护与城市发展的关系，在营造景观视觉效果的同时注重文化保护和生态保护。

桐溪寺为修行悟道的清净场所，既要营造庄严肃穆的氛围，又要创造幽静清雅的环境。总体规划布局上采取中轴线布局与中国传统的院落式。整座寺院坐北面南布设，大致划分为 5 个功能分区：沐禅区、参禅区、悟禅区、禅林区、曲园禅音区。中

轴线上分布有石牌坊、放生池、天王殿、大雄宝殿和藏经楼等建筑，两侧分布有钟鼓楼、角楼、配殿、碑廊、文化展室、寮房等附属配套设施。所有建筑构造完全按照唐风营造理念进行设计。结合建筑布局，对交通线路进行归纳组织，使得交通线路更为流畅、高效。整体布局及空间利用更加合理。根据总图及消防需要，满足消防规范要求。

六、功能创新

设计通过对寺庙园林特点的分析，呼应人们享受精神生活的多样化，以旅游心理为导向进行布局设计，为使用者营造高品质的使用空间和游赏环境，不仅延续了传统寺庙园林的基本功能，同时增设有传播、弘扬中国传统礼仪礼节文化的活动空间。设计还考虑了园区消防、疏散和防雷、安防等安全功能的需求。

七、建筑设计创新

在遵循唐代建筑风格特点的原则上，建筑总体布局上"恢宏大气、造型舒展、浑厚稳重、举折和缓"，细部上则"斗栱硕大、出檐深远、翼角起翘、柱头升起"，通过古建筑的形制、符号、构造来体现传统文化，用建筑语言烘托文化氛围，营造具有丰富历史和文化内涵的景观环境。

传统建筑用料均取自自然，结构受力构件均就地选用硬质木材进行建造，桐溪寺设计中中轴线主体建筑采用传统木质材料按唐式构造做法营造；两侧配殿、钟鼓楼、角楼等副题建筑采用现代材料（钢筋混凝土）按唐式构造做法建造，斗栱、椽子、博封板等复杂构件采用轻质材料预制为成品构件二次与主体梁柱现浇；窗户采用双层窗，外围唐式直

图11

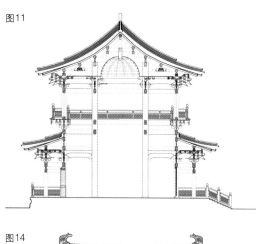

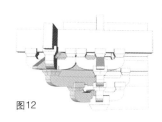

图12

图13

图14

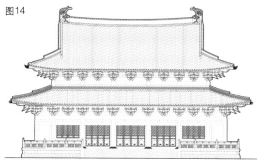

楞窗，内配断桥铝合金窗，解决了传统窗户在保温、密闭性、隔热等方面的缺陷；建筑外墙、屋面使用节能环保材料。

八、植物景观创新

植物造景采用点、线、面不同形式合理搭配，突出特色，塑造区域主题氛围，绿化与美化结合，功能与景观兼顾，营造优美生态的寺庙环境。绿化布局以线状（块状）绿化为主骨架，面域绿化烘托氛围，点状绿化配合点缀，丰富层次。块状绿化主要结合建筑出入口、建筑边角等视线交点布局，以组合式绿化为主，搭配景石小品，形成一幅幅美丽的景观画面。

植物选择方面，在适宜本地生长的前提下，根据不同功能及景观需要，优先选择与本地文化契合的植物品种及规格。以菩提、香樟、玉兰、黑松、荷花等植物为主，并以较少植物品种平衡个体与群体关系，兼顾季相与空间尺度，力求达到简洁而不失层次、丰富又不杂乱的绿化景观效果。

九、节约型园林

（1）因地制宜：保持现状地形，依山就势，尽可能减少土方工程量，保持场地内的土方平衡。在地形处理上注意用地形变化来围合空间，局部根据安全要求和景观要求进行适当整理。

（2）保护古树名木：对基地内古树、大乔木进行保护、保留，对名贵树种进行移植，最大限度减少对原有生态环境的破坏。

（3）乡土植物应用：尽量选用成本低、适应性强的乡土树种，强调生态型植物群落，充分发挥生态效益。

（4）节能材料应用：节能材料主要采用太阳能灯和透水路面。在建筑设计中，建筑外墙、屋面

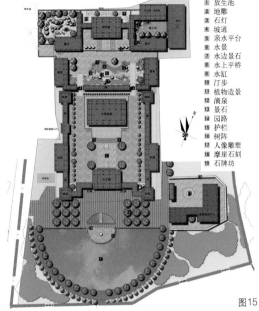

① 放生池
② 地雕
③ 石灯
④ 坡道
⑤ 亲水平台
⑥ 水景
⑦ 水边景石
⑧ 水上平桥
⑨ 水缸
⑩ 汀步
⑪ 植物造景
⑫ 滴泉
⑬ 景石
⑭ 园路
⑮ 护栏
⑯ 树阵
⑰ 人像雕塑
⑱ 摩崖石刻
⑲ 石牌坊

图15

等使用节能环保材料，使建筑具有自然淳朴、质感强烈的特点，节约资源又节省成本。

十、结语

"天下名山僧建多"，一个成功的寺院即可作为宗教活动、传播文化的场所，同时对推动当地旅游发展起着举足轻重的作用。本次复建，致力于将桐溪寺打造为长沙当地传播、推广中华传统文化、湖湘文化、湘军精神文化的教育基地，通过桐溪寺园区凝聚人气，带动旅游及养生产业的发展；实现传统文化旅游开发与地方经济发展和农民群众脱贫致富相结合，产生巨大社会效益和经济效益。

项目组成员名单
项目负责人：高　军　温魏魏
项目参与人：顾青美　郭旭东　马　楠
项目演讲人：温魏魏

图16

图17

外部公路穿越风景名胜区的景观影响评价研究[①]

中国城市建设研究院有限公司／马育辰　王延博　袁建奎　姜　娜

一、项目背景

长春"八大部"—净月潭风景名胜区1988年被国务院批准为国家级风景名胜区，总面积103km²，由"八大部"和净月潭两部分组成。净月潭风景名胜区的核心资源为位于风景区中部的净月潭，两条公路位于净月潭风景区的北部，距离核心资源净月潭7km以上，对核心资源的影响可忽略不计。本文探讨的是这两条外部公路对于所在区域的景观资源以及未来规划游赏的影响。

对风景区造成景观影响的两条公路，一条是高速公路，一条是市政公路。高速公路为封闭式公路，以高架的形式与市政公路合建，双向四车道，市政公路为双向八车道。两条公路穿越景区段长3km，红线宽50m。

二、景观与视觉影响评价理论研究

（一）英国景观特征评价

英国自然英格兰为主导的体系对景观特征评估的定义为：持续发生在特定类型景观中、明确的并受到承认的要素形式，它有多种特定的内涵：地质、地形、土壤、植物、土地使用、场地形式以及人类建筑（Swanwick，2006）。进行景观特征评估的主要目的是为了归纳分类不同的景观类型，在此基础上提供有效、科学的信息，分析外在因素的进入会对景观类型造成何种影响，辅助管理者的决策。

景观特征评估的步骤为：定义评价范围、基础资料研究、场地调查、景观特征分类、景观特整辅助决策建议（Natural England et al.，2011）。

（二）英国景观与视觉影响评价

1. 相关概念

英国的景观与视觉影响评价（Landscape and Visual Impact Assessment）是分析新建建设项目与发展规划项目对于景观本身与视觉的影响，是辅助管理者做规划决策的依据，可以作为环境影响评价正式章节，或者作为环境影响评价的非正式章节，作为附录出现（Landscape Institute and Institute of Environmental Management & Assessment，2013）。

由英国景观学会出版的《英国景观与视觉影响评价导则（第三版）》中详细定义了研究范围、评价原则、景观影响评价步骤、视觉影响评价步骤、景观与视觉累积影响评价步骤以及评价成果的输出。本文的评价步骤主要是参考上述导则。

对景观与视觉造成的影响可从多种方面论述：包括发展的直接影响，间接影响，次级影响，相关的累积影响，短期影响，中期影响，长期影响，永久影响，暂时影响，积极影响，消极影响。而受影响者可分为两种，一种是景观受影响者（Landscape receptors），包括景观中保持不变的元素，或是具有独特美学价值和感官价值，或是不同区域不同的景观特性。另一种是视觉受影响者（Visual receptors），包括会被风景改变影响的人，不同区域的视觉景象。

该景观与视觉影响评价的评价对象一般包括土地管理，尤其是农场、森林的管理；新的建筑建造；商业发展；新形式的能源建设，例如风力发电；新的基础设施建设，例如道路、铁路、输电线等建设；矿场建设等。

① 基金项目：中国城市建设研究院有限公司院级科研课题"城市蓝绿空间生态敏感性评价研究（以池州为例）"（编号YY45Y18317）资助。

2.评价流程简介

英国景观与视觉影响评价流程依次为：确定评价范围 (Scoping)、进行项目描述与研究 (Project description/specification)、场地研究 (Baseline studies)、明确以及描述影响 (Identification and description of effects)、评价影响的重要性 (Assessing the significance of effects)、提出削弱影响的建议 (Mitigation)。

(1) 确定评价范围。对资料调查以及对信息进行整理。需要对场地和提出的规划建议及可能的影响进行融合整理；在项目研讨会上与有决定权的机构交流互换意见。文档内容包括问题解决方法，重点放在有决定权机构的建议发展范围以及可能包括的方法、评价技巧等方面上。

(2) 进行项目描述与研究。为景观与视觉影响评价提供项目的区位、布局、发展内容、特点的基本的信息。

(3) 场地研究。为下一步评价影响的重要程度提供理论与分析依据。对于景观研究的场地范围，目的是研究可能受影响的景观，包括景观特征、空间变化方式、地理特征、景观价值等；对于视觉研究的场地范围，目的是建立一个范围包括可能可见的发展项目、可能受发展项目视觉影响的人、受影响的区域、在各个点的视觉美感。

(4) 明确及描述影响。预测会产生什么影响，需要对发展规划在不同环节、不同时期进行严谨、仔细地考虑，还有要明确受影响者。

(5) 评价影响的重要性。结合受影响者的敏感性和受影响者的承载力做出判定，得出影响的重要性的结论。

(6) 影响削弱的建议。对景观和视觉造成的影响，提出相应的削弱与减缓影响的措施。

3.景观影响和视觉影响的重要性判定原则

该判定原则主要针对影响进行分级、分类论述判定。

4.景观敏感性评价技术

在对景观特征敏感性与视觉敏感性的评价因子、敏感性分级、敏感性的判定时参考了由自然英格兰署出版的主题6：针对判定景观承载力与景观敏感度的技术与准则 (Natural England et al., 2002)。

5.与本研究的关系论述

本研究在评价流程方面参考与借鉴了英国景观与视觉评价导则提出的六步步骤，并结合实际的评价内容与国内政策背景、规划规范加以融合、改进，生成本研究的评价流程。另外本研究在影响的类型与分级的判定方面，主要以上述"景观影响和视觉影响的重要性判定原则"作为评判依据。

三、研究总则

(一) 项目研究范围

研究范围为项目穿过风景名胜区规划范围的区域，主要集中于两条公路两侧各约4km的范围内。具体为北至风景区边界，南至两半屯村与后罗全背村，同时涉及部分外围控制区范围。

(二) 研究目的

(1) 构建景观与视觉评价体系，评价两条公路项目建设对"八大部"—净月潭风景名胜区可能

景观影响和视觉影响的重要性判定原则　　　　　　　　　　表1

影响重要性等级	影响的描述
重大有益影响	项目将： (1) 较大地增强景观特征（包括景观质量和景观价值）； (2) 能够让由于不适合的管理或者发展、具有特点的景观特征和消失的元素恢复； (3) 能够创造或提高场所感； (4) 在现有的视觉上产生显著的提高； (5) 产生占据将来风景的一种新的当地风景
中等有益影响	项目将： (1) 增强景观特征（包括景观质量和景观价值）； (2) 能够让由于不适合的管理或者发展、具有特点的景观特征和消失的元素恢复； (3) 能够创造或提高场所感； (4) 在现有的视觉上产生显著的提高
微弱有益影响	项目将： (1) 补充景观特征（包括景观质量和景观价值）； (2) 维护和提高景观特征和景观元素； (3) 能够让场所感修复； (4) 勉强产生可察觉的现有风景的提高。包括以下两种情况：一是观察者离项目有一段距离，项目在视野范围内是新显现的而且占据重要位置。二是观察点离项目很近，对项目的观察是在精确的角度范围内，并且项目是在风景的端点
可以忽略影响	项目将： (1) 维护景观特征（包括景观质量和景观价值）； (2) 融入景观特征和景观元素中； (3) 让场所感得以保存； (4) 不会在现有风景中产生可察觉的提高或者恶化
微弱相反影响	项目将： (1) 与景观特征（包括景观质量和景观价值）不是很符合； (2) 与景观特征和景观元素不同； (3) 减损场所感； (4) 勉强产生可察觉的现有风景的提高。包括以下两种情况：一是观察者离项目有一段距离，项目在视野范围内是新显现的而且占据重要位置。二是观察点离项目很近，对项目的观察是在精确的角度范围内，并且项目是在风景的端点
中等相反影响	项目将： (1) 与景观特征（包括景观质量和景观价值）产生冲突； (2) 对景观特征和景观元素产生相反影响； (3) 减少场所感； (4) 在现有风景中产生可观察到的恶化
严重相反影响	项目将： (1) 与景观特征（包括景观质量和景观价值）完全不同； (2) 减弱景观特征和景观元素的完整性； (3) 损害场所感，或者导致使场所感消失； (4) 导致完整的景观特征和景观元素消失； (5) 导致在现存风景中明显可观的恶化； (6) 阻碍现存景观项目点的发展

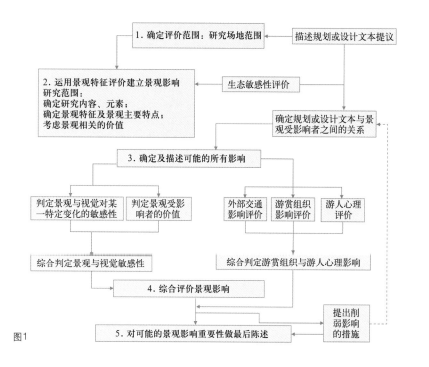

图1

带来的不利的影响,从风景资源保护、风景区游览的角度论证线路方案的合理性,为项目实施提出决策依据。

（2）在确定工程带来的影响后,提出消除或减弱影响的建议及措施,反馈并指导工程设计,实现工程建设与资源保护双赢的局面。

（3）构建与完善针对公路类建设项目对风景名胜区、自然保护地等的景观影响评价体系,为其他类似项目提供研究参考。

（三）研究意义

引进国外成熟的景观影响评价体系,结合国内实际情况,以实际项目为研究对象,构建操作性与实施性较强的适用于国内规划与建设的景观影响评价体系。为风景名胜区、自然保护地等的分区管控提供技术支持与管理依据,为风景资源的利用、保护与管理提供科学的参考依据。响应国家政策方针:《关于建立以国家公园为主体的自然保护地体系的指导意见》第十四条规定:实行自然保护地

差别化管控。根据各类自然保护地功能定位,既严格保护又便于基层操作,合理分区,实行差别化管控。

规划设计的前期分析可以借鉴景观影响与视觉影响的评价的评价流程与评价方法,为规划设计方案做支撑。

（四）本研究的景观影响评价技术路线（图1）

四、生态敏感性评价

生态敏感性是生态系统对外界干扰的适应能力及其遭到破坏后恢复能力的强弱。生态敏感性高,意味着生态系统较为脆弱,受到破坏或损害时恢复能力差。生态敏感性低,反应该生态系统受到外界干扰时恢复与适应能力较强。本研究运用ArcGIS工具,评价基于各因子的生态敏感性,采取加权叠加法,空间叠加各单因子生态敏感性结果,得到该区域的生态敏感性综合评价结果（表2、图2）。

由以上分析可见,两条公路有90%的路段位于生态敏感3级到1级区域,仅有10%的路段位于4级区域,不穿越5级区域。外部公路对净月潭风景名胜区的穿越造成的生态影响较小。

五、景观与视觉影响评价

（一）评价技术路线

参考英国的景观与视觉评估方法,结合国内现场条件,制定景观与视觉影响评价技术路线。

（二）景观特征类型分区

通过地理信息的研究分析以及现场的调查研究,根据选定评估范围内的地形与地貌特征、植被的种类及覆盖率、住宅组合分布等的特征,将此区域分成四大景观类型区:植被覆盖丘陵区、乡村住房集中区、农田区、城市边缘区。

生态敏感性评价指标与指标权重表					表2
敏感性分级 评价因子	5（极高敏感）	4（高敏感）	3（较高敏感）	2（中敏感）	1（低敏感）
坡度（0.15）	>20	15~20	10~15	5~10	0~5
坡向（0.05）	正北	东北、西北	正东、正西	东南、西南	正南、平地
高程（0.1）	308~382.5	286~308	268~286	250~268	227~250
水体、汇流（0.3）	0~50	50~100	100~200	200~300	>300
植被NDVI（0.25）	0.8~1	0.6~0.8	0.4~0.6	0.2~0.4	0~0.2
土地利用（0.15）	林地	草地	园地、绿地	耕地	空地及其他用地

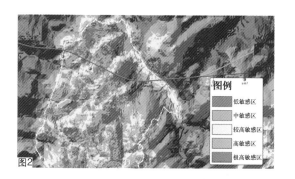

图例
低敏感区
中敏感区
较高敏感区
高敏感区
极高敏感区

图2

（三）景观特征敏感性评价

1. 景观特征敏感性评价指标构建

2. 景观可视性分析模拟辅助视觉敏感性判别

此处运用GIS分析工具分别作了拟建公路周边的可达道路对拟建公路的可视范围和拟建道路1.6km缓冲区域内的可视范围。可见受地形以及植被因素的影响，大部分可见范围位于农田区和部分植被覆盖区。

3. 依据现场调研模拟公路建成后的景观辅助视觉敏感性判别

（四）景观敏感性综合判定

景观敏感性的综合判定参考Swanwick在2011年主持纂写的《景观敏感性草案》中的分析判断考量（Swanwick, 2011），以及由自然英格兰署出版的《主题6：针对判定景观承载力与景观敏感度的技术与准则》（Natural England et al., 2002）。

重点需要考虑两方面：从景观的整体特征、质量和条件出发，综合考量景观特征的美学方面，

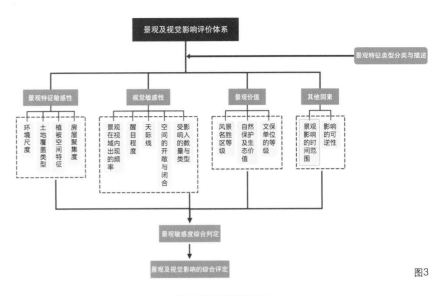

图3

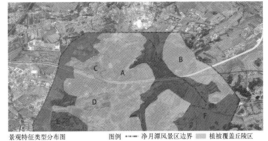

景观特征类型分布图　图例　---- 净月潭风景区边界　---- 外围控制区边界　—— 延长高速　—— 南湖大路东延长线　■ 植被覆盖丘陵区　■ 乡村住宅区　■ 农田区　■ 城市边缘区

↑N　0　500　1500　3000m

图4

景观及视觉敏感性评价指标　　　　　　　　　　　　　　　　　　　　　表3

准则层	敏感性分级 评价因子	VH- 极高敏感	H- 高敏感	M- 中等敏感	L- 低敏感
景观特征敏感性	环境尺度	小尺度或人尺度，景观元素或新建工程项目占地空间巨大	在一定尺度空间范围内，景观元素或新建工程充满整个空间	在一定尺度空间范围内，景观元素或新建工程只占很少部分	宏观尺度，景观元素或新建工程项目相对微小
	土地覆盖类型	耕地、草地、水域	园地、灌木林地	林地	建设用地
	植被空间特征	乔灌草类型丰富，植被种类丰富	乔灌草类型丰富，植被种类单一	植被类型丰富，种类单一	植被类型单一
	房屋聚集度	离城市或村庄很远，且房屋较集中	离城市或村庄很远，且房屋松散排布	离城市或村庄较近，且房屋较聚集	离城市或村庄很近，且房屋松散排布
视觉敏感性	景观在视域内出现的频率	全线大部分路段都会被关注	旅游设施、旅游点附近	旅游线路附近	偶尔关注到
	醒目程度	对比强烈，反差显著	对比一般，有反差	反差不大	基本无变化
	天际线	远距离视距的自然林木天际线	包含部分住宅的林木天际线	中等视距的有较高构筑物（如电缆、路灯等）打断自然林木线的天际线	中等视距的以较高构筑物为主的天际线
	空间的开敞与闭合	山丘地形，空间开敞，俯瞰视角	平坦地形，空间开敞，无视线遮挡物	起伏地形，一面空间开敞，一面有视线遮挡物	两侧高中间低或四周高中间低，两侧视线遮挡，或四周视线遮挡
	受影响的人的数量与分类	人数众多，包含大量居民、大量游览者	人数较多，包含大量居民、少量游览者	人数较少，包含少量居民，少量游览者	人数较少，包含少量居民，无游览者
景观价值	风景名胜区等级	国家级风景名胜区、世界遗产名录在册	省级风景名胜区	省级以下风景名胜区	无等级
	自然保护及生态价值评价等级	生境完好，植被类型在区域内有突出的代表意义，具有国家Ⅰ级重点保护动植物，生态系统稳定；或四者至少有二	生境基本完好，植被类型在地带内有突出的代表意义，具有国家Ⅱ级重点保护的动植物，生态系统处于发展阶段；或四者至少有二	生境退化，植被类型在地带内有突出的代表意义，具有国家Ⅲ级重点保护的动植物，生态系统处于较不稳定状态；或四者至少有二	自然状态基本上为人工状态所替代，不具有国家重点保护动植物，生态系统极不稳定；或三者至少有一
	文保单位评价等级	国家级	省级	市级	县级或无文保单位
其他因素	道路景观影响的时间范围	永久的（影响持续超过60年）	长期的（影响持续10～60年）	短期的（影响持续1～10年）	暂时的（影响持续1年或少于1年）
	影响的可逆性	影响不可逆，也无修复可能	影响不可逆，但可通过一定的修复措施达到和以前相近的状态	影响为可逆的，影响持续时间较长	影响为可逆的，影响持续时间较短

净月潭风景区北部地区可视范围分布图

图例　净月潭风景区北部地区可达线路对拟建道路可视范围分布图

图例

净月潭风景区边界　　　不可视域
外围控制区边界　　　　可视域
延长高速　　　　　　　史迹保护区（核心区）
南湖大路东延长线
构建道路1.6km缓冲区

图5

净月潭风景区边界
外围控制区边界
延长高速
南湖大路东延长线
构建道路1.6km缓冲区

可达线路可视程度值

史迹保护区（核心区）

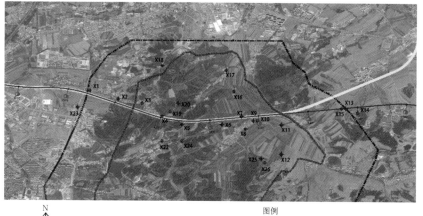

图例

观察点
延长高速
南湖大路东延长线
净月潭风景区边界
外围控制区边界

图6

以及影响景观特征的单因子。从景观的总体能见度和潜在的景观范围来判断景观的视觉敏感性，考虑地物特征以及景观对有不同景观心理需求的人的影响。

（五）外部公路的修建对景观及视觉影响的综合评定

1. 植被覆盖丘陵区

单项指标评估可得出该区域的景观敏感度高（H）。影响的程度为严重的不利影响。在这样环境尺度相对较小的区域，两条公路的建设会较大改变现有景观的特征。

该区虽然地形起伏平缓，但由于植被覆盖率较高且多为乔灌木，穿越景区的高架道路多数会被林木所遮挡，出现的概率不大，对视觉影响较小。但偶尔出现的几个点，高架桥以及主干道都会显得很突兀。

部分地区的现状植被已经处于危机状态，需要降低以至消除人为干扰，但两条公路占地面积较大，对道路周边地面的自然生态环境包括植被、土壤都会造成破坏，产生很大影响。

2. 乡村住房集中区

由前面的单项指标评估可知该区域的景观敏感度中等（M）。影响的程度为微弱的不利影响。

新建高架道路及主干道自身景观与现有乡村聚落景观产生冲突，同时受影响人群为当地居民，会

景观敏感性综合判定　　　表4

景观类型	景观特征敏感性	视觉敏感性	景观价值	其他因素	景观敏感性
植被覆盖丘陵区	H	M	H	H	H
乡村住房集中区	M	M	L	H	M
农田区	H	H	M	H	H
城市边缘区	L	L	L	H	L

图7

图8

图10

图9

产生长时间的视觉影响。但受地形围合的影响以及周边植被的遮挡，视觉上的影响被大大降低削弱。

3. 农田区

单项指标评估可知该区域的景观敏感度高(H)。影响的程度为严重的不利影响。

新建高架道路及主干道自身景观与现有的乡村农田景观产生冲突，会破坏现有景观特征的完整性。线状的高架桥以及地面主干道会从平面、竖向割裂现有的自然景观。

此处林木等植被多为刚退耕还林，长势不高，存在多处农田裸地，且鉴于此区域地形平坦，即使位于 2km 以外的视觉敏感度低的区域，道路景观也尤为醒目，所以视觉影响比较大。

此区域大部分地区的现状植被已经处于危机状态，需要降低以至消除人为干扰，但两条道路势必会对道路周边地面的自然生态环境产生很大影响。

4. 城市边缘区

单项指标评估可知该区域的景观敏感度中等(M)。影响的程度为可以忽略的影响。

此区域城市肌理比较强烈，存有很多高楼，新建设的道路景观将融入现有的城市景观中，不会对现有风景产生可察觉的提高或恶化。

道路建设会临近煤矿采空危险严重区，会穿越煤矿采空危险中等区，虽然该区域的土质条件较为敏感，但由于不采用高架形式，以及会运用相应的技术措施削减降低该条件的影响。

六、游赏组织及游人心理影响评价

（一）两条公路对景区外部交通的影响

两条外部公路可以缓解景区与长春市之间交通连接的压力，提高景区北出口的利用率以及从市区出城或从延吉方向到达景区的便捷性。

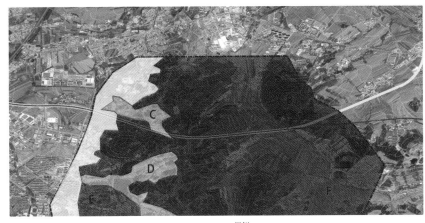

C
D
E
F
N
0 0.5 1.5 3km
图例
净月潭风景区边界
外围控制区边界
延长高速
南湖大路东延长线
H（景观敏感性高）
M（景观敏感性中等）
L（景观敏感性低）

图11

（二）对游赏组织的影响

在穿越形式上来说，高速公路采用高架的形式，市政公路采用地面铺设的形式穿越景区，这一上一下客观上阻隔了北部景点“完颜娄室墓”和南部景点群之间的联系。

市政公路作为城市公路，设有人行道和自车行道，这会对风景区的管理形成挑战。游览道路与城市公路平交的路口必然需要保证安全，这就需要景区管理部门和交通部门共同协商和管理，以保障城市公路的和景区游览线路的安全畅通。

公路大量的车流量对景区的品质造成不利影响。市政公路作为双向八车道的城市公路，高峰期巨大的车流量带来的繁忙、拥堵现象以及大量的车辆行驶带来的噪声必定会影响风景区内自然、宁静的风光。

公路两侧如若不加管理、控制，会改变公路功能，影响景区风貌。

长春市
净月大街
珲乌线
拟建南湖大路东延长线
拟建延长高速

向北部游览
南湖大路东延长线
长春市方向游客
图例
延长高速
延吉方向游客
向南部游览

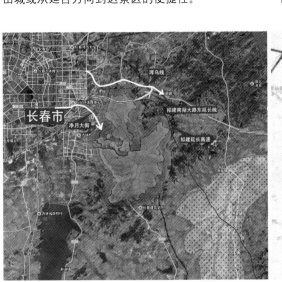

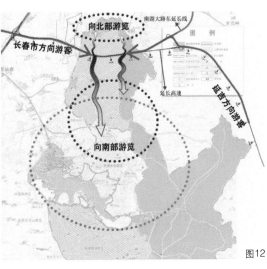

图12

图 5　景观可视性分析
图 6　现状调研采集位置点
图 7　X1 位置点拟建高速公路架设效果图（距公路约 120m）
图 8　X11 位置点拟建高速公路架设效果图（距公路约 350m）
图 9　X18 位置点拟建高速公路架设效果图（距道路约 1500m）——完颜娄室墓景点
图 10　X26 位置点拟建高速公路架设效果图（距公路约 1800m）
图 11　景观敏感度分布图
图 12　长春市东南部出城路线 - 游客游览方向示意图

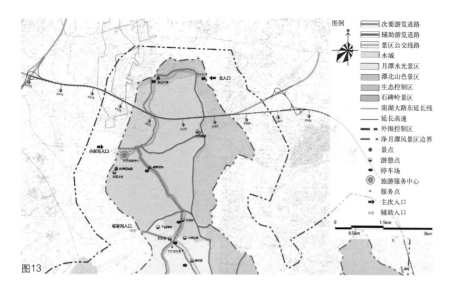

图13

图 13　两条公路区位与风景区
总体规划中游赏组织图
的关系

定距离、一定角度上形成遮掩，也可以隔离道路工程对农田的干扰。

八、研究结论

两条公路位于生态敏感性中低敏感区，该区域对外界干扰的抗逆性较强。

景观影响方面，两条公路对景区的景观特征、视觉、景区内游赏组织、景区环境存在不利影响，但对进入景区的便捷度有促进作用。

如若结合周边的风景资源与林木景观效果，两条公路可能会成为一道优美的公路景观。对于存在的不利影响，可通过相关的工程措施、种植修复、补偿措施减缓、削减以至部分消除外部公路穿越风景名胜区的不利影响。

九、思考

自然环境中新建项目带来的景观影响是基于人作为影响的接收者，所以本研究指标体系多是依据人为的感受、经验的判别、主观性的表达，需要此行业或此专项中有经验的人来做评判。在以后的研究中，可考虑融入景观生态学、生态敏感性评价的客观指标分析方法，将经验判定与数据分析相结合，形成更为科学、高效的景观影响评估。

本研究形成的景观影响评价体系将一些评价对象分类型，并将指标量化与标准化，为景观影响评价提供可实施性、可操作性的方法，有益于扩大此评价体系的应用范围。

环境影响评价是规划项目与建设项目准入的法定要求。在现阶段构建以国家公园为主体的自然保护地的体系构建中，平衡国家基础设施建设等新建项目与自然资源、景观资源保护之间的关系，需提升景观影响评价的规范与法定地位。当重大项目必须穿越风景名胜区或其他自然保护地，考虑将景观影响评价作为新建项目建设论证的必然要求与其中一个环节。另外，景观影响评价的规范化、标准化有利于提升对风景资源保护的认识，是在生态文明背景下，在保证民生民计的大政方针下，对自然资源、景观资源、文化资源的分级分类保护的实施路径与操作方法。

（三）对游人心理的影响

此次项目的建设对于"旅"和"游"都会产生一定影响，概括为"旅速提升，游赏受阻"。对于"旅"这一方面，由于高速公路与市政公路在一定程度上提高了到达景区的通行速率，使长春市方向的游客及延吉至长春沿线的游客到净月潭风景区便利度提高，达到了"旅速"的要求，但对于"游"这一方面，游人在去往北部石碑岭景区的过程中，势必会经过两条公路，两条公路的景观与噪声会对游人的心理产生一定的影响。

拟建高速公路与市政公路作为一种人工景观穿越净月潭风景区会对游客游览景区北部时的心情造成一定的影响。尤其是道路施工期会对净月潭北部景点造成人为的阻隔和不可避免的噪声以及固体废弃物等污染，以上都会一定程度地影响游客的心理变化。

七、减缓与削减影响的措施

（1）提升高架桥梁的美观度以及与自然环境的融合度。

（2）高速公路高架路两侧在经过居民区时设置隔声板。

（3）在市政公路两侧设置至少60m的生态廊道（朱强等，2005），既可以从视觉上对道路在一

江心洲岛生态湿地规划方法探索

——以通洲沙江心岛生态湿地为例

中国城市规划设计研究院／袁　敬　王　斌

2016年年初，习近平总书记在推动长江经济带发展座谈会上强调长江经济带应"共抓大保护，不搞大开发"。推动长江经济带发展必须走生态优先、绿色发展之路。在此背景下，"张家港通洲沙江心岛生态湿地总体规划国际方案征集"旨在贯彻落实"长江经济带建设要共抓大保护、不搞大开发"，保护和合理利用通洲沙江心岛湿地资源，维护长江生态系统，实现湿地资源的可持续利用。

一、现状条件与突出问题

张家港市是长江下游南岸一座新兴的现代化滨江港口城市，高品质文明宜居城市。通洲沙江心岛位于张家港市东北部长江主航道，北邻南通市区，规划范围约21.06km²。通洲沙随着长江泥沙淤积而逐年增高扩大，形成由4个主要洲岛（由南至北命名为A、B、C、D岛）及若干沙体组成的岛群。岛上除少量蟹塘外，大部分未进行任何开发利用，是长江中下游河段罕有的受人类活动干扰较小的原生态沙洲群岛。

通洲沙江心岛河段地处长江入海口的河口段，位于长江口洪季潮流界（西界港附近）以下，受径流与潮流相互作用，水文条件复杂。潮汐类型属于非正规半日潮，每日两涨两落，且日潮不等。洲岛地势较低，岛上除人工蟹塘与堤坝外，大部分区域高潮位时会被河流淹没。

通洲沙江心岛成陆时间极短，植被群落较为简单，除地势较低的光滩区域外，大部分区域均为湿地草本湿生植被群落覆盖，除蟹塘周边分布有少量人工种植外，还分布有入侵植物加拿大一枝黄花、喜旱莲子等。

根据生物多样性调查，通洲沙江心岛及所在区域物种丰富，生态价值突出。通洲沙江心岛西水道

航运活动较少，近期监测到过中华鲟、鳡、鳤、鲸等巨型顶级食肉鱼类，反映了其水生态系统尚有一定完整性。通洲沙以西长江滨江区域湿地是调查的重点区域之一。该区域迁徙季节鸻鹬类水鸟种类丰富，数量庞大。根据记录，在该区域共发现37种鸻鹬类，其中中杓鹬最大计数数量超过东亚种群1%标准。这一区域的其他水鸟种类和数量也相当丰富，记录到鸥类8种、鹭类13种、雁鸭类11种、猛禽7种。经实地调查发现，沿江湿地有大量野鸭（以鸳鸯、斑嘴鸭为主）和鹗、游隼等猛禽，江岸圈围农田也吸引了大量小云雀和理氏鹨等鸟类。

通洲沙江心岛存在的突出问题为：一是通洲沙江心岛栖息地环境与类型较为单一，潮上带区域较少，稳定栖息地不足；二是随着西水道工程的实施，张家港长江滨江段的湿地规模减小，大型鸟类栖息地环境丧失；三是通洲沙江心岛上部分自然湿地已被改造为蟹塘和养殖池，人工养殖设置的捕鱼网具和附带的人类干扰破坏了长江鱼类的自然栖息环境。

二、规划定位、目标与策略

在"长江大保护"要求下，规划明确了通洲沙江心岛与张家港市滨江绿色发展的新导向。规划坚持"全面保护、科学修复、合理利用、持续发展"的基本原则，结合其资源特性、栖息地保护导向和湿地文化价值，提出通洲沙江心岛生态湿地的发展愿景为："长江生命之洲、鹤舞雁鸣之境"，力争为多种珍稀鸟类及鱼类修复栖息地环境，营造"人与鱼鸟共潮生，鸳飞鹤舞戏沙洲"的自然生态景观。根据通洲沙江心岛生态湿地的资源价值、现状基础和发展条件分析，在对标国际重要湿地建设标准，确定了建设"长江口区域洲岛型国际重要湿地"的

图1

图1 湿地现状图

发展定位，力争打造"长江生物多样性保护与展示范本、长三角区域湿地景观科普体验新热点和张家港市滨江转型创新发展新引擎"。

规划提出"潮汐之岛、生命之岛、集约之岛、文化之岛"的规划理念，并提出五点规划策略：加强通洲沙江心岛与滨江地区岛岸联动，促进张家港市滨江保护整治与绿色发展；挖掘场地价值，重构长江口区域重要洲岛湿地保护节点；加强生境塑造，营建人与鱼鸟和谐共生的特色沙洲景观；传承地域文化，彰显江渚芦丛、沙上风情传统景观意象；科学有限利用，打造高品质原真性的创新型生态产品。

三、规划布局

规划以生态修复和生境塑造为重点，探索了生境优先的生态规划设计方法，确定了岸岛联动、集聚式合理利用、最小生态干扰的规划布局方案。

（一）岸岛联动发展

规划突破招标划定的规划范围，统筹考虑岸岛联动格局，将旅游服务基地布局于滨江六干河港区，减少岛上的设施配套和建设规模。并以长江大保护确定的相关政策要求为引导，切实加强张家港市滨江地区的环境整治，清退沿线污染性企业和不符合绿色发展的产业门类，加强自然岸线修复，整合优化岸线利用。按照上位规划要求，结合资源整合和转型导向，探索滨江绿色创新发展。

（二）功能分区

规划严格控制洲岛湿地利用区域，全面保护自然湿地。根据《湿地公园总体规划导则》，结合湿地资源特征、保护利用方案和规划目标，规划将通洲沙江心岛生态湿地划分为保育区、恢复重建区和合理利用区。规划范围内93%的区域划为恢复重建区与保育区，合理利用区仅占7.2%，其在岛上部分占比仅为5.6%，集中在岛上蟹塘及堤坝等区域。保育区主要开展对生境的保护与恢复工作，保护生物多样性，维持生态系统结构与功能的完整。恢复重建区主要指需要开展生态修复和湿地抚育的地区，该区主要开展对湿地生境的修复和培育，丰富动植物的多样性。合理利用区在保障湿地生态系统的完整性和生态服务功能的基础上，可合理利用湿地的动植物等资源，适度开展特色科普宣教、生态旅游活动。保育区及恢复重建区严格限制非必要的设施建设及活动。

（三）规划布局

规划形成"一环、二线、三点、八片"的规划布局结构。其中，一环指通洲沙江心岛上联通合理利用区的科普游览环线；二线指六干河游船码头至岛上的跨江水上游线和通洲沙江心岛内的水上科普游线；三点指六干河游客服务中心、B岛合理利用区的科普中心和通洲沙码头三个旅游支点；八片指：

（1）旅游服务区：面积约23.3hm²，其中陆域面积约18hm²，位于长江沿岸六干河码头及西侧区

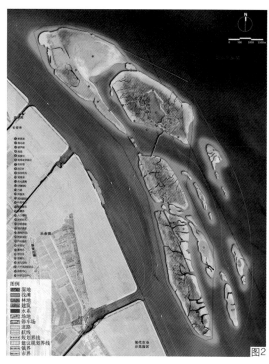

图2 规划总体布局图
图3 功能分区规划图

域，是连接陆域交通与通洲沙江心岛的重要节点，兼具景观门户、旅游服务、交通集散、科研基地、管理服务、餐饮配套等多重旅游服务功能，布置游客服务中心、科研交流中心、六干河游船码头、停车场等。周边圈围农田可开展农业观光活动。

入口服务区面积约 3.7hm²，现状设有登岛码头，连接 B、C 岛的石堤和部分蟹塘。入口服务区规划设置了通洲沙码头、潮汐漫道及入口场地。其景观意象分别来源于月相、水文测量及沙洲群岛等与通洲沙密切相关的景观元素。入口景观序列形成具有地域特色的连续性登岛体验空间。

（2）圩塘湿地体验区：面积约 21.6hm²，现状为蟹塘水面及部分围堤。圩塘湿地体验区以江南传统圩田鱼塘肌理为景观意象来源，规划镶嵌交错的水陆形态。圩塘湿地设置干塘体验区、洲岛湿地演替花园、竹廊、潮沟漫步栈道、游船码头等。圩塘湿地是科普游览活动最集中的区域。干塘体验区面积约 12hm²，划分了湿地观鱼区、湿地演替花园区、湿地荷塘区、湿地植物采摘区、湿地体验活动区、湿地动物养殖互动区等不同区域，种植种类丰富的水生植物，放养水生动物。体验区按季节调节不同水域的水位，放水干塘，开展科普体验活动。

（3）湖湾湿地科普区：面积约 45.1hm²，现状为蟹塘及围堤。该区以滨水观鸟体验和湿地植被展示为特色，逐步形成近自然、地域性的湖湾湿地景观区，可开展地域湿地植物展示、观鸟活动、鱼类与水生环境展示等科普活动，设置鸳鸯湖、帆蚌塘、柳岸观凫等主要景观节点。规划改造现状鱼塘形成自然形态的水域，营造融于沙洲环境的自然水岸及湿地植物带。湖湾湿地科普区以营造水禽栖息地为主，并开展合理有限的科普游赏活动。保留蟹塘围堤，在水域周边设置高于 2.4m 的防潮围堤，防御潮流对内湖生境的干扰。围堤设有水闸，控制水位并保持内外水体的连通性。

（4）潮汐湿地科普区：面积约 38.5hm²，现状为蟹塘东侧的潮滩湿地，地形平坦，高程由陆地向水域缓慢降低。潮汐冲刷形成多条潮沟，宽 4～5m。现状有小型建筑及码头。规划设置栖芦阁、观潮小径、潮汐漫道、观景平台等观赏游览设施，并设置关于潮汐水地貌的科普解说牌。保留现状建筑与码头并进行提升改造，作为芦霞湾的码头。潮汐湿地景观保持自然景观风貌，并恢复因鱼塘、设施建设而破坏的湿地，补植湿生植物，恢复水系的连通性。潮汐湿地科普区北部，设置栖芦阁观鸟塔，以观赏鹤舞滩停留的栖息鸟类，同时作为鸟类科普展示中心。

（5）芦霞湾鱼类科普保育区：面积约 74.9hm²，潜堤围合后形成较为稳定的内湾水域。目前部分水域为人工养殖区。规划结合水工设施，营造开阔稳定的内湾水域景观与水生生境。湾内修复湿地植物群落，改造生态环境，放养、保育长江大中型鱼类。湖边结合现有废弃码头改造设置游船码头，开展半潜水式观光船项目，供游人体验水下鱼群景观。

（6）滨江漫道体验区：面积约 84.2hm²，横跨 A、C 岛，现状分布水利工程建设的潜堤。A 岛至码头堤段为抛石堤，C、D 岛堤段为充沙土工布长管袋。规划取集约式、对环境低干扰的建设方式，以现状潜堤为基础进行加固，铺设木质栈道。北部设置观景平台，可观鹤舞滩湿地生境。南部设听潮台，可观雁鸣湾潮沟湿地。C 岛北部设置芦林漫道及芦笛深处景观节点，为游人提供认知湿地植物群落的科普景观空间。

（7）鹤舞滩生态保护区：面积约 263hm²，包括 A 岛大部分区域。现状多为潮间带区域，有部分抛石潜堤。规划通过营建栖息地环境，增加潮上带栖息地吸引鸟类停留，建立鸟类保护地。规划通过地形营造与植被种植，形成丰富的植物景观，并以现有设施为基础，加固抛石潜堤，修建慢行步道，并设置观鸟长廊，以夯土垒石及芦苇为立面材料和遮蔽物进行屏挡，人在长廊内观察鸟类。

（8）雁鸣湾生态保护区：面积约 400hm²，位于通洲沙江心岛最南端，目前为一片受潮汐影响较大的滩涂区域，具有潮沟湿地的特色水文地貌，该区域禁止游人进入，大部分区域保留为过境雁类停留栖息空间，仅开展湿地保护、管理及科研监测等必要活动。促进 C 岛北侧小型洲岛淤积，形成稳定潮上带栖息地，种植鸟类觅食植物。

四、科普宣教

根据通洲沙江心岛湿地资源价值、栖息地保护重点与合理利用特点，规划提出六大科普宣教主题：长江生态保护、鸟类迁徙与栖息地、长江中下游鱼类、江心洲湿地景观、长江口潮汐水文景观及江南传统湿地农业文化。规划围绕通洲沙江心岛湿地特色资源规划了九类主题科普活动。①认知沙洲主题活动：主要通过展览、科普电影等方式介绍长江口生态文明、张家港生物多样性、通洲沙湿地相关科普知识；②通洲沙 work 主题活动：以志愿者团队为基础，针对不同年龄与群体，开展导览解说、湿地课堂、手工活动展览、摄影展览、生境管理知识教育等活动；③科普讲座主题活动：基于通

通洲沙江心岛科普主题游线一览表

表1

主题游线		游览路径	游览活动
观鸟游线	春、秋季游线	望雁台——鸳鸯湖观鸟屋——栖芦阁	观察过境的大型水鸟、迁徙季节的鸻鹬类栖息和觅食
	夏季	鸳鸯湖观鸟屋	观察长江中下游常见繁殖候鸟，如水雉、须浮鸥、黑水鸡等的繁殖
	冬季游线	滨江农田——鸳鸯湖观鸟屋——栖芦阁	观察过境的大型水鸟和雁鸭类栖息、觅食
观鱼游线		湿地游客服务中心——科普中心——圩塘湿地——半潜水式观光游船——帆蚌塘下沉玻璃廊道	长江口生态文明展，张家港生物多样性展，通洲沙动植物解说，观察湿地水生、两栖动物，水下观光
观潮游线		湿地游客服务中心——听潮台——潮汐漫道——潮汐漫道——潮汐小径	长江口生态文明展、观察潮汐涨落、记录潮汐水位、体验潮沟生境
湿地生境游览路线		湿地游客服务中心——竹廊——湿地演替花园——鸳鸯湖——芦霞湾——鹤舞滩——雁鸣湾——芦林漫道——芦笛深处	通洲沙湿地科普展、生境管理知识学习、典型生境导览、湿生植物认知、生境管理体验
探索游		湿地游客服务中心——潮汐漫道——圩塘湿地	露营观星、欣赏落日、观察月相与潮汐、苇荡萤火虫

洲沙江心岛生态湿地科研力量，面对公众开展与湿地、生物多样性相关的科普讲座；④四季观鸟主题活动：结合通洲沙江心岛鸟类资源，开展不同季节观鸟科普活动，在不影响鸟类生活的前提下观察鸟类栖息、繁殖；⑤长江识鱼主题活动：结合通洲沙江心岛鱼类资源及半潜水式观光船、下沉玻璃廊道等设施，开展鱼类认知与观察科普活动；⑥芦丛探秘主题活动：结合通洲沙江心岛原生湿地特点，开

展植物认知、动物观察等活动，根据生境营造需求，开展湿地管理志愿者团体活动；⑦动态潮汐主题活动：根据通洲沙江心岛潮汐变化特征，开展潮汐现象认知、水位变化记录等科普活动；⑧圩塘时光主题活动：结合圩塘湿地区营建的人工湿地景观与水生动植物，开展传统农业文化认知、圩塘鱼塘农产品采收、湿地动物观察、湿地生境及演替过程认知等科普活动；⑨夜光慢行主题活动：根据通洲沙江心岛地理环境与生境特点，在夜间开展观察天象、水文与夜行动物的科普活动。围绕科普活动主题，设置观鸟游线、观鱼游线、观潮游线和湿地生境观光等游线。规划严格控制岛上游客规模，根据保护级别划定自由活动区、预约活动区进行管理，通过预约制等方式控制游客流量。

五、总结

规划探索了"长江大保护"背景下江心洲岛生态湿地规划设计方法，提出了以保护生态系统和景观资源为导向的湿地景观空间布局模式及资源利用途径，以期为新时代背景下江河生态保护及湿地景观建设提供一定参考。基于洲岛湿地景观的动态性及生态系统的复杂性，规划方案还待进一步实践检验和拓展补充。

项目组成员名单

项目负责人：王 斌

项目主要参加人：王忠杰 束晨阳 袁 敬
尹娅梦 崔溶芯 吴 岩
舒斌龙 朱静文 贺旭生
刘立攀 闻 丞 吴丹子
顾燚芸

项目演讲人：袁 敬

图4 通洲沙江心岛主题游线示意图

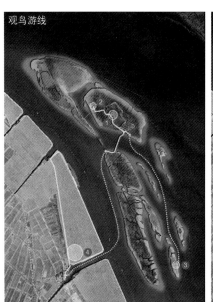
观鸟游线

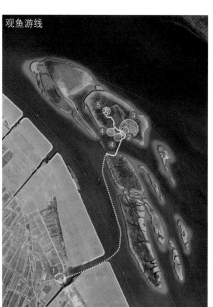
观鱼游线

观潮游线

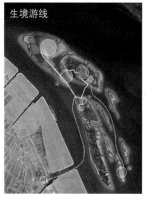
生境游线

探索游

图4

古都西安·丝路花城

——西安市花园之城建设工作实施方案及设计导则

苏州园林设计院有限公司／俞　隽　黄　倩

园林一词出现在汉代（公元1世纪），来自古代的游娱和畋猎苑囿，园聚如林；绿地源自古代的四旁植树和村宅园圃，有着防风避晒，表道固地和生产实用功能；园林绿地系统是由若干园林、绿地和相关要素按一定的关系组成一个整体。当代的园林绿地系统一般占城市总用地的20%～38%。

一、引言

新城市模式下的花园城市集舒适、速度和效率为一体，并以生态、健康、美观、大方为基本原则，城市园林绿地系统和人文景观系统的规划和建设是重点研究对象。西安打造"引领丝路经济，建设繁荣古都"的丝路花城，向"一带一路"倡议沿线国家展现中国改革开放的新形象，其生态建设还有很长的路要走。

二、西安市花园城市生态建设现状

西安作为"一带一路"倡议的核心区域，不仅是丝绸之路起点城市，也是中国西部重要的中心城市。悠久的历史文化与深厚的花都文化底蕴，以及随着城市生态文明建设及崛起形成的具有特色的城市风貌格局，都为西安建成花园城市提供了优势，目前还存在下列生态问题：

（一）不平衡的城市绿地布局

一是随着各区的发展历史不同，绿地面积和绿地覆盖率也不同，老城区与新建区存在着突出的发展不均衡现象。

二是城市绿地分布不均衡。新城区绿地较少，尤其是城区中心区、集中商业区、老旧小区等，此外还存在绿地分布不均匀、景观质量不佳的现象。

三是公园绿地服务半径不均衡。主要表现在大型公园绿地大多数分布在郊区，而街道绿地、中心绿地以及城市中央公园都相对较少。

四是不同区域城市绿化水平不均衡。主城区与城乡接合部之间，城市新建区域与老城区之间、城市主干道与背街小巷周边区域之间、新建公园与老公园之间、新建小区与老旧小区之间都存在着很大的反差，后者绿化水平相去甚远，同时城中村周边区域、密集住宅区等都是景观质量薄弱区域，与居民对生活环境品质的需求不符，与周边城市环境的快速提升不相称。

（二）绿地结构层次不丰富

绿地被道路条块分割；中心城区整体花卉彩叶植物覆盖率低；旧城区重建的生态人文景观和新城市文化景观规划不协调。

（三）绿地景观质量不均衡

已建成的城市绿地中，景观质量参差不齐，存在景观内容不够丰富、服务设施不足、未形成自身风格、植物景观较单一等景观风貌及服务质量问题。

图1　西安中心城区四季赏花点布局分析图

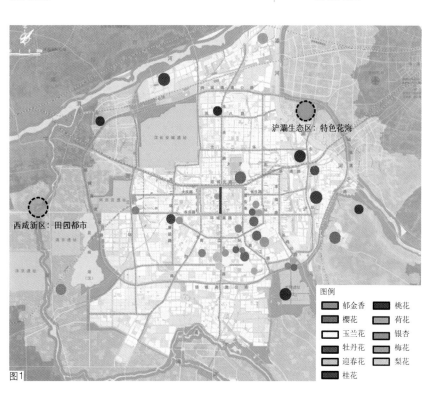

图1

三、西安市花园城市建设的指导思想

（一）完善生态绿色本底，融入花城多样性产业

现状绿色网络相对零碎，可通过连通水系增加郊野绿地与中心城区的联系，形成由外至内的绿色走廊，为西安增花添彩，打下绿色基础。将原本单纯的观赏性活动，融入买花、卖花、手工制作、食品加工、鲜花生产、农业种植等多样性产业中。

（二）挖掘西安花史文化，提高规划系统性

深入挖掘历史文化，尤其是西安历史与花之间的联系，形成生长于西安骨髓中的花城景观，重现"花开时节动京城""一日看尽长安花"的历史美景。

（三）选用本土秦岭植物，突出地方特色

应依托地域环境，引种培育秦岭植物，丰富植物品种，增加生物多样性，形成产业集群。选用适合北方气候的特色花卉。同时增加花卉品种，做到四季有花、四季添彩。

（四）激发全民养花热情，打造花园之城

激发全民爱花养花的热情，除了改善空气质量和美化居住环境，还可以为人们的生活带来乐趣，增加城市多彩花院与美丽花宅，共同打造花园之城。

四、西安市花园城市建设规划建议

（一）规划结构

1. 八水绕城，多彩生态环

西安中心城区周边有8条水系以及滨水绿带、乡野农田、遗址公园，是环抱西安的大生态绿环，同时融入郊野花海，形成多彩生态环。

2. 城市生长，三大生活圈

随着西安市的不断发展，城市格局以圈层式向外拓展，形成了三大生活圈：古城圈、老城圈、新城圈。根据不同圈层城市特色，有区别地融入花卉彩叶植物。

3. 千古脉络，横纵贯古今

以千年古都的东西横轴与南北纵轴作为花都重点打造对象，使得花都历史有所延续，形成城市高品质彩花大道。

4. 国色天香，承长安盛景

以盛唐长安城牡丹花作为现代西安城的特色主题花卉，将东西两大牡丹苑串联，形成牡丹观花带。

（二）分期规划建设

1. 近期形成骨架（2018～2019年）

完成"三环""五周边""七区""八线""十廊"等核心地域以及二环内区域和各开发区重点地域，通过多样化、特色化、重点化推进中心城区"古都西安·丝路花城"项目。到2020年年底，初步形成丝路花城景象。

2. 中期初具规模（2021～2023年）

按照"多彩生态环、四大生活圈、横纵贯古今、承长安盛景"盛世花都的布局重点，体现西安文化特色，增加花卉植物种类。

图2 规划结构
图3 近期总体建设任务及分工

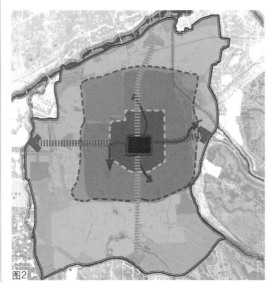

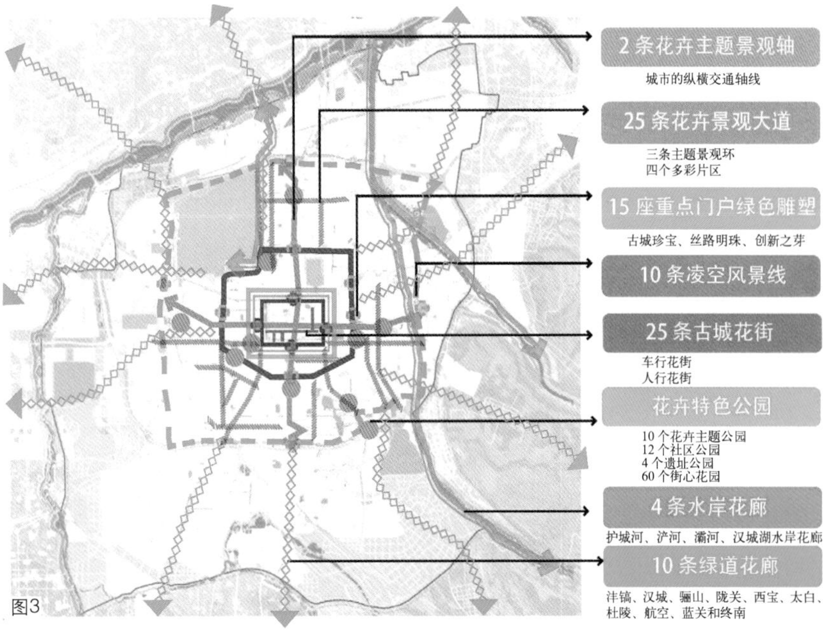

图2

图3

2条花卉主题景观轴
城市的纵横交通轴线

25条花卉景观大道
三条主题景观环
四个多彩片区

15座重点门户绿色雕塑
古城珍宝、丝路明珠、创新之芽

10条凌空风景线

25条古城花街
车行花街
人行花街

花卉特色公园
10个花卉主题公园
12个社区公园
4个遗址公园
60个街心花园

4条水岸花廊
护城河、浐河、灞河、汉城湖水岸花廊

10条绿道花廊
沣镐、汉城、骊山、陇关、西宝、太白、杜陵、航空、蓝关和终南

3. 远期丝路花城（2024～2028 年）

建立花园之城项目体系，重点建设道路水岸、公园社区、小镇园区、产业集群四方面的内容。

（三）城市绿地斑块建设

1. 城市规划布局

花城建设以中心城区为重点，范围与《大西安生态绿地空间体系规划》的中心城区范围一致，总体规划以"四环""五周边""七区""八线""十廊"为骨架，形成点、线、面相结合的建设布局，打造有特色、成规模、可持续的花街、花廊、花道、花海、花园和花宅。

2. 城市生态公园建设

依托西安市的地形地貌建设宏观绿色生态景观，生态敏感区位于主城区和外围边缘，营造主城区周边不规则并连续的绿色背景生态。

结合城市旧城更新改造边角地，进行示范性街心公园建设；鼓励将绿地小广场改造提升为街心花园，通过各色花卉与园林小品搭配，打造城市街头精品微景观；对于街旁的带状公园，宜采用开花乔灌木和秋色叶树种于道路两旁交替种植的方式，以常绿或阔叶乔木作为背景，在沿河流的滨水带状公园中宜沿河岸列植开花乔灌木和垂柳、旱柳等植物，增加水岸边开花水生、湿生植物的用量，打造水岸花廊景观；对于城区内用地狭长的城墙遗址带状公园，宜通过列植樱花、桃花等开花小乔木形成花带景观；对于近期内没有开发建设项目的遗址，不宜进行大量的乔木移栽工程，宜以撒播方式种植花海，在不影响文物保护的前提下提升片区的景观。

3. 城市绿地建设

在城市绿地建设中，必须以城市总体规划、城市区域规划、城市绿地系统规划为基础，并以其他相关专项规划和上位其他规定为依据。绿化物种宜以乡土物种为主，重视调整植物配置，通过增加乔灌木和地被种植量，充分利用有限的土地资源，最大限度地发挥绿地的生态效益。

（四）城市廊道建设

1. 水岸花廊建设

通过延续水系已建成公园的绿化形式和格局，添加开花植物和彩叶植物，对水岸的色彩丰富度进行提升，形成河滨绿化与城市景观相结合的绿色景观走廊。

2. 交通绿道建设

在中心城区内打造 2 条花卉主题景观轴，纵轴包括长安路、未央路，以石榴花为主题，横轴包括大庆路、长乐路，以紫薇花为主题，两条花卉景观轴除了以中层开花乔木形成主题外，同时采用增补林下开花地被、移动花箱、垂直花镜、绿雕等方法，形成多品种、多层次的花卉景观轴。选择西安市区重要的交通干道，打造 25 条花卉景观大道与特色花卉景观绿道，形成"四条主题景观环 + 四个多彩片区"的结构布局。

依据总体规划的古城圈、老城圈、新城圈三大生活圈层，选取城门、道路交叉口、公园入口、广场等重要节点增加绿色雕塑，装点城市重要门户与交通空间，并根据城市的不同点位，形成古城珍宝、丝路明珠、创新之芽三大主题系列。同时，将城市高架环线打造成特色凌空风景线。根据城市不

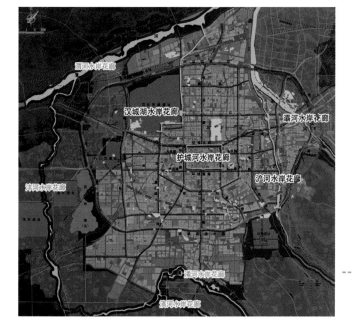

近期规划

护城河水岸花廊——万锦护城
对于护城河水岸，由于其高差限制无法大量种植乔木，通过撒播形式，在河岸护坡满植草本花卉，达到丰富水岸色彩的目的。

汉城湖水岸花廊——繁花似槿
利用现有植被为背景，在湖面两岸成片种植木槿，结合园路，达到丰富水岸景观层次，彰显汉文化的目的。

灞河水岸花廊——秋染金岸
延伸沿岸湿地公园、世博园的植物景观，并在沿岸补植银杏等秋色叶植物，打破单一林相，打造秋季观景点。

浐河水岸花廊——长堤春柳
延伸桃花潭公园的滨河绿化，并沿水岸列植碧桃、绯红晚樱、海棠等春季开花小乔木以及垂柳、旱柳、连翘等垂枝植物丰富水岸色彩。

远期规划
渭、沣、潏、滈四条水岸花廊

图4　水岸绿廊建设

图 5　交通绿道建设

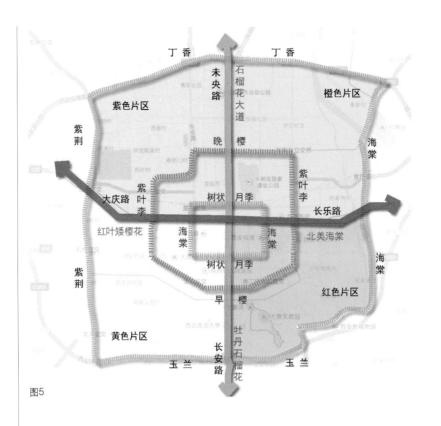

图5

同生活圈层，采用黄、红颜色的花系来展现老城区与新城区的特色。在西安古城区内挑选重要的街道，打造50条古城花街。

（五）城市立体绿化建设

1. 对新建筑物和结构进行统一审查，建议根据建筑功能和等级要求设计相应的绿墙、屋顶花园等生态模式。垂直绿化建设风格应与既有建筑立面及其周围环境相协调，不得影响原建筑的安全性、功能性和耐久性。外露的种植构件在满足栽植要求的前提下，宜结合当地文化元素进行外观形式设计。

2. 垂直绿化宜采用智能化设计、物联网技术远程控制等手段，降低垂直绿化的建设难度和维持成本。可对全市公园、景区、小区绿地等公共绿地进行智能化管理和信息集成，全面监测各风景休闲区域的绿化率以及微环境空气质量，形成全市环境质量信息地图。

五、结语

本建设工作实施方案深入贯彻落实《中共中央国务院关于推进生态文明建设的意见》《全国城市生态保护与建设规划（2015～2020）》、西安市第十三次党代会和市"两会"精神，加快追赶与超越的步伐，进一步加大绿化建设力度，增加城市绿量，补齐城市生态短板，提高城市品质，着力打造绿色之城、花园之城。

项目组成员名单
项目负责人：朱红松　俞　隽
项目参加人：黄　倩　宋晓燕　黄　晨　任杨超
　　　　　　凌霄君　缪　青

新时代下绿色空间规划思考

——以重庆市主城区绿地系统规划（2018～2035年）为例

重庆市风景园林规划研究院／张立琼　苏　醒

一、背景

自党的十八大以来，生态文明建设已经纳入国家发展总体布局，生态文明体制改革也在顶层设计上不断深化。党的十九大报告中指出，加快生态文明体制改革，建设美丽中国，人与自然是生命共同体，人类必须尊重自然、顺应自然、保护自然。以人民为中心，要提供更多优质生态产品以满足人民日益增长的优美生态环境需要。

另一方面，我们正面临国土空间规划体系的改革，空间规划体系以空间资源的合理保护和有效利用为核心。可以说，当前生态文明体制改革是国土空间规划改革的基本前提，而国土空间规划体系改革的目标也是为了建立以生态文明为导向的高质量发展的空间治理模式。

那么，绿地系统规划作为国土空间规划最重要的前置支撑之一，对于保护山水林田湖草生命共同体有着基础性作用，是建设美丽中国的关键内容，更是满足人民对美好生活向往的重要阵地。基于上述时代特征，传统绿地系统规划的内涵和外延也将发生较大的转变。

二、新时代下绿地系统规划的转变

（一）从"专项控制"转向"统筹利用"

传统的城市绿地系统规划在规划层次上多是作为城市总体规划的专项规划，在规划范围上多局限于城市建成区，在成果上多表现为结构布局和性质控制。新时代下城市绿地作为城市生态系统的基本载体所需承载的功能越来越综合。绿地系统规划需要更加关注绿地的服务功能与社会效益的发挥，从更广阔的视角、更高的层面去统筹城市绿地系统的综合功能。

（二）从"重点突出"转向"平行均衡"

现阶段，绿地规划应满足人民"不平衡不充分"的绿色空间需求，体现公平与效率并重。"不平衡"可以说是绿地的结构布局问题，"不充分"指的是绿地的品质化精细化的问题。因此，我们不仅要关注城市绿地的数量和质量，还要更加关注绿地的公共性、可达性、可选性，以实现绿地的"平行均衡"。

（三）从"绿地系统"转向"绿色空间"

通过对我国绿地系统发展阶段进行梳理，可以将其总结为3个阶段。第一阶段是单点式、填空式规划，所谓的"黄土不露天"；第二阶段借鉴了苏联模式，形成"点线面、环带楔"的网络化结构；第三阶段即是现阶段我们所处的生态文明新时代，在山水林田湖草生命共同体的理念指导下，构建绿色空间一体化大系统。绿色空间环绕城市建成区，满足城市生态、生产、生活复合需求。

图1　绿地系统规划理念发展阶段示意图
图2　从绿地系统规划到绿色空间规划

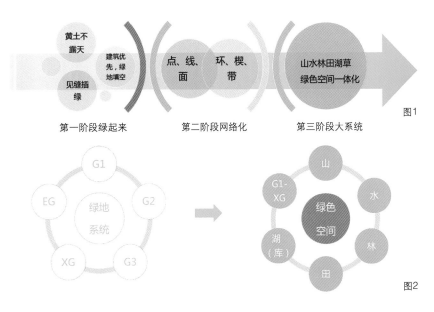

第一阶段绿起来　　第二阶段网络化　　第三阶段大系统

图1

图2

因此，项目组提出了本次规划的方向——从绿地系统规划到绿色空间规划。绿色空间规划除了关注传统绿地系统分类中的五大类用地之外，还包括广泛存在于城市中的山水林田湖草，它们与城市绿地共同负担多元功能，形成绿色空间大系统。

三、重庆绿色空间特征分析

（一）满城山水半城绿，山水城相依相融

重庆是山水城市，地处川东平行岭谷地区，城市总体山水环境由两江四山、大山大水构成。"山载城，水环山"——独特的地貌特征形成了重庆绿色空间的本底资源。整体上形成"满城山水半城绿，山水城相依相融"的总体格局。

从现有绿地系统规划编制成果来看，对于重庆这种"山水林田湖草城"浑然一体的山地城市，传统的五大类绿地规划难以覆盖全面；另一方面，由于建设用地与绿色空间之间呈现立体交融的空间关系，在绿地结构布局上也很难形成所谓的"点线面"相结合的、具有明确平面结构的规划模式。

（二）依托四山两江，形成丰富的区域绿色空间

依托这些城市内保留的自然山体和水系，在城市建成区范围之内也保留了大量的绿色空间，如自然保护区、风景名胜区、森林公园、郊野公园、组团隔离带等。而这些绿色空间大部分被划为非建设用地，相应地在绿地分类上归为区域绿地。与平原城市不同，在重庆，这些区域绿地与城市建设用地之间呈现紧密交融、相生相伴的空间关系。这些区域绿地在改善城市生态环境质量、保护生物多样性、满足市民休闲游憩活动需求等方面具有非常突出的综合价值。

然而，从现有的绿地规划编制来看，对区域绿地的规划都不够重视，除了提出规划原则外，并未有具体的保护措施和建设指引，区域绿地的综合价值未得到充分体现。

（三）绿地三维立体特征突出

在重庆这样的山地城市中，由于绿地随地形而高低错落，自然形成了三维立体的特征；另一方面，在平整土地的过程中形成了坡地、堡坎、崖壁、挡墙等多种形式的立体绿化。这些立体绿化在提升城市绿量、修复城市生态方面有着重要作用。

而现有的城市绿地指标，都是以面积计算为基础的二维指标，立体绿化在绿地指标中完全得不到体现，这在一定程度上会影响山地城市特色的塑造和生态环境的保护。

四、绿色空间规划框架

（一）规划策略

基于对重庆绿色空间本底条件和特征问题的分析，规划提出4个重要的策略：生态"定"绿——构建城市生态安全格局；全域"构"绿——完善全域绿色空间体系；品质"升"绿——营造宜居宜城宜人的绿地品质；指标"控"绿——形成具有山地特色的绿地指标体系。

图3 重庆主城区自然保护区、风景名胜区、森林公园分布图
图4 重庆主城区郊野公园分布图
图5 重庆主城区组团隔离带分布图

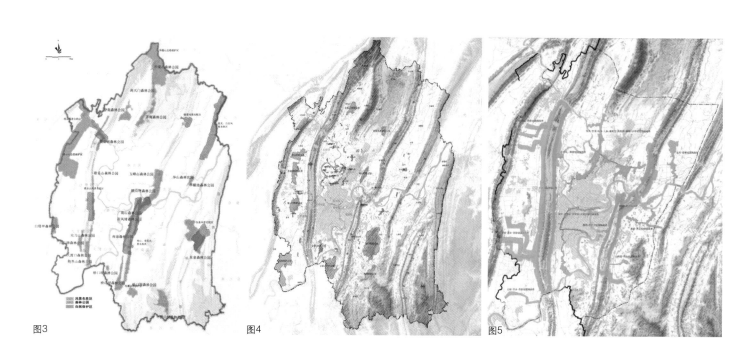

图3　　　　　　　　图4　　　　　　　　图5

（二）指标构建

在规划框架确立的基础上，构建出绿色空间的规划指标。除了三大传统指标之外，增加了具有山地城市特色指标。

例如，通过设置人均公共游憩绿地指标，把规划区范围内具有实际游憩功能的绿地都纳入统计指标计算，而不区分建设用地内外，因而能够反映城市实际真正享有的游憩绿地服务水平。通过设置独立的立体绿化指标，借助 3s 技术手段，可以统计立体绿化面积，将其计入指标统计当中。这样就更真实地反映了山地城市的绿化特色。

（三）绿色空间分类管控

绿色空间的分类管控是本次规划的重点。规划对重庆市主城区范围内的绿地进行定性、定标、定量和系统布局，打破现有的用地限制，整合绿色空间资源，完善绿地体系的社会服务功能，构建起重庆市主城区全域绿色空间体系。分类的原则是以绿地的主要服务功能与社会效益为依据，并且与现行绿地分类标准相吻合，包括以下四类绿色空间。

1. 绿色基础生态空间

指城市内山、水、林、田、湖（库）等对城市生态起到基本支撑作用的绿色生态基底。涵盖了城市建设用地之外的 EG2 生态保育绿地以及 EG4 生产绿地，具体包括重庆主城区内四大山体、城中山体、山脊线、长江、嘉陵江、各级支流、水库、湿地、林地斑块等。

这类空间强调的是底线管控，通过生态敏感性评价，对山、水、林、田、湖（库）等敏感资源进行分级保护，使其成为城市的生态屏障、城市绿肺、生物通廊、物种栖息地。

2. 绿色公共游憩空间

指位于主城区范围内，游憩者可进入的具有休憩娱乐、康体健身、科普教育、文化交流、观光旅游等游憩功能的绿色开放空间。涵盖城市建设用地之外 EG1 风景游憩绿地以及城市建设用地内 G1 公园绿地与 G3 广场用地。

规划提出将风景名胜区、森林公园、郊野公园、城市公园及广场、城市绿道等具有休闲游憩功能的绿色空间共同纳入主城区绿色游憩体系进行统筹整合，形成结构完整、功能互补的绿色公共游憩网络。并且结合 15 分钟生活圈和公园城市理念，对城内公园体系的构建进行重新梳理。针对重庆特殊链接型游憩空间，如两江四岸、城市绿道等都进行了具体的管控要求。

3. 绿色防护保障空间

指防护并改善城市各类生产生活空间自然环境和卫生条件的组团隔离带和防护绿地，涵盖城市建设用地之外的 EG3 区域设施防护绿地以及城市建设空间之内的 G3 防护绿地。

规划提出严控边界、复合功能的要求，以最大限度地形成城市内部的绿色带状生态隔离空间，统筹兼容其多元化功能，不仅要绿，更要注重防护绿地品质建设，多途径满足人对自然的各种需求。

4. 绿色附属配套空间

绿色附属配套空间是承担生产生活需求的附属绿地，是与人的生活最为紧密的一类绿色空间，属于城市建设空间内的 XG 附属绿地。

规划提出增值利用、提升品质、拓展空间服务价值等要求。根据建设用地的性质，分类开展品质提升建设，引导精细化发展。大力推广立体绿化，加强屋顶、边坡、桥头、隧道口、轨道交通等的绿化、美化，体现景观与文化品位，全方位拓展城市绿化空间，提升绿地服务价值。

五、结语

本文所介绍的重庆市绿地系统规划尚在编制之中，是在现行规范和绿地规划编制纲要的基础上所做出的探索和研究。而在空间规划的大背景下，尚需探索的是将来在空间规划一张图体系下，如何将绿地系统纳入空间规划体系；在以人民为中心的指导思想下，如何保护重庆山水地理环境，提升绿地价值，满足人的需求。这次绿色空间规划的提出，是在生态文明新时代下，响应国土空间规划改革的探索，对于其他城市尤其是山地城市的绿色空间规划有着参考和借鉴意义。

项目负责人：廖聪全
项目参加人：应 鹏　郭小瑜　李 艳　彭先涛
　　　　　　蔡何菁菁　李 多　肖 伟　向 往
　　　　　　陈 乔　张立琼　苏 醒
项目演讲人：张立琼

共建蓝绿交织的生态湾区

——以深圳湾区为例

深圳市北林苑景观及建筑规划设计院／叶　枫

一、深圳——全球海洋中心城市

深圳拥有绝佳的海洋资源优势，全市海域包括"三湾（深圳湾、大鹏湾、前海湾）一口（珠江口）"，海岸线总长289km。特区的发展历史，就是一个不断亲海近海、向海发展的过程，从最初依托罗湖口岸、蛇口工业区起步，到盐田港、机场的建设，再到前海、大空港的战略发展，都是在海岸带区域进行布局，海岸带积聚了深圳的过去、现在与未来，也是生态资源集聚、高端人才集聚、创新企业集聚、重大设施集聚的黄金岸带。"十三五"期间，在国家"海洋强国"战略和"一带一路"倡议的大背景下，国家发展改革委和国家海洋局联合印发《全国海洋经济发展"十三五"规划》，提出"推进深圳、上海等城市建设全球海洋中心城市"，为国家陆海统筹发展提供示范参考。

然而，长期高密度的开发集聚导致海岸带目前面临空间资源紧缺、环境压力与日俱增等问题。历史上的深圳湾曾经拥有绵长的沙滩、起伏的山丘和动植物资源，面对城市扩张，海湾边界不断地发生变化。除了大鹏湾保持天然岸线外，深圳湾与前海湾均经历了人工填海与改造。本文结合笔者多年深圳滨海区景观规划设计的实践工作，以两个湾区岸线的公共空间为例，讲述城市、人与自然的连接方式。

二、前海景观绿化专项规划

深圳西部沿海周边陆地曾经是深圳历史的起源，是近现代深圳人活动最多的地方，前海是从海洋到陆地的交错地带，海洋文明与大陆文明相互渗透，形成了美丽的月亮湾，这里承载者丰富的海陆交错文明。人类的活动影响了片区的陆地景观生态格局，从原有沿海大面积的天然红树林到人工的基围鱼塘，再到现在的城市建设区，沿海的生态系统及景观格局发生了剧烈变化，人与自然交融的文明面临消失的威胁。

根据深圳市2030年城市发展策略计划，将西部前海区改造成为深圳市一个新型的服务与后勤物流中心。市规划国土委于2009年组织开展前海地区概念规划国际咨询，吸引了全球几十家知名规划设计机构参与，最终美国FO（Field Operations）事务所的"前海水城"方案夺标，将前海地区构想成一个充满活力的21世纪新城，将水融入城市，

图1

图1　昔日沧海桑田到高密度的城市中心区

(a) 1979年前海湾影像图　　　(b) 2000年前海湾影像图　　　(c) 2011年前海湾影像图

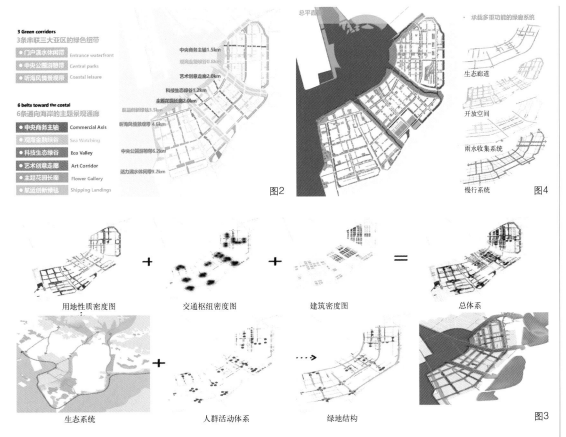

3 Green corridors
3条串联三大亚区的绿色纽带
● 门户滨水休闲带　Entrance waterfront
● 中央公园游憩带　Central parks
● 听海风情景观带　Coastal leisure

6 belts toward the costal
6条通向海岸的主题景观通廊
● 中央商务主轴　Commercial Axis
● 观海金融绿谷　Sea Watching
● 科技生态绿谷　Eco Valley
● 艺术创意走廊　Art Corridor
● 主题花园长廊　Flower Gallery
● 航运创新绿毯　Shipping Landings

中央商务主轴1.5km
观海金融绿谷0.8km
艺术创意走廊2.0km
科技生态绿谷1.2km
主题花园长廊2.0km
航运创新绿毯3.5km
听海风情景观带4.6km
中央公园游憩带6.2km
活力滨水休闲带9.2km

图2

总平面　　　　　　　　　承载多重功能的绿廊系统

生态廊道

开放空间

雨水收集系统

慢行系统

图4

用地性质密度图　＋　交通枢纽密度图　＋　建筑密度图　＝　总体系

生态系统　＋　人群活动体系　⋯→　绿地结构

图3

通过拓宽现状流经前海的河流和排水渠,引进5条滨水走廊,把18km²大的片区分解为5个中等尺度的功能区。在此概念规划的理念基础上,由产业经济、城市设计、城市景观、城市交通、环境保护、工程设计等不同行业专家共同参与,于2013年编制完成《前海综合规划》。

深圳市北林苑景观及建筑规划设计院在2014年完成了《前海深港现代服务业合作区景观与绿化专项规划及设计导则》,是对《前海综合规划》开放空间和景观生态体系的落实与深化。将景观都市主义理论与前海实践相结合,立足"参数化"分析方法,科学系统地构建"六廊三带"城市绿色生态网络,修复原有沿海的生态系统与景观格局,该网络将城市生态系统,包括各种生物流、能量流、雨洪系统等重要因子与自然生态系统、山海绿廊连通,是城市和自然共建的一个无缝连接体系。

(一)基于"多学科参数化"的科学规划

景观都市主义摒弃了以往就单一目的、单一功能进行设计的方法,转而尝试在多学科互动融合的前提下,以解决景观生态问题为出发点,在生态基底之上,将基础设施的功能与城市社会、文化、经济的需要结合起来,最后在开放的系统框架内提出具有全局性、综合性、高适应性的系统化解决方案。在前海项目中,运用参数化分析方法对栖息地、物种、地形、水系、人的密度、距离、路径等生态因子和人群活动变量进行分析,为交织的绿色生态网状的路径、尺度、距离等提供科学参考。

(二)蓝色水廊融汇的魅力之城

1.水生态

水系统由雨水收集系统和灰水系统共同构成。规划首先以参数化方法分析地形,计算水体大小,确定水体位置、汇水灌溉的绿地面积等。雨水收集系统以道路、建筑、绿地为载体,结合场地实际水文条件、气象条件,根据不同绿地类型设置相应的雨水收集设施,如下凹式绿地、生态植草沟、雨水花园以及透水材质基质与铺装等,在缺水与丰水时期合理循环达到回收水利用平衡。灰水回收处理系统由灰水收集群团与灌溉系统两部分组成。对场地内各单体建筑进行参数化分析,核算整个街区乃至前海片区的灰水量,并通过布点建立集群排放口,合理打造灰水回收系统,灰水经过处理净化后将作为城市绿地灌溉用水的一部分再次使用。

2.水空间

以滨海休闲带和三条水廊道作为空间框架,用水来赋予城市滨水个性,规划集生态性、文化性、景观性、艺术性为一体的滨海休闲带和水廊道,塑造具有海滨特色的亲水城市空间以及通达海滨的街道，构筑宜人的海湾城市风貌。此类开放空间以滨海景观与水廊道为水体景观核心，打造尺度适宜的中小型水景并配合多样的驳岸处理，同时综合当地潮汐水文情况，增强此类开放空间水体景观的观赏性。

3. 水文化

前海沿岸原本有大面积的红树林，但由于珠江口岸地质变迁、泥沙的淤积以及近年来的人工填海活动，湾区逐步集中。前海沿岸也曾经是深圳历史的起源地之一，是近现代深圳人活动最早最多的地方，有许多渔业遗迹。而今快速的城市化发展与填海工程使得原本的大然湾区逐步缩小，为恢复场地原本的自然风貌和人文特点，需对场地本身及周边地区的生态植被及人文遗迹进行考察研究，并将其应用到场地设计当中。乡土自然系统与人文艺术的引入将奠定水城的独特气质，并依靠各具特色的滨水廊道形成能量聚集并外化。

（三）绿色网络编织的生态之城

1. 绿色基础设施

以绿色基础设施全覆盖为目标，引申出"垂直"都市、低冲击开发模式、"树根带"等方法策略，覆盖了城市的地表、地上和地下空间。同时，在设计中采用参数化程序进行科学有效的分析，并且运用生态系统指标体系对规划、设计、建设进行全过程全系统的评估，保障可持续景观的真正实现。

2. 绿色生态廊道

在规划的绿色生态网络中根据场地特征营造多样的动植物栖息地，如海滨红树林生境、水廊道湿地生境、都市森林生境、疏林草地生境、季节性湿地生境、立体绿化生境等，形成通山达海的生物通廊，成为城市中动植物的可持续栖息廊道。

3. 绿色开放空间

以交织状、复合功能的绿色基础设施网络为基础，以在高密度开发的街区中营造舒适宜人的空间体验为主旨，构建网络状主题景观廊道，强化城市空间与滨水、滨海空间等特色资源的有机联系，同时创造一个全域覆盖的步行友好型城区，设计形成一个三维的公共空间网络，包括二层、地面、地下、复合等四类公共空间形态，打造舒适、充满活力、复合的多元游憩空间。

4. 绿色交通网络

依托生态绿色网络在整个场地中形成慢行交通体系。构建步行或自行车交通使整个场地的绿地系统、商业街步行系统、邻里慢行系统及各分散的开放空间系统完整串联起来，在人的尺度上整合生活配套设施，合理对自行车停放与租赁点布点，并通过"绿网"系统与交通节点的联系，形成一套为非机动车和行人提供的安全、便捷、完整的城市慢行交通网络。

"填海造城"崛起的前海新城，正酝酿着"沧海桑田"的巨变，前海采用了"综合规划＋单元规划＋专项规划"的规划编制体系，通过景观与绿化专项规划编制，实现景观都市主义的概念，将开发单元内的中小型绿地和前海"三廊一带"的生态体系连接，构建形成连续、渗透、交互的整体生态网络，解决在产业集聚、功能混合的高密度的城市中营造高复杂性、高丰富度的宜居生态环境之难题。并通过设计导则的制定，引导规划、景观、生态、建筑、水利等多专业的通力合

图 5 分片区景观特色规划
图 6 观海金融峡谷
图 7 桂湾中心公园

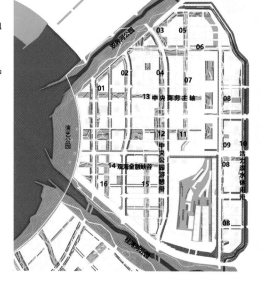

片区定位——集中展示前海合作区整体城市形象的核心商务区。商务 金融 枢纽 居住

景观特色——**时尚活力 复合集约**

· **形式** 现代、简约、时尚，以流线型构图为主，且开放空间功能复合高效

· **材料** 花岗岩、钢、玻璃、水景等

· **种植** 选用红色、粉色系植物，在整体上营造一种热烈且极具现代感的植物景观

精品项目

01—枢纽广场   09—TOD中心广场
02—桂湾雕塑公园   10—门户水廊公园
03—桂湾艺术广场   11—前海超级购物公园
04—桂湾中央公园   12—桂湾中央公园
05—岭南公园   13—中央商务主轴
06—休闲养生文化街   14—观海金融峡谷
07—特区文化公园   15—商务休闲林荫公园
08—社区公园   16—主题精品购物公园

图5

图6

图7

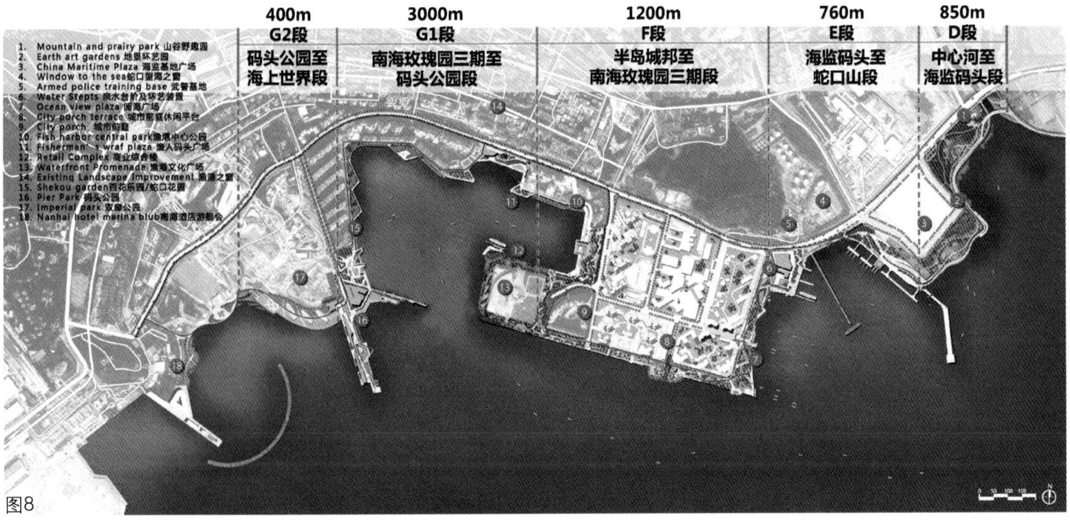

400m	3000m	1200m	760m	850m
G2段	G1段	F段	E段	D段
码头公园至海上世界段	南海玫瑰园三期至码头公园段	半岛城邦至南海玫瑰园三期段	海监码头至蛇口山段	中心河至海监码头段

1. Mountain and prairy park 山谷野趣园
2. Earth art gardens 地景环艺园
3. China Maritime Plaza 海运基因广场
4. Window to the sea 望海之窗
5. Armed police training base 武警基地
6. Water steps 滨水步台及华彩梯景
7. Ocean view plaza 海景广场
8. City porch terrace 城市临海休闲平台
9. Fisherman's wraf plaza 渔人码头广场
10. Fish harbor central park 渔港中心公园
11. Retail Complex 商业综合体
12. Waterfront Promenade 滨海文化广场
13. Existing Landscape Improvement 滨港之城
14. Shekou garden 西北坊街/蛇口花园
15. Pier Park 码头公园
16. Imperial park 夏皇公园
17. Nanhai hotel marin's blub 南海酒店游艇俱乐部

注：深圳湾滨海休闲带东段全长9.6km，面积108hm²，均宽120m；深圳湾滨海休闲带西段全长6.6km，面积25hm²，均宽30m。

图8

图8 深圳湾滨海休闲带西段平面

作，平衡城市管理者、开发商、公众的利益关系，鼓励全民参与，赢得城市建设管理者的支持，保障项目的落实。

三、深圳湾滨海休闲带战略规划

深圳湾是深圳与香港共同拥有的河口湾，现状具有良好的生态环境，深港两地分别拥有米埔国际湿地自然保护区和福田国家红树林鸟类自然保护区。20世纪初，深圳市政府做出"退城还海，还绿于民"的重大决策，将东起福田红树林国家级自然保护区、西至南山海上世界的16.2km城市滨海岸线予以留白。2003年深港西部通道口岸填海造地工程催生出新的城市滨海岸线，为打造深圳湾滨海休闲带提供了契机。

2004年深圳市规划和国土资源委员会启动了"深圳湾滨海休闲带概念景观设计"，编制了16.2km深圳湾滨海休闲带总体规划。2008年深圳湾滨海休闲带东段（A、B、C三段，即东起红树林海滨生态公园，西至深港跨海大桥西侧）正式动工，并在2011年8月建设完成并对外开放。2015年10月，滨海休闲带西段正式开工；2017年1月，D段率先建成并试开放；2017年6月，历时640多天的滨海休闲带西段工程全线完工。至此，深圳湾滨海休闲带东、西段完美连接，一道长达16.2km、沿线分布22个主题公园的"城市飘带"，蜿蜒在深圳湾畔，将鹏城两个城市中心揽入怀中，一个世界级的魅力湾区从此流光溢彩。

（一）深圳湾滨海休闲带西段景观工程

深圳湾滨海休闲带西段，东起中心河入海口，西至南海酒店，全长约6.6km，全线位于南山蛇口片区。与东段截然不同，西段项目用地狭长，包括沿海岸线10～30m的带状用地，且周边用地较为复杂，包括已建成的社区公园、滨水休闲栈道、港口码头和部分裸露岸线。西段岸线残破，安全性差，缺乏休闲、观海、亲水的场地及设施；几处已建成绿地因建设年代和周边环境使用需求不同，在景观风格和品质上存在较大差异；沿线大量分布的海监基地、海警码头、边防巡逻道、渔港码头、海斯比码头等，将岸线划得支离破碎，对场地景观及连通性存在较大的影响；望海路及周边居住区阻隔了腹地到达海岸的通道，使城市中心区的珍贵滨海岸线成为城市发展建设中的低谷地带。

深圳湾历史岸线在多年填海后成为被隐藏的腹地，项目旨在修复支离破碎的滨海岸线，重新彰显其丰富的文化底蕴，并通过从内陆延伸至滨海的文化廊道向休闲岸线输送腹地精彩的城市文化养分，激活这条一度因填海而与城市生活隔绝的岸线。将原本生产性的岸线转化为具有丰富社群活动和场所精神的公共空间，通过破解蛇口的城市人文基因，体现地域的历史环境底蕴，打造多元且人性化的滨海休闲带，且兼具城市生态修复功能。使得蛇口这座昔日世界看中国的门户城市再次彰显鲜明的滨海生活人文主题。

（二）亮点一：滨海风情

1. 延续总体规划，突出多湾主题

蛇口自古多湾，在深圳湾生态大公园的概念基础上，利用"湾"主题空间语言和环境景观意向，丰富滨海休闲带的岸线特征和与之相适应的滨水功能活动空间，以"一湾一景，一湾一主题，一湾一地标"的方式将海岸的公共活动和设施建设推向高潮。

2. 引入微丘地形,丰富景观层次

延山势,造微丘,在基地内重现该地区依山傍海的历史景观意向,引入滨水微丘的地形空间与蛇口连绵山脉天际线相呼应,带来丰富的空间感受。微丘的形态可以软化僵直岸线,并以有机轻盈的微坡地形组织步道、广场体系,形成多元、人性化的使用空间,提供不同高程的观景休闲场所。建立亲水栈道和观海台阶等,凸显滨海公园的亲水特性。

(三)亮点二:岸线提升

基地现状滨海岸线为自然滩涂,抛石杂乱,堤岸破损,项目始终坚持小填海,保持现有岸线特征,以规范的水工设计和高标准的施工技术,加强水岸安全。同时,以向腹地退红线和向外架设栈桥相结合的方式为休闲带创造用地条件。海上栈桥的建设拓展了景观空间,有效解决了局部用地中难以逾越的断点问题。

(四)亮点三:文脉延续

1. 解密人文基因,打造活力海岸

历史岸线在多年填海后成为被隐藏的腹地,设计旨在通过破解蛇口城市人文基因,重新彰显其丰富文化底蕴,并通过从内陆延伸至滨水的文化廊道向休闲岸线输送腹地精彩的城市文化养分,激活这条一度因填海与城市生活隔绝的岸线。将目前生产性的岸线转化为具有丰富社群活动和场所精神的公共空间,成为多元、弹性的滨水休闲带。

2. 融合腹地功能,形成风情海湾

滨海休闲带西段沿线分布着大量海监、边防、渔港等相关单位,并有部分紧邻居住区的社区公园,各用地主体需求不同,已形成各自的功能区域。项目以老蛇口地域文化为特色标志,保留各单位必需的功能要求,以本土渔、船、码头等渔业基础设施为重点,建设以蛇口本土渔文化为特色的渔海栈道、生态廊道等景观节点。

(五)亮点四:生态修复

1. 生态价值良好的花林带设计

植物种植设计依据各类植物的适生环境及立地条件,合理配植红树、半红树以及其他乔、灌、草植物,通过大尺度的花林带及观赏草带等突出景观亮点,形成每一时节代表性的特色花林、与蛇口工业风格相融合的观赏草景观和动感的休闲运动场所。植物品种选择侧重于抗风、耐盐碱植物,并通过合理的植物群落将海、城、山有机联系起来,使各类型绿地融为一体,恢复动植物栖息地,从而发挥最大的生态效益。

在此基础上,结合沿线交通系统、活动场地、休憩设施、雨水收集等,利用植物形成或引导,或围合,或遮荫的高效有序的多功能绿色空间,提高城市宜居性及舒适度。

2. "海绵城市"技术运用

项目全线自行车道、跑步道以及部分活动场地采用透水铺装,大大增加了场地的透水性;自行车道和场地间以及景观绿化微丘边缘均设置生态滞留沟,形成雨水滞留系统;自然公园、海监广场、蛇口花园等面积较大的景观节点在设计上合理控制绿化与硬质铺装面积的比例,以此减少地表径流,使得场地大部分雨水能够滞留、渗透、净化和蓄积;其他宽度较窄的线性空间,如半岛城邦段、渔海栈道等,沿线设计多处线性雨水收集装置,形成巧妙精致的雨水花园。项目范围内,透水沥青面积 31800m²,绿化面积 103300m²,

图9

F段渔港中心公园　　　　G段利安码头沿岸

G段天骏公司食出码头

G段海斯比与海警码头

图10

生态良好的植物群落　　　观赏草的运用

花林带设计

图11　生态价值良好的花林带设计

生态植草沟面积8500m²，三项合计约占项目总面积的60%。

（六）亮点五：以人为本

西段整体空间尺度狭长，最宽处30m，对于场地设计的精细、精致要求贯穿始终，通过合理的功能排布，最大化利用有限资源。在场地中提供的多样化设施满足各类人群需求，包括在公园中首次亮相的专用慢跑道；结合东段公园经验，西段项目充分考虑了场地的遮阳避雨，风雨连廊、休息亭廊、休闲座椅等沿主步道按需布置；公园内无障碍设计、儿童活动设施、直饮水、便民利民的母婴室等人性化设施随处可见。将边防治安监控、空气质量监测、WIFI、照明等设置在同一杆上，将美观和功能完美结合，同时通过分区定时多样控制手段使其更具合理化和舒适性，便于物业有效管理。

（七）亮点六：工匠精神，精细化设计、科学化施工

千年城市，百年建筑，质量至上是项目的生命；精雕细琢，精益求精，便民利民是项目的灵魂。在规划建设过程中，始终坚持"生态第一、对标一流"，高起点规划、高质量建设、高品质管理，发扬工匠精神，确保不留败笔、不留遗憾。在工程管理方面，严格按照"技术交底、精确定位、样板确认、工序控制、逐棵选苗、过程监理、管控验收"等步骤，对硬铺装、软绿化以及景观设施进行现场管理，确保质量和安全。

（八）亮点七：整合诉求

在高度开发的城市中心城区建设滨海休闲带，除去自然环境、地质条件、设计施工等方面的困难，滨海休闲带西段建设的最大现实难点是与沿线各用地管辖单位的沟通协调。西段全长6.6km，共需协调36家单位。各单位诉求复杂、要求各异，涉及退城还海、征地拆迁、勘探保护、赔偿补偿等多种情况，且部分用地责任主体不明、存在历史遗留问题。在政府主管部门的积极协调下，充分与各单位沟通协调，因地制宜，创新工作机制，用切实可行的办法积极落实具体的诉求，通过600多轮（次）现场办公和座谈协调，先后协调解决沿线100多个相关问题，形成了和谐的建设环境，呈现出"人民城市人民建"和军民鱼水情深的局面。

（九）社会反响

滨海休闲带西段的建成，凝聚了市区政府、各相关职能部门、设计单位、建设单位和广大市民的集体智慧，从方案设计到开工建设，从专家论证到全民参与，在每个关键节点上都动足了脑筋、下足了功夫。

项目从建设期到开放期一直受到多方关注，包括中央电视台、人民网、新华社、杭州市西湖区党政考察团、青岛市西海岸新区管委会考察团、湛江市考察团、深圳市大鹏新区考察团等。自开放以来，得到市民的高度评价，深圳市著名歌唱家、市人大代表杨乐专门给休闲带写了一首歌——《深圳湾情歌》，同时省、市领导也对深圳湾滨海休闲带西段建设给予了高度评价。项目的建设是落实广东省第十二次党代会精神和广东省委省政府关于建成珠三角国家绿色发展示范区的具体行动，也是广东省2017年重点项目和深圳市委市政府的重要民生工程、民心工程，对滨海中心城区的建设起到积极启示作用，为国家建设世界级的湾区城市群提供环境建设典型示范。滨海休闲带为广大深圳市民提供了休闲娱乐、健身运动、观光旅游、亲水体验的场所，年人流量达1500万人次，最高日人流量30余万人次。每年举行的各类文体活动上百余次，成为深圳滨海生活的城市客厅、国际文化名片和户外健身中心。

蜿蜒的深圳湾，宛如一条绿色丝带，飘逸在蓝天碧海间。十多年间，滨海休闲带不但为城市提供了丰富的滨海场所体验，保护改善深圳湾区生态系统，更激活并带动环湾区城市的功能格局与空间格局形成。随着滨海休闲带西段的全线开放，这条绿色长廊彻底贯通，从福田红树林到蛇口海上世界，深圳市民可以畅快且无阻隔地与大海亲密接触。

如今的深圳湾正呈现出"山海相依、城水相融、自然和谐"的人文生态景观，与城市天际线交相辉映，犹如一幅绿意盎然的中国梦画卷。

（注：项目设计单位："前海景观绿化专项规划"，深圳市北林苑景观及建筑规划设计院，英国Plasma Studio。"深圳湾滨海休闲带西段景观工程"，深圳市北林苑景观及建筑规划设计院，美国SWA Group，中国城市规划设计研究院深圳分院）

探寻卢沟桥宛平城地区的复兴之路
——卢沟桥宛平城地区环境整治规划

中国城市建设研究院有限公司／郭　倩　王作鹏　孙佳俐　郦晓桐　陈　涛

一、引言

卢沟桥宛平城地区位于北京市中心城区的西南边缘，西临西五环，东临京石高速，是从西南方向进入北京市中心城区的重要门户。

卢沟桥、宛平城均为首批全国重点文物保护单位，是我国重要的爱国主义教育基地，宛平城已多次成功举办国家抗战胜利纪念活动，未来将逐渐成为国家常态性重大抗战纪念活动的首选举办地。

本规划从整治该地区的环境入手，分析现状存在问题，结合国家政策与历史使命，力求找寻当代复兴大宛平地区的发展之路。

二、人们熟知的卢沟桥宛平城

卢沟桥始建于金大定二十九年（1189年），是北京地区现存最古老、最雄伟的一座联拱石桥，距今有800多年的历史。卢沟桥上雕刻的石狮，形态各异，惟妙惟肖，它们历经元、明、清、民国、中华人民共和国成立后各个时期的修补，融汇了各个时期的艺术特征，成为一座自金代以来历朝石雕艺术的博物馆。宛平城始建于明朝崇祯十年（1637年），历史上一直作为京南门户，是守卫京师的重镇，从明清开始承担军事卫城的作用，是我国华北地区唯一保存完整的两开门卫城。

1937年7月7日的"七七事变"，在卢沟桥打响了中华民族全面抗战的第一枪，从此揭开了中华民族抵抗外辱、争取民族独立运动的序幕。宛平城地区的战争相关遗存包括城墙弹坑、战壕遗址、军队驻地遗址、赵登禹将军墓等。

中国人民抗日战争纪念馆、抗日战争纪念雕塑园等是这一地区的特色文化资源，与卢沟桥、宛平城等历史遗迹一起，有机地组成了一个庄严肃穆的国家纪念地。

三、人们不熟知的卢沟桥宛平城

宛平城面积仅为20hm²，里面分布有居住、展览馆、企事业单位、教育、商业、文物等8种功能的建筑类别，且功能上相互交叉。城墙10m内涉及94个住宅院落及3家非住宅单位，均位于文物保护范围之内，对文物的保护造成了一定的影响。在宛平城内的商业街背后隐藏的是大量的群租房和私搭乱建的胡同空间。

宛平城外居民较多，民居混杂，房屋依城墙而建，对文物的保护、文化的展示和纪念活动的开展造成了负面影响，且基础设施条件差，电线等随意悬挂，缺乏防火通道，具有很大的安全隐患，生活条件亟需得到改善。

宛平城周边有15家工业企业，其中正在生产

图1　卢沟桥
图2　宛平城
图3　宛平城内的商业街
图4　商业街背后的民居

图1

图2

图3

图4

的污染型工业企业有3家。现状废弃地、空置地多，业态较为低端，如汽车维修、小型超市等，土地的利用价值低。

规划对于现状用地进行了分类，发现居住用地和工业用地的总占比达到了30%，而且现状的居住环境差、生活品质低、工业用地低效，符合《北京城市总体规划（2016年～2035年)》中对于疏解非首都功能的要求。

在这样的环境下，很多历史古迹淹没其中，没有得到很好的保护和传承。如岱王庙、大枣园碉堡

等，这些都是该地区历史文化的见证，如今却不为人知。

通过分析卢沟桥宛平城地区的现状可得出以下3个结论：

第一，该地区的现状不符合北京市高质量发展的要求。文物所在的环境不利于开展保护工作、百姓生活质量低、工业类型低端、土地利用价值低、绿化少、大部分地方缺少景观，与目前北京市的总体规划以及丰台区的分区规划都是不相匹配的。《北京城市总体规划（2016年～2035年)》中对于

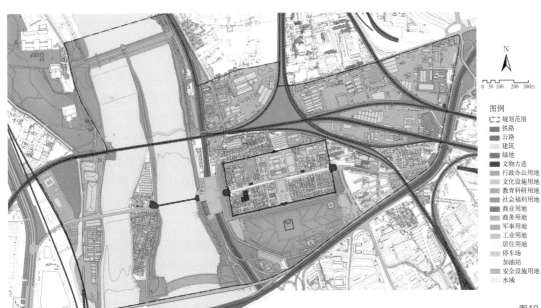

N

0 50 100 200 300m

图例
规划范围
铁路
公路
建筑
绿地
文物古迹
行政办公用地
文化设施用地
教育科研用地
社会福利用地
商业用地
商务用地
军事用地
工业用地
居住用地
停车场
加油站
安全设施用地
水域

图10

图11
图12

图13

图 11　岱王庙里的民居
图 12　大枣园上的民居，碉堡在民居下
图 13　南部和北部的城墙外均无保护范围和最佳观赏区域

举办期间居民不允许出入宛平城等一系列问题。

第三，该地区的文物价值没有转换为文化价值、社会价值与经济价值。目前关于世界文化遗产的保护理念已经从要设防的保护孤岛逐步走向作为城市社会文化连续体的一部分。联合国教科文组织于 2011 年发表声明："……保护是为了促进社会和功能方面的多样性，应将城市遗产保护目标与社会和经济发展相结合。"

所以文物保护的最终目的是为了促进经济社会的发展，为了让百姓能够过上好日子，而不是单单只是为了保护。如果只是想保护文物的话，其结果往往是文物也没有保护好，地区的发展也受到影响。

国内做得好的案例有很多，比如丽江古城和平遥古城，同样是古城，这两座古城就成功地带动了区域经济社会的发展，成为国内知名的旅游景点，同时也得到了很好的保护，成为世界文化遗产；还有扬州的五亭桥，已经成为扬州的城市标志。如果一个文物不能很好地带动区域经济社会的发展，不能很好地转化成文物价值、社会价值与经济价值，那么它就会很快被淹没在区域城市发展的浪潮之中，因为城市终究要发展，如果文物的价值没有很好发挥出来，只是封闭起来保护的话，那么这条保护之路只会越走越窄。

对于宛平城区域的调研颠覆了项目组对于该地区的传统认识，宛平城地区作为一个国家级的纪念地不应该呈现如此的环境状态，同时也深刻认识到对于该地区的环境整治也不应仅仅是对现状环境的修补，而是要首先明确未来的发展方向和功能定位，应该还宛平城应有的样子。

四、新时代，新使命

卢沟桥宛平城地区历史悠久且文化辉煌。早在 3000 多年前，永定河上的卢沟古渡就是人们从西南进入北京小平原的唯一通道，便利的交通直接奠定了蓟城和金中都的建立。侯仁之老先生说"卢沟桥与北京城的起源有着血肉相连的关系"，永定河和卢沟桥见证了北京的历史演变脉络。从商都至今，该地区历经了 7 个重要朝代，历经三千多年的发展时期，见证了中华文明的源远流长。在国际视野中，古代卢沟桥与元大都曾一起代表中国，具有国家的象征意义。故该地区应讲好中国的故事、北京的故事、卢沟桥宛平城的故事。

研究该地区的历史文化发现其呈现两大特色，一是以永定河、卢沟桥为主的历史文化特色，包括

丰台区的定位为："丰台区应建设成为首都高品质生活服务供给的重要保障区，首都商务新区，科技创新和金融服务的融合发展区，高水平对外综合交通枢纽，历史文化和绿色生态引领的新型城镇化发展区。"其中着重强调了"高品质"和"高水平"，而该地域在北京的整体发展中相对落后，需对其环境进行整体整治与提升。

第二，文物保护、文化传承与城市经济发展之间的矛盾是一切问题的根源。通过现状用地分析可以看出，现状居住用地和工业用地的比例占了总用地指标的 1/3，加上行政办公、教育科研、社会福利、商务等其他用地，与文物保护、文化传承以及绿色生态无关的用地占了将近 50%，而这 50% 恰恰是城市发展所必需的居住、工业、行政、教育、商务等部分，所以卢沟桥宛平城地区的现状之所以会呈现出这样的局面，是因为它从一开始就不是一个以文物保护与文化传承为核心来发展的区域，而是以城市发展为核心，只是刚好其中有了这样的国家级文物。文物的保护、文化的传承、国家的政策要求与居民的生活、城市经济建设之间产生了巨大的矛盾，彼此相互交叉、相互侵蚀地存在着，所以在宛平城内才会有大量的居民，而宛平城也不是一个真正意义上的旅游古城。这个矛盾是现状所有问题的根源，它直接导致了珍贵的历史文物和文化环境没有得到最好的保护和最佳的观赏；宛平城内的国家纪念活动，其空间感、纵深感、仪式感不够；宛平城内国家纪念活动与居民生活相互影响；游客的游览空间与居民的生活空间相互交叉，重大活动

卢沟古渡、卢沟晓月、小清河治水、卢沟驿等文化；二是以卢沟桥、宛平城为主的抗战文化特色，包括卢沟桥、宛平城及相关革命遗迹。其中历史文化是文化根脉，抗战文化体现的是民族精神，两大文化应同纪念、共传承，构筑文化共同体。

如今中国特色社会主义发展进入了新时代，对于卢沟桥宛平城地区的发展也提出了新要求、新使命。2014年出台的《国务院关于公布第一批国家级抗战纪念设施、遗址名录的通知》（国发〔2014〕34号），将中国人民抗日战争纪念馆、宛平城、卢沟桥列为第一批国家级抗战纪念设施、遗址。2017年《国家"十三五"时期文化发展改革规划纲要》中提出"依托长城、大运河、黄帝陵、孔府、卢沟桥等重大历史文化遗产，规划建设一批国家文化公园，形成中华文化重要标识。"保护卢沟桥宛平城，继承革命文化，有助于更好地构筑中国精神、中国价值、中国力量，为人民提供精神指引。

卢沟桥宛平城是未来卢沟桥国家文化公园的核心区域，是体现国家文化公园文化价值的核心载体，故卢沟桥宛平城地区的环境整治应满足国家文化公园核心区域的建设要求，凸显国家文化公园的核心文化价值，将悠久的历史文化代代相传。

五、千年大计，开启卢沟桥宛平城地区的复兴之路

卢沟桥宛平城地区的环境整治不应以现状环境为主体进行整治，而应该在满足卢沟桥国家文化公园、卢沟桥国家纪念地的要求下，以建设卢沟桥国家文化公园核心区和卢沟桥宛平城文化旅游休闲区为发展方向，带动该区域的疏解整治提升，促进该地区高质量发展，让老百姓过上幸福美好的生活。应建立长久的发展目标，将该地区的发展视为"千年大计，国家大事"，坚持"一张好的蓝图一干到底"的不变初心和力量源泉，星火相传，开启卢沟桥宛平城地区的复兴之路。

文化的保护与文化旅游的开展应同步进行，这是将文化遗产进行活态保护的最佳方式。卢沟桥宛平城地区之前一直是按照以往的城市建设思路加点状保护的方式进行建设的，其重点在于满足居民的生活需求和经济发展的要求，然而当国家政策和上位规划对其发展提出新要求时，只有转变以往的发展思路才能实现真正的发展。这个规划理念相对以往的发展模式是根本性的变革，涉及很多用地性质的调整与居民的搬迁，具有很大的难度。所以规划

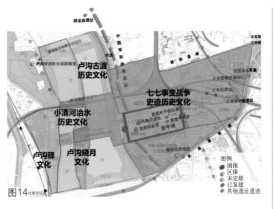

图14 杜家坎站址

认为理解并接受这个规划的理念比做多少实际的工程更重要，夯基垒台、立柱架梁，这是"大写意"的根本价值。

六、一脉相承，共塑卢沟桥宛平城地区整体发展格局

纪念是对过去的人、物或事件的一种缅怀方式，希望在世的人不要忘记曾经的人物或某段故事。纪念性景观大多以轴线式的布局方式为主，强调一种空间的序列感，希望在空间上产生宏大、庄重甚至略带压迫的感受，让游客体会到沉重的历史感，长久以来人们大多接受了这种中轴式的空间设计方式。

卢沟桥宛平城地区最初的布局方式也采用了轴线式。1997年编制的《宛平城地区改造规划》中提出该地区规划形成东西、南北两大轴线，南北轴为抗战轴，东西轴为古迹轴。目前的抗日战争纪念馆和抗日战争雕塑园也是按照南北轴的布局进行建设的。

但是经项目组研究认为：此场地不适宜轴线式的布局结构，传统轴线所形成的空间感在本场地上

图14　卢沟桥宛平城地区文化构成分析示意图
图15　卢沟桥宛平城地区的早期规划图纸

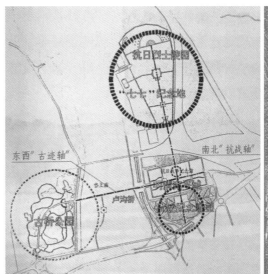
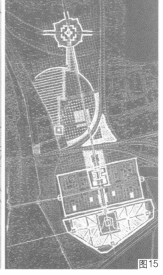

图15

很难实现。

首先，宛平城是明代以军事防御为目的而修建的拱极城，东西开门，只有一条东西轴线，并非四面开门的普通古城，应尊重其格局。宛平城本身并不存在南北轴线，而且北侧被铁路分割，无法形成真正的轴线，如果规划南北轴线，势必要打破宛平城的空间格局，面临是否在南北城墙上开门的尴尬局面。

其次，东西轴线仅存在于宛平城内，东侧被若干条铁路分割，无法直接走通，西侧被永定河和小清河的河流分割，轴线空间并不明显。

所以如果规划南北轴和东西轴，也势必是一条断裂的轴而非实际的具有空间感的轴线，无法起到类似武汉辛亥革命博物馆、莫斯科胜利广场等纪念性场所的空间感。

规划大胆突破传统纪念性场地的轴线式布局方式而采用非轴线式的布局，将卢沟桥、宛平城、抗日战争纪念馆和抗日战争雕塑园视为场地的核心，对整个场地起到了视觉轴线的控制作用。规划场地内因铁路、过境交通、河流等不可抗元素造成了场地的分割和景观的破碎，类似于中国自然山水园林中的山、水、建筑之间虽然看似分离、没有轴线，但是预览其中始终有一个视觉控制点，让整个场地具有空间感、序列感和统一感。卢沟桥宛平城地区因其特定的环境条件决定了其空间更适合这种布局方式，需要构筑场地的核心，这个核心是文物的核心、历史的核心、政治意义的核心、规划布局的核心，也是场地精神的核心，处处可望，具有国家象征意义。不论人走在何处，不论景点在哪儿，人的视线始终归于一点，精神归于一处，塑造起卢沟桥宛平城国家纪念地的主体。

以实际的游览线路代替轴线布局，规划国家抗战纪念之路、卢沟历史文化体验之路，将若干纪念性场地、文化展示与体验场地以及景观节点连接起来，便于未来发展文化旅游，更好地服务于游客。

未来的卢沟桥宛平城地区应该实现整体发展的格局，规划提出构建宛平纪念之城、打造国家抗战纪念之路、再现卢沟晓月之美、重塑卢沟驿之繁盛等措施。

1. 构建宛平纪念之城

场地规划的主体是宛平、卢沟桥、抗日战争纪念馆、抗日战争雕塑园，应视为一体进行整体规划。现状最突出的问题是各自有各自的建筑形态和景观风貌，呈现出了 4 种空间、4 种形态，彼此之间相互分散，缺乏整体性和协调性。

规划的目的是希望"城、馆、园、桥"一体，整体发展，它们应拥有共同的目标，即构建国家抗战纪念地，规划的主题是"铭记历史、缅怀先烈、珍爱和平、开创未来"。

首先规划要符合文物保护区划的要求，根据文物保护规划，卢沟桥和宛平城属于保护范围，保护范围的用地性质应明确为"文物古迹用地"，保护范围内严禁与文物保护、环境保护和文物管理无关的建设工程，不能留有与历史原状无关用房、非保护管理功能用房、危害风貌的后期加建建筑物，不能留有阻碍消防、安防并带来安全隐患且与文物无关的其他建筑物、构筑物。简单来说就是保护范围内的构筑物只能用于文物的保护与管理，不得有住宅、厂房、商业、学校、单位等其他用地，这就涉及卢沟桥西的岱王庙及其周边的民居和城北村、卢沟桥北里的部分民居，都必须拆迁。按照《卢沟桥（宛平城）文物保护规划》的要求对其范围内的文物古迹进行保护。

其次在满足保护区划要求的基础上整治宛平城内外的环境。未来这座城的功能应该以保护和纪念为主，而非居住、商业、工业等其他用地，应尽量避免其他功能的交叉。同时，中国抗日战争纪念馆不应该单独地存在于宛平城之内，中国抗日战争的文化应该渗透到宛平城的每个角落，因为宛平城也是抗日战争的重要见证者，所以抗战馆和宛平城不应该割裂，而是应该做到"你就是我，我就是你"的完美融合。两者的功能、目的、风貌、环境应该是一体的。

规划提出建设"宛平纪念之城"的概念，城即国，城墙即国家的象征，国家抗战纪念地应该以国之名，捍国之威。宛平，以城的名义来纪念中华民族抗战的伟大历史，以城的形式来向世界展示中华民族之精神！

图 16 卢沟桥宛平城地区总体布局图

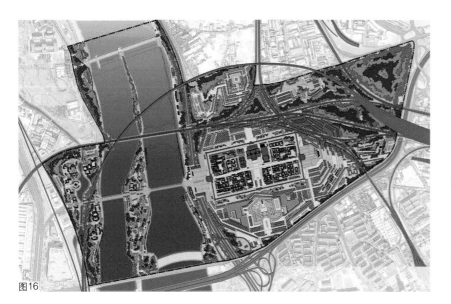

图16

2.打造国家抗战纪念之路

该区域是当年"七七事变"的主要战争场地，而如今却淹没在城市建设之中，如果不去讲述当年这段历史、不去展现这其中的故事与文化，后人便无从得知，只能存活在书本之中，无处可追寻，也无处可凭吊。

国家抗战纪念之路是本次规划主要的纪念性路线，其主题是展现抗日战争中的伟大人民，纪念中华民族的伟大复兴。这是一条曲折的、充满战争回忆的道路，以缅怀抗日英雄为主题，最终走向胜利与和平。

我们希望塑造这样一条纪念的道路，把抗战前夕的黑暗、抗战时期各界人士的觉醒与反抗、打响抗战第一枪直到最终取得抗战胜利的过程展示出来，以人民为主题，将宛平城外部的赵登禹将军墓、大枣园碉堡遗址等革命史迹连接起来更好地展示给游客。

3.再现卢沟晓月之美

"卢沟晓月"不仅仅是一个自然景观，它其实是一个融入了很多情怀的人文景观，它是古代人们心里的一个精神寄托。

晓月岛的位置很好，四面可观，可望卢沟桥、永定河、宛平城，也可望铁路桥、小清河、高架桥等。水中之岛，本是一个浪漫的所在，又恰恰位于卢沟桥永定河畔，规划建议以永定河为载体，以卢沟桥、晓月岛为核心，重塑"卢沟晓月"人文之景。

根据有关卢沟晓月的古诗词及典故的记载，当时的卢沟晓月所呈现的应该是一片郊野自然的景色。规划希望岛上的居民逐步搬迁，再现当年诗词中记载的关于卢沟晓月的美景，营造一个人文景观公园。

4.重塑卢沟驿之繁盛

明代《皇都积胜图》和清代《乾隆南巡图》中开卷描绘的都是卢沟桥，卢沟桥当时是南来者前往北京城的必经之地，画中的景色都是人来人往，客色云集，店铺繁丽，热闹非凡，在古人眼中，北京的繁盛从卢沟桥开始，卢沟桥不仅是一个赏月的好地方，更是商贸集市的胜地。

卢沟桥因为是交通的重要枢纽，自古以来就有驿铺设立。这里历史上就是适宜停留的地方，有基本的餐饮、商业、旅馆等服务设施。如今沿卢沟桥一直往西到达小清河西侧，与园博园和长辛店相连接，即桥西街——周口店路与园博大道相连，园博大道与长辛店大街相连，小清河以西的部分是通往园博园和长辛店的中转之地，未来卢沟桥宛平城文化旅游区应该与园博园旅游和长辛店旅游区相连接，一体化发展，引导游客从园博园或长辛店出来可以就近来到卢沟桥继续游览，故此处应具有交通、枢纽、服务设施的功能。

规划建议在小清河以西的区域设置旅游服务区，对现状工业厂房等进行拆除，对喇叭河进行适当改造，使其景观化，可在水边综合配套餐饮、商业、住宿、交通等旅游服务设施，满足游客的需求。其建筑风貌采取明清仿古建筑风貌，其景点设置再现古文中所记载的卢沟繁盛之景。

七、结语

本规划为《卢沟桥宛平城地区环境整治规划》，本应针对现状环境的问题提出整治的方法，但是通过对于现状的调研及对于现状问题的分析，项目组发现该地区的环境问题并不仅仅是环境本身造成的，而是社会问题造成的。编制本规划，并不仅仅是整治环境，而是希望找到现状环境问题的根源，从根本上解决问题，文物才能得以更好地保护，文化才能很好地传承，这个地区的环境自然而然也就会变得更好。

规划重新梳理了卢沟桥宛平城地区的历史文脉，总结了该地区的历史文化特点，并结合新时代该地区的发展要求，对卢沟桥宛平城地区的空间进行重新布局，功能重新定位，景点和游览线路重新组织，并且制定了详细的分期实施规划，便于未来逐步开展该地区的环境整治工作。

千古文化，世代相传。希望未来卢沟桥宛平城地区可以发展得更好，让这一项级文化资源发挥其最大价值和效益，让这一不朽的文化遗产绽放新时代的辉煌。

图 17　宛平城外的环境整治意向
图 18　建设宛平纪念林
图 19　国家抗战纪念之路意向
图 20　卢沟晓月景观意向
图 21　卢沟驿景观意向

从城市风貌到国土风貌

——以威海市城市风貌保护规划为例

中国城市规划设计研究院／王　璇　崔宝义　王雪琪　高　飞

在我国生态文明建设总体背景下，空间规划改革纳入了生态文明体制改革的总体方案，国土成为生态文明建设的一个空间载体。在国土这个空间逻辑下，去协调人与自然和谐共生的问题，是我们国家目前发展的一个总体趋势。在此背景下，威海市出台了《威海市城市风貌保护条例》(以下简称“条例”)，这是该市出台的第一个有关城市风貌保护的地方性的实体法规。

从条例的内容可以看出，它对整个风貌保护体系做出了相应规定。即首先编制城市风貌保护名录，对风貌资源进行保护底线的明确，称之为“定限”；然后编制城市风貌保护规划，对城市的总体空间格局进行把控，称之为“定调”；后续通过城市设计和控规等进行中小尺度空间的“定形”和“定量”以及精细化管理工作。在整个体系中，规划所承接的就是在宏观尺度上对城市的风貌进行“定限”和“定调”的工作。

并且从整个规划范围上看，涉及 2906km^2，还包括 300km^2 的海域范围。它已经突破城市的尺度范围，而进入到一个国土空间范畴，也成为规划去思考的一个立足点和入手点。体现了在国土空间治理的发展思路下，地方城市对完整国土空间风貌管控的一种新的规划需求。

一、总体框架

规划认为国土风貌体现在宏观尺度上的完整性，它应该是一个自然风貌与城镇风貌和谐共融的有机体，两者和谐而生才能形成未来的美丽图景，美丽中国是国土风貌的最佳诠释和终极追求。在从城市空间到国土空间理念的转换下，规划形成了总体框架，在总体国土层面构建自然与城镇和谐共融的风貌蓝图。

在自然层面，需要明确山海的底线，把视线转移到对自然资源的关注，并落实风貌保护，即形成《风貌保护名录》。在城镇层面，要注重对城镇总体宏观格局的把控，通过《风貌保护导则》加以指引，并且在其中合理协调自然与城镇两者的关系，通过这样的一个框架实现条例对“定限”和“定调”的工作要求。

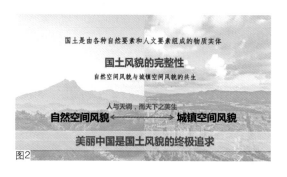

图 1 《威海市城市风貌保护条例》内容示意图
图 2 国土风貌构成示意图
图 3 规划框架示意图

国土是由各种自然要素和人文要素组成的物质实体
国土风貌的完整性
自然空间风貌与城镇空间风貌的共生
人与天调，而天下之美生
自然空间风貌
城镇空间风貌
美丽中国是国土风貌的终极追求
图2

保护总则　10条
风貌保护内容　7条
（一）海岸、海岛、海湾、海滩、礁石、岬角、潟湖、湿地以及山体、森林、古树名木、植被、河流、湖泊、温泉等要素构成的自然风貌；
（二）各历史时期具有文化传承价值的城区、街区、村落和建筑物、构筑物、基础设施、名胜古迹、生产遗迹等人文风貌；
（三）其他具有保护价值的城市风貌保护项目。
保护内容更加全面
风貌保护任务　5个、13条
编制风貌保护名录
编制城市风貌保护规划
编制城市设计导则
编制控制性详细规划
建立城市绿线、蓝线、紫线管理制度
规划体系更加完善，规划衔接更加紧密
法律责任　14条
处罚办法更加详细和严格
保护措施　26条
划定基本生态控制线　1条
自然风貌保护：
海岸带保护　4条
绿线保护　1条
蓝线保护　1条
人文风貌保护　5条
风貌保护项目　4条
建筑风貌控制　6条
其他保护要求　4条
保护措施精细量化，更加便于实施
图1

整体国土风貌
构建自然空间与城镇空间蓝图
“一张蓝图”
自然空间风貌
明确山海底线
识别和保护风貌资源
风貌保护名录
风貌保护法治依据
“一个名录”
协调
城镇空间风貌
管控城市格局
把控整体形态，凸显城市特色
风貌保护导则
风貌保护管控指引
“一套导则”
“定限”
“定调”
图3

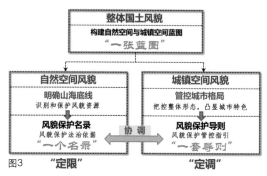

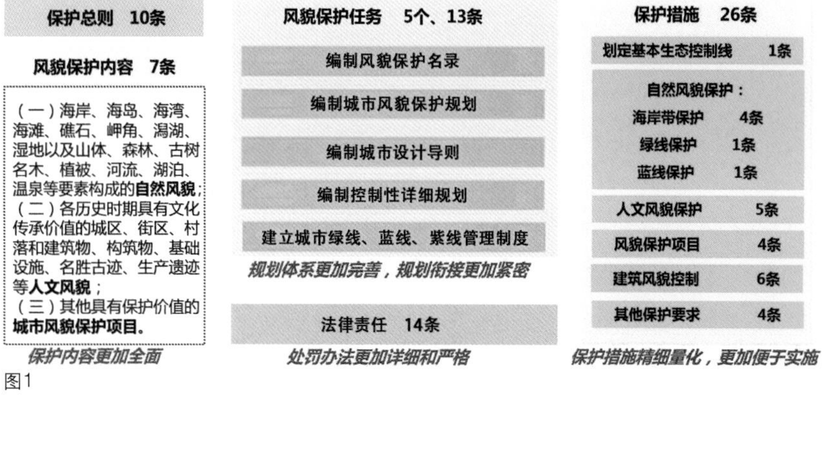

二、技术要点

（一）整体国土风貌层面

首先，规划认为整体国土风貌的核心体现在土地与人的精神联系上。土地对人的精神价值就是我们所说的乡愁，朴素常见的国土风貌凝结着广大人民群众的深厚情感，也寄托着人们对美好生活的向往。因此，国土风貌并不是某一个区域或者某一个特色片区的提炼和突出，应该是一个整体的观念。

这种对于整体国土风貌加以保护和凸显的理念，在全球范围内有诸多例子。例如，2000年出台的《欧洲景观公约》提出，景观不是指国土中的某一部分区域而是全覆盖，包括全部的陆地和水域，而且所有的景观都具有潜在的价值，即使是普通或者退化的景观。1964年，美国出台了《荒野法》，将荒野作为国家精神的象征。

所以，规划认为对于国土风貌的整体把控应该落脚在对于完整的、原真的、自然的国土风貌的体现。落实到威海就是要挖掘威海最朴素的、最常见的整体风貌。

1. 地貌分析

首先，规划对威海进行了各个层面的地貌分析。从山东省层面—胶东半岛层面—威海市域层面，"低山丘陵"可以说是代表威海最本质的地貌特征。在威海的市域范围内，规划对丘陵、山体、平原、水文、海岸进行了综合分析，得出威海市五分丘陵、三分平原、两分山的地貌构成。中部山体支撑了整个中部的隆起，两岸向海倾斜，形成了"五廊带缓丘，十河倾入海，平原揽七湾"的总体地貌格局。在此自然的地貌格局中，有六个城市组团分布其中。那么在这种自然的、绿色的本底之下把城市的"珍珠"撒在上面，它总体应形成什么样的格局呢？规划也做了很多思考，并从两个维度加以对比和把握。

2. 两个维度

（1）北纬37°

首先，规划选择的思考维度是北纬37°，这是世界文明的发祥地，在这条纬度上分布了包括威海在内的很多世界著名的宜居城市。从城市的这些指标比较上可以明显地看出，他们除了在气候条件上非常相似外，丘陵低山的地貌以及城市小巧精致的尺度都与威海非常接近。唯一不同的是威海拥有非常广阔的自然空间储备，这是其他宜居城市所不具备的一个突出优势。

（2）中国海岸带

从国内的空间尺度上看，中国最宜居的滨海城市——"三海一门"以及特大城市厦门、香港和超大城市深圳，将这些城市按规模组成了滨海城市梯队。从这个梯队上看，威海的城市规模无法与超大城市香港、深圳相比，但其整个自然资源空间以及海岸线长度都远远超过了这些地区。

3. 整体国土风貌定位

规划认为从这两个纬度的思考可以看出，广阔的自然腹地条件和小巧精致的城市尺度之间这"一大一小"的共生关系，正是威海市整体国土风貌的特征。因此，再结合城市历史发展和文化脉络分析，规划认为威海总体国土风貌的定位可以概括为"大气山海，精致栖居"。在自然空间层面，扩展到国土范畴，体现辽阔浩瀚的山海自然特质以及对自然资源的保护；同时在城市空间层面，要进一步体现精致小巧的尺度，并向下延伸进行精细化的管理和空间塑造。一个是扩展，一个是下延，在总体的空间思路引导下塑造"大山海，小珠链"的国土风貌格局。

4. 一张蓝图

"大山海，小珠链"的国土风貌也就是滨海丘陵城镇的风貌格局，其实是一个平淡无奇的、非常普通的一种风貌。在自然风貌格局方面，要加强对山体、河流、海岸、丘陵、平原等这些格局的保护，并特别强调对于丘陵的保护。在城镇风貌格局方面，要塑造"一心、五组团、多镇"的小珠链城镇风貌格局。

在此基础上，规划根据这些原真的风貌特征划分了具体的空间单元，包括山地、丘陵、平原、海洋4种自然风貌类型单元；城镇空间划分为城市风貌单元和城镇风貌单元，共同形成了在国土风貌视角下的七分自然与三分城镇的空间蓝图。

（二）自然风貌层面

关于自然空间的风貌保护，规划称之为"大山海策略"，保护的内容落实到风貌保护名录。为什么自然风貌要通过名录加以保护？因为我们看到的

	中国滨海宜居城市对比					表1
城市	威海	北海	珠海	厦门	香港	深圳
城市规模	Ⅱ类大城市	Ⅱ类大城市	Ⅱ类大城市	特大城市	特大城市	超大城市
市域面积（km²）	5797	3337	1724	1699	1104	1996
2020年中心城区建设用地规模（km²）	128	105	105	335	270	890
2020年中心城区人口规模（万人）	130	95	90	392	700	1100
海岸线（km）	985.9	468.2	604	226	360	230
GDP（2016年）	3212.2	1007.28	2226.37	3784.25	22135	19492.6

自然风景是一个集中的、混合的呈现，你能看到它美或者不美，但真正研究风貌特质的时候，你会发现它是由非常多的风貌或者风景要素集合而成，可能有岛屿、河湖、滩地、海湾、山地、礁石，类型非常多样，它们共同形成了一个生命共同体。规划认为自然空间风貌把控的核心还是要落实到对自然资源的梳理与管控。

规划对自然资源的梳理和管控是基于风貌的

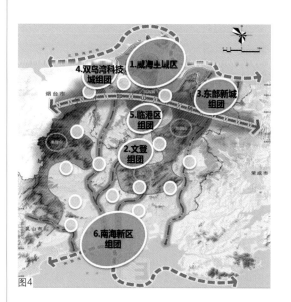
图4

角度切入，比如森林和湿地可能都属于绿色生态空间，但资源所呈现的风貌景象却截然不同，因此从风貌的角度看，需要进行更加详细的分类。规划尝试"本体保护"的分类思路，通过本体保护对它们进行分类、确界以及定规的技术操作。

1. 本体保护的分类系统

首先，通过分析认为，威海市的风貌情景构成包括"岬湾映海、岛礁棋布、金沙揽湖、水脉涓沛、山林苍阔、名木广佑、古韵嘉存、文园卓品"。规划对所有的风貌情景进行分解，提炼出全面的风貌资源，包括海湾、海岛、礁石、沙滩、水库、森林等共20个中类的风貌资源。整个分类系统十分简明，并且每一种资源的属性具有唯一性，属性的界定不存在交叉。

2. 不交叉的保护边界

保护边界的划定遵从范围合集、逐一修整、统一标准和新增划定等一些详细操作。目前，除了山体和森林在边界上有重叠，其他的自然资源边界完全不重叠。

3. 不矛盾的保护要求

在保护要求的制定方面，遵从了保护从严和差异化制定的原则，对不同的资源分别采用不同的方

图5

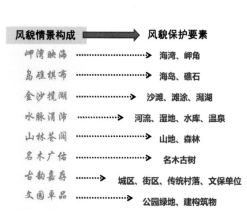
图6

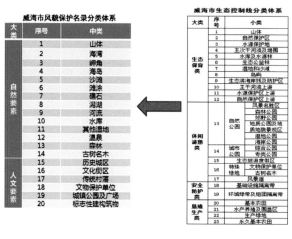

图4 威海风貌格局保护规划图
图5 威海市自然资源风景图
图6 威海市风貌保护要素及分
　　类体系

式加以保护。例如，海岛依据《威海市无居民海岛保护与利用规划（2015～2025年)》进行分类保护；海湾的保护要求依据海洋功能区划进行分区保护；沙滩依据《威海市沙滩保护管理办法》采用分级保护等。

通过以上3个方面的技术操作最终形成了分类不交叉、边界不重叠和保护要求不矛盾的城市风貌保护名录。最重要的是名录是基于GIS数据库平台加以构建，保证了成果的精准集成，与威海市现在多规合一和三区划定相关的内容精准一致，但比其在分类、保护要求等方面更加细致和具体，为未来作为威海市国土空间治理平台的一个重要组成部分预留了接口，保证了这是一个具有实用价值的规划。

（三）城镇风貌层面

对于城镇风貌空间的引导，规划称之为"小珠链策略"。在这个策略中，由于后续还有城市设计和详细规划进行定性、定量的工作，因此在这个层面进行的只是一个宏观定调的工作，重点突出城市从增量规划到存量规划的思路下，对于精致尺度的把控，以及对自然和城镇关系的协调工作。通过城市在自然环境、历史文化发展和社会发展需求等方面的分析，总结威海的城镇风貌特征为：依山抱海之势、翠楼遥屿之情、红瓦绿树之品、继往开来之风。

规划对城镇风貌空间的6个城市组团进行了界面、绿地、道路、视觉、节点五大系统的提纲挈领的把控，还对建筑形体、风格、色彩等建筑形象内容进行了引导，最终落实到37个分区的风貌保护导则中。在风貌保护导则中，将风貌保护名录中的自然资源，包括海湾、沙滩、礁石等完全落位到城市空间中，并识别出两者的一些矛盾地区，称之为博弈地区，提出了这些地区在风貌提升和城市更

(a) 礁石、滩涂范围的修正（王雪琪，2017）

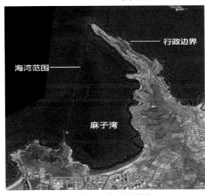

(b) 麻子湾范围的划定

(c) 合庆湾沙滩范围的划定　　图7

图7　威海市风貌保护边界划定方法示意图

新方面的一些具体措施，以此来协调自然风貌和城镇风貌之间的关系。

三、一点体会

本规划是针对整体国土风貌的一次全新尝试，是从国土空间规划的角度思考宏观城市风貌保护和规划的问题，在整个国土空间或者自然空间研究上还存在很多不足。希望在国家空间治理的新趋势下，能够为国土风貌的保护和塑造提供更多的方法和技术创新。

项目组成员名单

项目负责人：崔宝义　王　璇　王雪琪　高　飞
项目主要参加人：田皓允　张　斌　单亚雷
　　　　　　　　李一萌
项目演讲人：王　璇

青岛八大关历史文化保护区保护与整治规划

青岛市园林规划设计研究院／王　伟　郑晓光

一、引言

八大关历史文化保护区位于青岛南部海滨，街区有"万国建筑博览会"之称，是青岛的"城市名片"。区域占地 140 余公顷，包含八大关片区与太平角片区。八大关以风格各异的建筑、步移景异的街道、风景秀丽的海岬、悠久的历史文化蜚声海内外。

二、历史与背景

（一）八大关历史沿革

德占时期，青岛"红瓦绿树"的城市形态已经形成，对此后青岛建筑风格产生深远的影响，并开始出现别墅区，确定了八大关的发展前景。1935年，时任市长的沈鸿烈主持制定了《青岛市施行都市计划案》，明确规定了八大关为高级居住区。中华人民共和国成立后，政府对八大关进行了全面修缮，使其为中国重要的疗养区之一，许多党和国家领导人及重要的国际友人曾在这里下榻。2009年，八大关被评为中国历史文化名街，成为青岛著名的旅游景点与城市名片。

（二）项目背景

区域内土地利用现状以疗养、旅游用地为主，同时有部分居住、办公用地，绿地比重较高。但由于缺乏统一有效的规划、管理及养护，建筑、庭院及环境等各方面均存在问题，需要保护与整治。为了激发八大关的活力，保护中求发展，规划将八大关打造成具有持久生命力的中外知名的"风景疗养区"和"旅游胜地"，提升青岛的城市文化内涵和核心竞争力。

三、分析与整合

（一）建筑分析

本次规划涉及区域共有产权房屋 721 栋，建筑面积约 33.69 万 m²，平均容积率为 0.32，建筑密度为 13.55%。建筑权属为 7 类，其中国有直管、单位直管、军产占 90% 左右，军产房主要分布在太平角区域，国有和单位用房主要分布在八大关区域，八大关的保护必须考虑产权人的利益和实际使用状况，引导其功能向有利于保护的方向发展。产权房屋的使用情况包括，住宅房屋共 154 栋，计 4.53 万 m²，共有住户 1350 户，人口总数 4296 人，涉及 21 个单位，非住宅房屋共 567 栋，主要用于疗养、办公、商务等，计 29.16 万 m²，涉及 75 个单位。

以《八大关历史文化保护区控制性保护规划》为指导，将保护区建筑分为四类，分别为保护建筑、一类建筑、二类建筑和三类建筑。其中保护建筑 208 栋，一类建筑 220 栋，二类建筑 3 栋，三类建筑 290 栋（不包括违章无照建筑），无照建筑 0.92 万 m²，违法建筑 0.5 万 m²。保护建筑指经国家、山东省及青岛市批准列为国家级或省、市级文物保护单位以及山东省历史优秀建筑的建筑物及建筑组群。一类建筑为保留建筑，是与保护建筑比较协调，对周边环境起主导作用的建筑，多为低层老建筑，虽未列入保护建筑，但具有一定历史风貌特征，对保护区的整体风貌特色起到一定的控制作用。二类建筑指建筑质量较好，建筑形态与周边环境不相协调，但近期内无法拆除的建筑。三类建筑为破坏保护区整体环境特色的建筑，包括违章建筑及临时建筑。

（二）庭院分析

现状共有 248 个庭院，其中分布在八大关区域 142 个，分布在太平角区域 106 个。通过对庭院环境中院墙、石阶、铺地、绿化等要素的分析，依据其景观形态的表现将现状庭院划分为一类庭院 69 个、二类庭院 133 个、三类庭院 46 个。一类庭院整体环境优，无须整治。绿化植物搭配合理，品种丰富；院墙有特色，保护较好；铺装色彩与形式朴素，管理较好，园内无杂物。二类庭院整体

环境良，应整治。绿化植物搭配较为合理，调整余地较大；院墙缺乏保护，有破损或形式与建筑不协调；铺装档次较低或施工粗糙；管理较差，庭院内堆积杂物。三类庭院整体环境差，必须整治。庭院绿化差，无植物或杂草丛生；无院墙或院墙部分坍塌、剥落；无铺装，地面裸露；无管理，庭院杂草丛生，堆有垃圾等杂物。

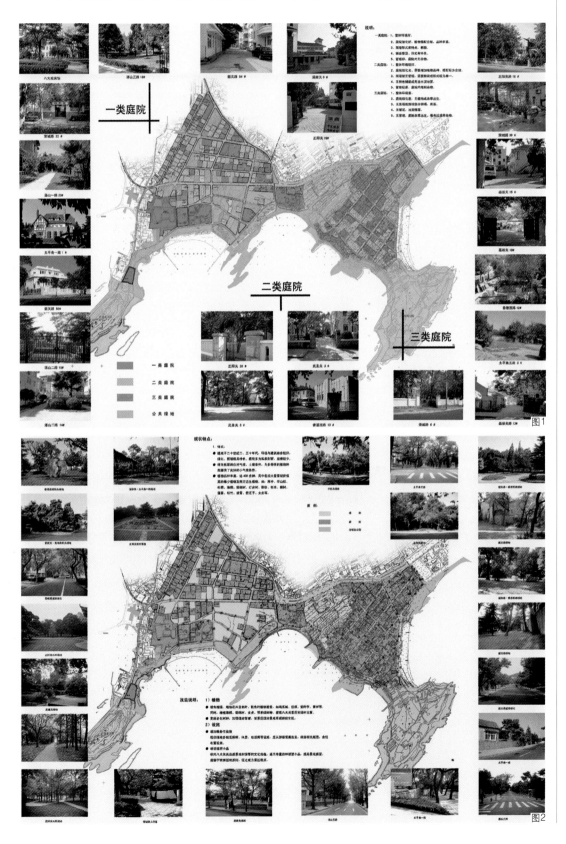

图 1　庭院分类图
图 2　公共绿地分析图

区域内有丰富多彩、风格各异的院墙形式，主要分为4种。第一种是石质院墙，近年来在大力保护下较为完好。第二种为砖砌院墙，颜色以黄色为主，部分间以白色线条装饰，虽经维护，但仍有老旧、污损等现象。第三种为石质砖砌混合型院墙，数量最多，石墙裙保留较好，砖砌部分缺乏维护。第四种为铁艺围栏，铁艺围栏存在锈斑、随意填充防风材料等问题，影响较大。

（三）公共绿地分析

八大关得天独厚的自然气候、土壤条件，为植物多样性提供了良好的小气候条件，形成了树木成荫、繁花似锦的植物景观，并且拥有多个游园。树种达400余种，其中包括大量的景观价值较高的稀少植物品种及南方适生植物（如：厚朴、华山松、枇杷、海桐、珊瑚树、灯台树、柳杉、杉木、槲树、蒲葵、棕竹、凌霄、君迁子、女贞等），是青岛市区内植物品种最丰富的区域之一，具有很高的生态价值。

八大关南部拥有曲折蜿蜒的海岸线以及第二、第三两处海水浴场，现有滨海绿道系统临海而建，采用木栈道和石步道铺设，但在太平角区域未贯通，需借助市政道路保证通畅。

（四）整合分析结果

建筑方面，保护区内各类房屋建筑缺乏统一有效的规划和管理，很少对整个建筑群、整栋房屋内外结构及主体进行养护和修缮；房屋使用状况堪忧，建筑有不同程度破损，存在私改、乱建、滥用以及脏乱差等现象。

庭院方面，太平角区域的庭院绿化品种单一，植物景观不够突出；大多以硬质铺装材料为主，与整体环境不相协调；院墙存在不同程度破碎情况。

环境方面，公共绿地缺乏管理，太平角区域内的行道树缺少特色，且与八大关区域内的行道树特色缺少呼应；公共绿地内以及道路两侧缺少配套服务设施；滨海步道系统未与东部城区贯通。

四、规划与成果

（一）总体规划

总体规划遵循青岛历史城区"红瓦绿树、碧海蓝天，岬湾相间，红礁银滩"的风貌特征，提出相应的规划策略与规划原则。

1.规划策略

（1）历史资料调档，提炼历史信息。依据历史图纸及设计说明，提炼建筑、院落环境要素等方面的历史信息，分析现状建筑与历史原貌不符的部分。

（2）制定评价标准，进行现状评估。制定现状建筑、院落、基础设施评价标准，对保护建筑、一般建筑、庭院、基础设施四项内容逐项展开评估，确定风貌差且存在"脏、乱、差"问题需综合整治的建筑、庭院和基础设施。

（3）分析整治内容。通过以上两步工作内容的叠加，综合分析建筑立面整治、庭院整治、环境整治、基础设施整治的具体内容。

（4）研究提出规划引导策略。根据整治内容，提出总体规划思路，研究保护要点，制定分级保护整治策略。

（5）分步制定具体措施方案。根据规划引导时序，分步对不符合历史原貌的保护建筑，按照历

图3 滨海步行道分析图
图4 八大关历史风貌区保护整治规划总平面图

图3

图4

史图纸要求修复破损部位。对风貌存在问题的一般建筑，应与周边保护建筑风貌相协调，分类提出保护措施。对需要整治的庭院和基础设施，依据历史信息更换破损的环境要素。

（6）按照法律法规要求，履行审批程序。特别是对保护建筑，应按照《中华人民共和国文物保护法》等法律法规要求，按程序履行审批手续、开展各阶段工作。

（7）组织实施。对通过审批手续的建筑整治方案，邀请有资质的施工单位组织保护建筑的施工情况。

2. 规划原则

（1）整体保护、合理保留、局部改造。以整体保护为主，统一规划、分片设计、综合治理，不损毁富含历史文化信息的真迹，不破坏原有的环境特征，适当拆除与传统风貌不相协调的建筑。

（2）以保护性更新达到保护的目的。合理调整用地功能，改善内部居住条件，降低居住密度，增加社会服务设施，完善基础设施，增加绿化覆盖率，丰富植物景观，完善整体环境效果，提高保护区的景观品质和旅游价值。

（3）突出公共开放的功能属性。使八大关景区能够更好地满足游客的使用功能，促进保护区的更新与永续发展。

（二）建筑保护整治

1. 建筑特色提炼

八大关建筑特色鲜明，如崂山花岗岩、花岗岩嵌角，蘑菇石墙裙；屋顶牛舌瓦以及折坡形式；山墙高耸，仿木结构装饰，门窗多装饰线条，门窗套顶部卷拱形；外墙水泥凹凸花纹、水泥拉毛，色彩多以米黄色为主。

2. 建筑保护整治

（1）保护建筑。此类建筑必须按照国家文物保护法的要求，以"文物保护单位""山东省历史优秀建筑保护图则"为依据进行保护。在其绝对保护区内不得进行其他工程建设，不得随意改变保护建筑原状、面貌及环境。在必要的情况下，对其外貌、内部结构体系、功能布局、内部装修、损坏部分的整修应依据历史图纸及设计说明，在专家指导下，在原址依原样修复，做到"修旧如旧"，并严格遵守《中华人民共和国文物保护法》和其他有关法令法规所规定的要求。

（2）一类建筑。此类建筑尚未列入保护建筑，但具有一定历史风貌特征，对保护区的整体风貌特色起到一定的控制作用。保护与整治应以维修、恢

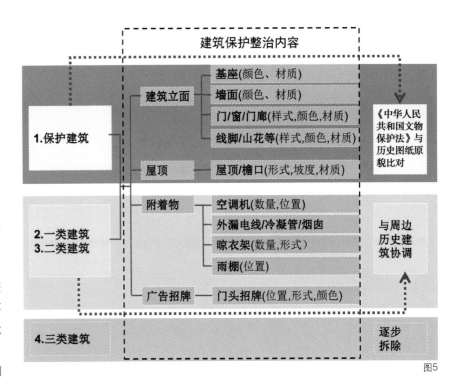

图5

复及内部更新为主，使之适应现代生活功能需要。具体整治措施参照保护建筑。

（3）二类建筑。对于破坏周边建筑风貌的建筑，近期保留，远期可按照保护规划要求进行另建，进一步改善规划区整体景观。现状平屋顶建筑，应按照本规划建筑高度控制，将屋顶改为坡屋顶。现状立面装饰与周边不协调的建筑，应采用暖色涂料粉刷，与周边建筑环境保持一致。

（4）三类建筑。此类建筑为破坏保护区整体环境特色的建筑，包括违章建筑及临时建筑。对于三类建筑，必须逐步将其拆除。

（三）庭院保护整治

庭院保护与整治方面，以中华养生文化为纲，兼容现代医学、生物学、生理学、社会学、环境学、气象学等相关知识，在表现形式上，集文化传播、养生知识、艺术欣赏、健身运动于一体，实现绿化、美化、文化的高度统一。突破了疗养院搞文化建设就是做橱窗、竖展板、喊口号的旧模式，而

图5 建筑保护整治内容图
图6 建筑保护整治1
图7 建筑保护整治2

图6

图7

图 8　庭院保护整治图 1
图 9　庭院保护整治图 2
图 10　院墙保护整治图 1
图 11　院墙保护整治图 2
图 12　滨海步行道 1
图 13　滨海步行道 2
图 14　八大关公共绿地 1
图 15　八大关公共绿地 2

是充分利用石雕、塑像、书法、绘画、楹联、地雕等多种艺术形式和创作方法，实现了"内外兼修"的景观体验及疗养效果。同时，突出园艺植物在疗养环境营造中扮演的角色。

1. 单位庭院

根据八大关、汇泉角、太平角风貌保护区用地总体布局以及公共设施用地现状特征，规划针对公共设施用地采取以下改造措施，继续维持本区以疗养为主的功能定位，并继续完善其配套设施，进一步改善现状用地内建筑、环境质量。此外，对于混杂于公共设施用地内的其他用地进行合理改造，为公共设施的可持续发展留有余地，强化本区作为青岛市疗养旅游用地的区域定位。

2. 个人庭院

一类庭院环境保持现状，加强管理；二类庭院结合现状已有植物，适量增加观花及色叶种植品种，结合庭院道路增加活动空间，更换破损铺装；三类庭院在保留现状树木的基础上，对庭院绿化进行统一设计，突出八大关历史文化保护区的绿化特色，结合建筑特色对庭院铺装进行统一设计。

3. 院墙

保留有特色的院墙，对有损害部分的整修应原样修复，"修旧如旧"，对与环境不相协调的院墙，应进行专门设计、专门施工。

（四）环境保护整治内容

（1）贯穿青岛滨海步道系统，打通太平角节点，延续滨海步道特点风格，保护天然礁石与沙滩，坚持亲海、透海、护海以及安全原则，打造贯穿青岛前海的绿色项链。形成滨海休闲、度假旅游、摄影采风、婚纱摄影绝佳场所。

（2）完善八大关"一街一树"的绿化特色与街道风貌，加大绿化养护与定期巡查力度。八大关区域内道路绿化突出打造行道树特色，每条道路都有一个特殊的树种为代表：武胜关路——法桐、嘉峪关路——五角枫、函谷关路——法桐、正阳关路——紫薇、临淮关路——龙柏、居庸关路——银杏、山海关路——法桐、韶关路——雪松、宁武关路——海棠。人行道铺装材料的色彩、材质典雅稳重，以红砖、灰砖、本地花岗岩等石材为主。

（3）公共绿地增加步道，绿化风格延续"乔 + 草"的绿化形式，太平角区域内以黑松、银杏、紫叶李、红枫、鸡爪槭等色叶树为特色行道树，与八大关区域内的植物相呼应。结合丰富的竖向变化，体现自然疏朗的空间效果及景观风貌。而林下开敞的草坪空间则成为婚纱摄影、市民休闲的理想场所。

（4）增加公共卫生间（设置如厕专用车位）、休息座凳、果皮箱等配套服务设施。

五、结语

经过一系列的保护与整治规划，八大关更富魅力："红瓦绿树、碧海蓝天，岬湾相间，红礁银滩"。有一种故事叫八大关，有一种四季叫八大关，有一种底蕴叫八大关，有一种融合叫八大关。面朝大海背倚青山，关关皆景、步步怡情，春夏秋冬季季醉人，融汇中西海畔风情。

项目组成员名单
项目负责人：王　伟
项目参与人：马玉龙　郑晓光　姜崇棠　包小萌
　　　　　　周祥铭　孙雅琼
项目演讲人：郑晓光

青岛崂山滨海步行道景观提升工程设计

中国中建设计集团城乡与风景园林规划设计研究院

一、项目说明

项目位于青岛城区与崂山风景区之间，是离海最近的集旅游观光、健身休闲于一体的滨海带状公园。该区的建设为青岛沿海景观整合、休闲旅游提供了强有力的支持。通过一条复合的共享绿廊，保护海洋生态环境，实现社会公共服务价值。

规划区范围西起麦岛路西侧，东达八水河，岸线全长约33.4km。

本项目一期工程包含西段、东段的新建与改造，以及东西连接段的修整提升。一期范围西起麦岛路，东到石老人海水浴场，总长度约9km，沿途经过旅游景区、封闭社区、学校、待开发废弃地、堆料堆场、餐饮街区、海滩、海水浴场等比较繁杂的空间区域。下图为一期工程范围示意图。

二、场地原貌

长期以来，岸线资源存在过度开发的倾向，过多地被酒店、房地产和无序无度的海产养殖等项目占用，缺乏管理，垃圾遍地，忽略了公共空间的建设，滨海资源不能为区域的发展带来贡献。

三、连接

项目的成功之处在于通过建设连续、安全的绿廊，把沿线所有公共设施资源完整地贯穿在一起。

（一）空间的连接

通过绿廊对滨海沿线的社区、公服设施及绿色空间进行有效串联，也将滨海周边的大型开敞空间

图1 项目区位图
图2 一期工程范围示意图
图3 场地现状

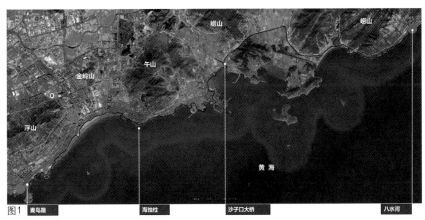

图1　麦岛路　　海蚀柱　　沙子口大桥　　八水河

图2

岸线污染严重，动植物生境遭到破坏
图3

生物多样性较差

无序建设，占用海岸线情况严重，岸线不连贯

大量有风貌价值的沙滩和红礁石被掩埋，部分建筑风格与总体岸线风貌不协调

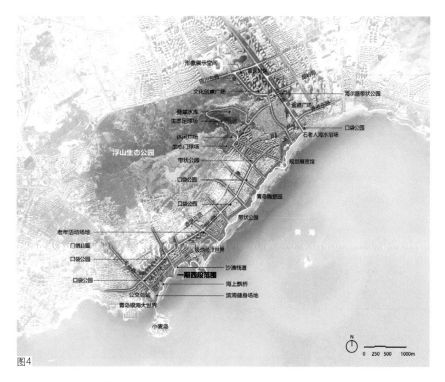

图4

图5

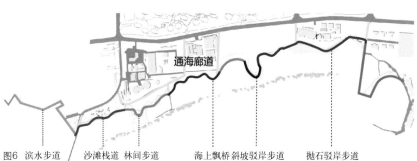

图6 滨水步道／沙滩栈道 林间步道／海上飘桥 斜坡驳岸步道／抛石驳岸步道

图7

图8

紧密联系起来，这种联系扩大了空间的辐射半径，便于城区市民快速到达滨海一线。

（二）社会的链接

通过步道和休闲节点的建设，为邻近社区的居民建造适宜交往的共享空间，增强归属感与认同感，以绿网"织补"感情的隔阂。

（三）生态的衔接

通过构建连续的动植物生态廊道，让自然空间能够流动起来，拉近人与自然的关系，将人与自然重新联系起来。

通过流动的绿色链条，为周边市民和游客提供高品质的城市客厅和公共交往客厅，成为崂山滨海流动的"风景线"。

四、功能

滨海廊道不仅是一条绿道，更是一条有宽度的带状公园。自一期工程完工以来已成功举办过迷你马拉松、半程马拉松等赛事。同时步道沿线兼有健身设施、驿站等功能，常有市民来此垂钓、写生、摄影。

（一）完整连续的步道

设计中采用曲线、波浪线等形式寻求与海洋的呼应。采用架在水上的飘桥、滨水护岸上的步道、临水的沙滩栈道、离水的林间步道、盘山的景观桥等形式将滨海一线贯通。

（1）飘桥段

现状银海学校南侧紧贴海域，没有空间建设步道，为保护海岸，不填海造地，设计师提出通过曲线形透水构筑物形式的飘桥来连通两侧步道。

飘桥起点与西段健身步道无缝衔接，在距银海学校外墙水平距离最近处约8m外建设。全段长315m，标准段宽4m，桥面标高5.5m，局部连接处最高抬升6.3m。总体线条流畅，形态飘逸，人们在桥上可以与大海亲密接触，体验乘风破浪的快

图9

图10

感。它是青岛第一条海上景观飘桥，深受市民及游客的欢迎。

（2）观浪平台：现状高差大，沙滩条件较差。

延用现状扇形场地设置波浪形花岗岩石阶，与海浪呼应，形成观浪平台，为游客提供游憩活动空间。上部铺设木平台，下连沙滩，采用防腐木与石材交接，坚固耐用低维护。

（3）滨水护岸上的步道。

（4）临水的沙滩栈道。

（5）离水的林间步道。

图11

（二）重新利用的废弃空间

将零散空间整合起来有效利用，整理出废弃码头、鱼塘、空地，统一进行改造和提升，纳入绿廊开放空间系统。改造后的公共空间为沿线居民、白领、学生提供了休憩、交谈、停留、钓鱼的场所，在不同的时间段被不同的人群使用，提高了场地的使用价值。

礁石科普园：现状码头向海面突出的位置风浪较大，不允许大量种植。

调研过程中设计师注意到许多场地被人们习惯性地用来做一些固定的活动，如在空地上进行祭海活动、晒太阳、钓鱼、扎堆聊天等。在此设置礁石科普园，介绍场地特有的肉红色细粒花岗岩红礁石，临海设置防腐木平台，供游人钓鱼、休憩、远眺观海。

图12

（三）健全的服务设施

绿廊沿线设置人们喜爱的趣味公共服务设施、科学运动驿站、小型拉伸场地、健身器材等，并配备休息座椅、售卖机、运动指数检测仪等设备。步道上标注跑步公里数、体育运动相关的图案与字句，同时还运用人工智能科技指导市民健身活动，可通过扫描二维码等形式实时了解自身的健康状况，还可进行 GPS 地图查询、导航。

图13

（四）文化重塑，重拾乡愁记忆

设计过程中深度挖掘整理了崂山的历史文化，

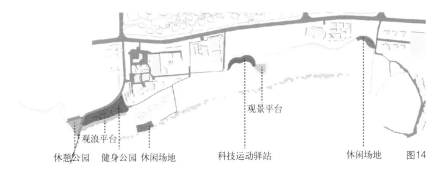

观景平台

观浪平台

休憩公园 健身公园 休闲场地   科技运动驿站   休闲场地 图14

(a) 改造前场地原状照片   (b) 礁石科普园建成照片   图15

图16

图17

图18

图19

图20

图 16　科学运动驿站
图 17　健身场地
图 18　公共服务设施与标识系统
图 19　海边雕塑
图 20　沙滩上的海洋元素造型
图 21　生态修复类型
图 22　滨海绿道建成照片
图 23　滨海步行道旁的红礁石
图 24　滨海栈道旁的黑松

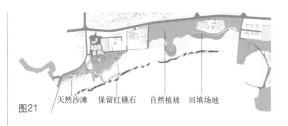
图21
天然沙滩　保留红礁石　自然植被　回填场地

将当地风貌要素沿用至设计中，通过收集场地内废弃的船锚、渔船、桅杆、石锁等老物件打造景观小品。人们自发地在这里举办画展、公共艺术展，形成具有文化艺术气息的室外公共空间。这些设计通过文化的再现打通了文化与市民、游客之间的情感链接，让这里真正成为一个文化交汇、艺术碰撞的空间。

环卫工人自发地捡来碎石头摆出海豚、海星、龙虾等体现海洋特色的标志性图案，使这里成为网红沙滩，为场地留下了原汁原味的本土景观，重拾乡愁记忆。

图22

图23

图24

五、生态

场地内大部分区域被附近住宅小区施工的回填土占用，坡度陡，遮盖住了沙滩和礁石，土壤条件差，植物无法生长，造成了寸草不生的荒芜景象。

重点保护沿海自然岩礁地貌及自然沙滩岸线区域，不填海、不侵占海域，退让生态保护区域；改造区域保留现有的自然地形，不做护岸，最小化干预岸线形态和滨海地形地貌。

对于具有特殊风貌保护价值的海滨红礁石，设计中通过清理渣土，把礁石、沙滩解救出来。保留下来的大块礁石经过外表面清理，成为栈道的独特风景。

对沿海裸露地、废弃地进行修复，针对岸线风大浪急、海水盐碱度高的特点，采用排盐碱工程做法，选择具有抗风抗盐碱的黑松、龙柏，营造独特的滨海地区景观。通过对该地区的生态环境修复，为当地动物创造了天然的栖息地，维护了林带、海岸、礁石带等生境的生物多样性。

六、总结

项目秉承保护生态、连通空间、提升功能、重拾乡愁的设计理念和建设原则，成为城市开放空间网络中的亮点，为数以万计的游客和周边居民提供公共交往空间，增强人民的获得感、幸福感，同时成为崂山区及青岛市的形象门户。项目的建成解决了青岛滨海岸线从市区向东部延伸多年来未能解决的贯通难题，对于提升滨海空间的活力和价值有着重要且积极的示范意义。

项目组成员名单

项目参加人：吴宜夏　刘春雷　潘　阳　潘昊鹏
　　　　　　萨茹拉　梁文君　袁　帅　王万栋
　　　　　　刘佳慧　李　敏　王京星　李鹏飞
　　　　　　丁　芹　曹贞丽　任　宏　高　雅
　　　　　　徐仕达　张　聪　相　杰　王亚楠
　　　　　　盛赵丽

千年苑囿的时代复兴

——南苑的前世与未来

中国城市规划设计研究院风景园林和景观研究分院／刘　华　韩炳越　张英杰　赵　茜

公园花园

公园一词在唐代李延寿所撰《北史》中已有出现，花园一词是由"园"字引申出来。公园花园是城乡园林绿地系统中的骨干要素，其定位和用地相当稳定。当代的公园花园每个城市居民约6～30m²/人。

中国古典园林博大精深、源远流长，历经三千余年漫长的发展，中国园林在世界园林体系中独树一帜。早在公元前 11 世纪的殷末周初，"囿"作为中国古典园林的雏形出现。《周礼地官·囿人》郑玄注曰："囿游，囿之离宫，小苑观处也。"《吕氏春秋·重已》"畜禽兽所，大曰苑，小曰囿。"苑囿初为皇室狩猎、豢养珍禽异兽的场地，后划地经营果蔬，具有生产生活功能。因此古代苑囿是皇家资源储备、狩猎演武、物质生产之处，也是略具园林型格局的游观、娱乐场所。早期苑囿代表为殷纣王"沙丘苑台"、周文王灵囿，后有西汉武帝的上林苑、隋炀帝西苑，自元后最为称著的皇家苑囿即南苑。

一、北京南苑的前世今生

北京南苑是中国古代最后一座保持着秦汉时期苑囿之风的清代皇家御苑，是探讨皇家御苑起源的一个活化石。历经千余年的春秋变换，南苑由辽代的"捺钵"之地，至清乾隆年间发展为鼎盛一时的中国皇家御苑，后于清末走向衰落。南苑地区历经侵华抗战等多方磨难，中华人民共和国成立后在南苑建造了南苑机场、南郊农场，发展南苑新技术产业。时至今日，这座皇家苑囿已基本湮灭无存，然

而它所承载的历史文化价值仍是当前城南文化建设不可忽视的重要载体。

新时代，在《北京城市总体规划（2016 年～2035 年)》四个中心战略定位和中轴统领的相关要求下，通过巩固"疏解整治促提升"专项行动成果与贯彻《促进城市南部地区加快发展行动计划（2018 ～ 2020 年)》，在将南中轴建设成"生态轴、文化轴、发展轴"的理念指导下，大南苑地区迎来了新的机遇和挑战。

二、大南苑复兴梦想

（一）大南苑地区历史价值认知

历史上南苑地区曾是明清帝都苑囿，是清代顺治、康熙、雍正、乾隆、嘉庆皇家猎场，也是中国近代变迁的历史见证地。

1. 北京皇家苑囿起源地

中国早期的苑囿除豢养动物外，也具有生产、储备、军演功能，东汉以后苑囿游憩功能逐步增强。南苑自辽金始至明清盛，始终以物资生产、行围狩猎、阅武练兵为主，承袭了苑囿的本质，堪称中国古苑囿的活化石。

南苑是北京周边最早最大的皇家苑囿，其营建早于圆明园、颐和园等皇家园林，面积约

图 1　郎世宁《弘历射猎图（轴)》（图片来源：故宫博物院主编《清代宫廷绘画)》

图 2　郎世宁等《乾隆大阅图第三卷·阅阵》局部（图片来源：故宫博物院藏）

图1

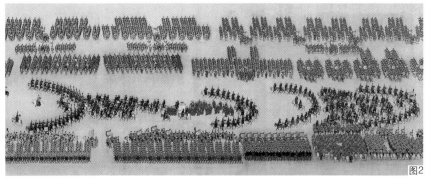
图2

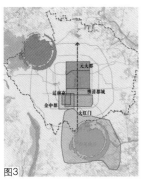
图3

图4

图5

图6

图7

次次打响，见证了中华民族抵御外辱的决心和顽强抗争的民族精神。

1896 年清政府自主修筑的第一条铁路——卢汉铁路纵贯南苑地区，南苑成为近代中国自主修建铁路的最早实践地。1907 年中国第一条有轨电车线通车，标志着近代化城市公共交通在南苑的最早尝试。1910 年清政府修建南苑机场，1913 年创办航校，1948 年创办航天科研院所直至 1992 年南苑拥有亚洲规模最大的航天科技类展馆。南苑是中国近代历史文化变迁的重要见证地。

（二）南苑是北京城市格局的结构性空间

北京老城是承载中华优秀传统文化的代表地区，是我国古人营城智慧的典范代表；三山五园是国家历史文化传承的典范地区；大南苑是古都历史文脉和文化精华的重要承载地，是首都文化精华传承的典范地区和国际文化交往的重要载体。

未来，保护传承大南苑历史文脉，建设国家文化纪念地，与老城、三山五园等历史文化遗产交相辉映，共同构成彰显中华文明的金名片。

（三）文脉传承与大南苑复兴实施路径

1. 总体构建"一轴一环三廊，八片多点"的文化保护传承空间格局

通过识别历史斑块、历史路径、遗产节点，引入规划的功能布局、交通组织、文化空间、绿地景观等。整合零散、碎片化的历史文化资源，在大南苑地区构建"一轴一环三廊，八片多点"的文化保护传承空间格局，强化文化特色体验，彰显文化魅力，提升地区的文化活力和创造力。

一轴：以南中轴为统领，展示永定门、大红门、国家纪念地等重要文化资源节点。一环：展示明清南苑苑墙、苑门及相关遗迹，增强南苑空间感知度。三廊：以南苑境内重要的三条水系廊道和周边历史资源为依托，展示凉水河文化廊道、小龙河文化廊道、凤河文化廊道。八片：展示南苑地区内现存历史文化资源最集中的 8 个历史片区。多点：展示行宫、寺庙、囵台、近代交通站点、近代抗战遗迹等多类型文化节点。

2. 保护展示"四门四宫、一墙七庙"的重要历史印记

四红门保护展示：确定大红门、西红门、南大红门、东红门位置形制，并标识。四行宫文化片整治：新宫、旧宫、团河行宫、南红门行宫及周边区域整治提升。南红门—晾鹰台整体预留为遗址公园，团河新宫及周边地区活化利用，新宫、旧宫片

210km²，大于北京其他皇家园林面积总和，也是京郊唯一具有广袤平原景观的皇家御苑。

明清时期北京在更广阔的区域构建功能齐备的都城体系，可以概括为"北城、南苑、西园（三山五园）"，南苑以围猎阅武、园居行游为主，以物资供应、生态涵养为补充，是都城功能的重要拓展区域。清朝时期，清帝多次在南苑接见西藏宗教领袖及哈萨克等国使者，对维持国家稳定起到重要作用，同时南苑也是清帝谒陵驻跸、南行巡视的重要驻跸地。元至清，京杭大运河是北京的生命线，清中期以南苑水系治理为切入点，对补充漕运、蓄积泉源做出长远布局，有力保证了京城生命线的通畅，因此南苑是明清都城格局的重要组成部分。

2. 中国近代历史变迁的见证地

南苑因其独特的区位优势成为近代北京南部的军事屏障。清末，八国联军侵占南苑，焚毁行宫寺庙、射杀珍禽异兽，南苑再无皇室苑囵之风貌。在南苑地区，义和团英勇抗争、南苑抗日保卫战的一

图9

2004 年版北京总规
北京老城将建设成为承载中华优秀传统文化的代表地区

2016 年版北京总规
三山五园地区将成为国家历史文化传承的典范地区、国际交往活动的重要载体

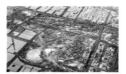

未来……
大南苑将实现文化复兴目标，与老城、三山五园交相辉映，形成首都文化精华传承典范地区，彰显新时代大国文化自信

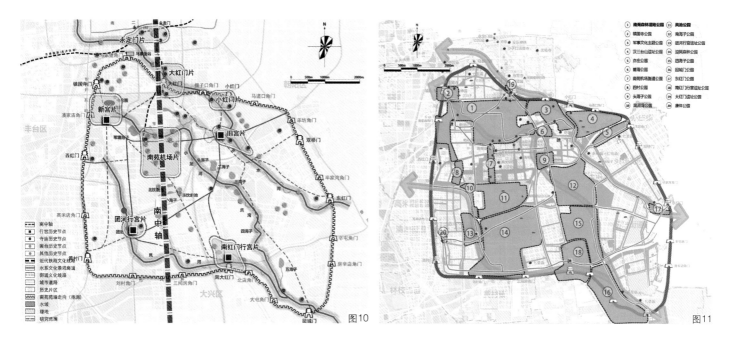

图10　　　　　　　　　　　　　　　　　　　　　　　　　　　　　　　　　　　　图11

区整治提升，标识历史信息。

　　苑墙景观带预控：环历史苑墙线路进行专题考古，明确位置走向，两侧各预留不少于 15m 的绿带，围绕南苑苑墙遗址的挖掘与展示，沿历史苑墙建设 45km 长的骑行环线，打造"公园人文绿环"。重要宗教建筑利用：挖掘 5 座皇家寺庙和 2 座民间寺庙历史信息，注入文化功能。

　　3. 建设南城最大的公园群落

　　以南苑森林湿地公园为龙头，整合一、二道绿隔地区生态资源，在大南苑范围内初步规划 20 个公园，形成南城最大的公园群落，形成南中轴生态绿苑，塑造新时代大国首都文化魅力区域。结合公园建设，重点修复两处历史水源（一亩泉、团泊），三条历史河流（凉水河、凤河、小龙河），四处历史湿地（苇塘泡子、头海子—二海子—三海子、饮鹿池、眼睛泡子），再现南苑历史上蓝绿交织、万亩葱茏的生态景象。

三、南苑在行动

　　2018 年 4 ～ 7 月，北京市规划和自然资源委员会组织南中轴南苑地区国际方案征集工作，经院士领衔的专家组评审，从五家国内外知名设计联合体中评选出三家优胜方案，并成立了以中国城市规划设计研究院为主体的技术工作营，全面开展方案综合深化工作，并率先启动南苑森林湿地公园规划设计建设。

（一）公园区位及价值意义

　　南苑森林湿地公园规划范围北至南四环，西

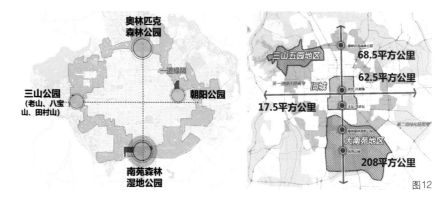

图12

至京开高速，东至德贤路，南至南苑东路。东西长 7.2km，南北长 3.4km，总面积约 17.5km²。建设南苑森林湿地公园，是落实北京疏解整治促提升、推动一道绿隔城市公园环建设、完善南中轴地区空间秩序的重要行动。

（二）设计特点

　　公园以生态为本，将搭建起首都中心城区生态格局的"四梁八柱"，形成城市发展的绿色引擎，引领城南地区功能和品质的全面提升；以文化为魂，挖掘与传承南苑历史文化印记，形成大南苑复兴的文化引擎，彰显新时代大国首都文化自信；以市民为本，设置多类型的休闲游憩活动，满足美好生活的需求。未来公园将建设成为首都南部结构性生态绿肺和享誉世界的千年历史名苑。

　　公园规划设计形成五大特点：

　　一是营造自然野趣风貌，再现南囿秋风景致。秉承《南囿秋风》"万木葱茏、百泉涌流"的自然风貌，方案因地就势，形成 15000 亩森林、1800 亩水系、1000 亩草地的总体格局，营造以森林湿

图 3　古都城市格局"北城、南苑、西园（三山五园）"示意图（图片来源：图 3 ～图 5、图 9 ～图 15 均由中国城市规划设计研究院项目团队绘制）

图 4　南苑是清帝谒陵驻跸、南行巡视的必经之地和重要驻跸地示意图

图 5　南苑是古都漕运和生态涵养的重要节点示意图

图 6　南宫义和团战士抗击侵略者（图片来源《南囿秋风文丛》）

图 7　南苑火车站历史照片（图片来源《京张路工撮影》，1909 年发行）

图 8　中华航天博物馆（图片来源：httpwww.casc-spacemuseum.com）

图 9　北京城市历版总体规划对比图

图 10　南苑文化保护传承空间格局图

图 11　南城公园群落规划图

图 12　南苑森林湿地公园区位图

图13

图14

图15

地为主，草地兼而有之的"大自然·真野趣"的南囿秋风景致。

二是发掘场地文化印记，再现南苑历史格局。恢复大红门御道、草桥御道、庑殿路御道、潘家庙角门、古苑墙、三台子等多处历史印记。梳理南苑历史物质生产、行围狩猎、军事阅武、政治外交、驻跸生活五大功能，提取代表性历史事件和象征，规划了庄园外交、水围狩猎、御果采摘、农颐广稼、驻跸御道等10处主题情景，塑造时空对话体验。

三是构筑完整生态系统，再现鸢飞鱼跃景象。恢复历史水系，构建"一河、十湖（泡）、两溪、一淀"的水域形态，再现南苑陂塘风貌。以槐房再生水厂为主要水源，通过增强水循环动力、完善生态群落、湿地净化等方式，提高水质净化水平。根据历史记录和现代研究，选择20种指示性物种，结合平原造林、水系条件，以植被修复和生境营造的方式，营建开阔水面、光滩、芦苇湿地、开阔草地、草地灌丛和林地，满足不同生物栖息需求，构建丰富多样的生境系统，未来公园将吸引鸟类220种以上，成为中心城区最大的观鸟胜地。

四是融入多元休闲功能，满足美好生活需求。构建顺畅的园路交通系统，合理设置公园出入口及停车场。依托公园21km环路，形成北京首个公园内半程马拉松线路，未来可以颐和园为起点，南苑森林湿地公园为终点，规划全程马拉松线路，实现三山五园、老城和南苑的历史链接。

五是促进城园有机融合，树立公园城市典范。挖掘公园周边地块开发潜力，用于平衡公园建设资金和后续运营成本。建设望湖酒店及国际公寓，远眺中轴线及森林湿地公园全貌；通过连廊和屋顶平台建设屋顶花园，打造800m长的大型"城市阳台"，促进城园融合。

四、传承与发展

大南苑复兴是一项任重道远的工作，我们坚定信心、尊重史实，为首都空间格局的完整、北京全国文化中心的建设深思研究，做到久久为功。传承与发展"不涸泽而渔，不焚林而猎"的可持续发展观；传承与发展大国首都开放包容的和谐价值观；传承与发展中华文明、时代精神和创新风尚。

参考文献

[1] （清）于敏中等.钦定日下旧闻考[M].北京：北京古籍出版社,1981.
[2] 周维权.中国古典园林史[M].北京：清华大学出版社,1999.
[3] 张英杰.北京清代南苑研究[D].北京：北京林业大学,2011.
[4] 刘策.中国古代苑囿[M].银川：宁夏人民出版社,1979.
[5] 阎崇年.中国历代都城宫苑[M].北京：紫禁城出版社,1987.
[6] 李丙鑫.北京皇家园囿——南海子[J].北京规划建设,2000(06).

项目组成员名单
项目总负责：杨保军　朱子瑜
项目负责人：韩炳越　刘　华
主要参加人：王　坤　辛泊雨　郝　硕　刘　媛
　　　　　　赵　茜　刘继华　任　帅　王　军
　　　　　　张英杰　高倩倩　牛铜钢　束晨阳
　　　　　　王忠杰　韩　冰　韩永超　刘　玲
　　　　　　舒斌龙　郭榕榕　马浩然　刘孟涵
　　　　　　王　剑

时宜得致　古式何裁

——第十届江苏省园艺博览会琼华仙玑、云鹭居设计

苏州园林设计院有限公司／贺风春　刘仰峰

一、引言

第十届江苏省园艺博览会于 2018 年 9～10 月在扬州仪征举办。仪征,古称真州,是明代著名造园家计成晚年所居之地。计成,字无否,号否道人,生于明万历十年(1582 年),卒年不详。计成根据其丰富的造园经验,在真州寤园写成中国最早和最系统的造园著作——《园冶》,全书于崇祯四年(1631 年)成稿,崇祯七年(1634 年)刊行,被誉为世界造园学最早的名著。

主办地政府希望借园博园建设的契机,在园博园中建造一座主题园,来纪念和宣传这部造园名著的诞生。因此,设计和建造好这座《园冶》主题园,成为本届园博会的一大挑战。

为做好这份答卷,主办方特意邀请中国工程院院士、北京林业大学教授孟兆祯先生亲自领衔,孟院士工作团队与苏州园林设计院有限公司组成联合团队,来承担《园冶》主题园的设计工作。

二、设计背景

第十届江苏省园艺博览会选址于仪征枣林湾生态园核心区,规划总面积约 120hm²。"琼华仙玑、云鹭居"是园博园中的两个主题展园,位于园博园中部云鹭湖中,由两座独立的小岛组成,占地约 7hm²。

其中"琼华仙玑"侧重于对中国园林特色、扬州地方风格和仪征乡情的融汇表达,并纪念计成哲师成书之功;"云鹭居"侧重于展示当代园林在继承和发展中的思考,探索"诗意栖居"的现代表达。

三、项目简介

"琼华仙玑、云鹭居"位于园博园中部,由两座独立的小岛组成。基地东为开阔的水面,南、西、北三面与园博徐州园、宿迁园、西侧花海以及北侧的湖滨休闲区隔水相望。

大岛占地约 6hm²,孟院士命名为琼华仙玑,由孟院士亲自执笔,其工作团队完成设计方案,苏州园林设计院有限公司完成了设计深化、施工图和现场工作。

小岛占地约 1hm²,孟院士命名为云鹭居,在

图 1　项目区位

图1

孟院士的启发和引导下,由贺风春大师执笔,由苏州园林设计院有限公司独立承担了设计工作。

(一)琼华仙玑

吴良镛先生说:《园衍》是《园冶》现代语言的再阐释。"琼华仙玑"设计工作遵循孟兆祯院士在《园衍》中提出的"园衍六法"设计理法体系展开,以"明旨"为起点,形成环状结构。

1. 明旨

明旨,就是确定兴造园林的目的。

孟院士亲自带领项目团队到扬州、仪征进行考察,梳理了"山水以形媚道""景面文心"的中国园林特色;研究了扬州市花——琼花文化,归纳了"山是蜀冈""水是瘦西湖"的扬州山水形胜;总结出"屋脊通花、粉墙栗柱、青砖小瓦、出檐舒展"的扬州园林建筑特色。

提出"琼华仙玑"要纪念计成哲师成书之功,更是要运用《园冶》"时宜得致、古式何裁"的持续发展观,兴造一所将中国特色、扬州地方风格和仪征乡情融汇一体的园博仪征园,以兴造该园的实践来宣传《园冶》的功在千秋。

2. 相地

基地是云鹭湖中一个小岛,面积约6hm²。孟院士以80多岁的高龄亲自现场踏勘(图5),根据《园冶》相地篇,"江干湖畔,深柳疏芦之际"的描述,将场地界定为:湖中有岛、岛中有湖的江湖地。

3. 立意

定位、定性的诗化是首要的。

在相地基础上,孟院士以扬州市花——琼花为主题,结合明旨中对中国园林特色、扬州风格、仪征乡情等的研究总结,最终将主题园命名为"琼华仙玑",体现了《园冶》"巧于因借"的要义。"琼华"指的是扬州市花琼花,又名聚八仙,超凡脱俗,享有"玉树仙葩"美名;"仙玑"是指基地像浮于仙境琼液中的小岛。

4. 布局

"胸中有水方许作山,腹中有山方许作水"。强调山水相互依存、相互映衬的辩证关系。因此,全园因高筑山,就低凿水,"水自山上停云台引出琼花瘦溪,扩而为瑶池",确立了山因水活、水得山秀,山北水南的山水间架。

在山水间架基础上,结合观赏点、动线和停留空间的需要,着手建筑布局,因境安景。形成"起、承、转、合"的景观序列,构成完整的布局章法。

5. 各景

"起"——当门竖亭:主入口区域,以轴线对称的手法布局,轴线端点置敬哲亭,以"敬哲"命名,表达对计成哲师的尊敬。这是布局章法之"起"。

"承"——水中起舫:孟院士创新性地将传统园林的船舫与乌篷船相结合,取名"云鹭仙航"。内部提供简单的服务功能,并起到视线引导作用,体现了"承"的章法。

"转"——滨水作榭:"琼花八仙榭"背山面水,平台向南伸出水中。"砥柱中流"特置石峰挺立在瑶池中,展现对担当精神之感召。从"承"到

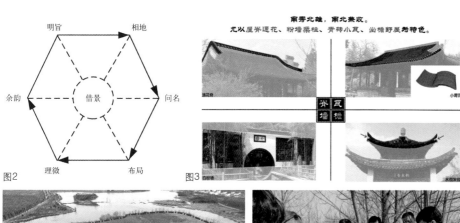

图2

图3

图4

图5

图6

"转"，空间豁然开朗，各景形成多个看与被看关系，互相借景。

"合"——凭台立阁：全园西北角，堆土成山，山上起台、据峰为阁。站在台上周廊眺望，全园山水尽收眼底，水榭阁台俯仰互借，到达全园的景观高潮，是为"合"。

全园在自然山水中因地制宜，只兴造一亭、一舫、一榭、一阁，但形成了丰富的园林景观体验。

6. 理微

布局大胆落笔，细部处理细致入微，以满足"远观有势，近看有质"的游赏心理；扬州宅院中多有墙面陷入的青砖雕刻，山水屋宇树木花草细致生动，在登城宝垱相夹的壁面上扩大地运用了这种技艺，渲染了吉祥如意、驱邪化吉的民间真意；扬州的铺地多有心点放射的图案。水榭的出水平台上，设计传承和发展了这一地方风格，并利用垂带踏跺做了八仙的象征性石雕，加以城台壁上的吉祥砖雕、各种室内外装修，理微落实。

（二）云鹭居

在琼华仙玑设计过程中，团队又承接了琼华仙玑边上小岛的设计工作，由贺风春院长亲自执笔。两岛相邻，贺院长作为孟院士的学生，在云鹭居的设计中也采用了《园衍》六法的设计体系。

1. 明旨

以《园冶借景篇》"构园无格，借景有因"为设计构思。

设计提出"一个传承、三个突破"的规划理念，希望从传承和发展两个方面对江南传统园林进行当代诠释。首先是注重传承，要以中国古典园林的文化核心、《园冶》造园思想为精神指引；同时要注重发展，运用现代技术和理念，对传统园林进行创新和发展。设计提出三个突破：一是突破传统园林的"围墙"，更融于自然；二是突破传统建筑的"结构"，形成流动的室内外空间体系；三是突破传统专业的"界限"，运用智慧科技，营造更舒适有趣的现代人居环境。

2. 相地

基地位于琼华仙玑西侧，也是云鹭湖中一个小岛。根据《园冶相地篇》"江干湖畔，深柳疏芦之际"的描述，也定义为一块江湖地。

3. 立意

通过分析扬州园林"湖上园林、园水相依"的园林特色，研究仪征"园冶成书之乡"的园林文化传承，并紧扣云鹭湖"水是场地的灵魂"的场地特色，确定项目立意——"云鹭居"。

"云鹭居"三字由孟院士确定并亲笔题写，希望去努力探索"诗意栖居"的现代表达。

4. 布局

学习孟院士强调"借景为要"的思路，外借自然山水环境，近借琼华仙玑的人文内涵。具体包含"借自然"——借山水格局与生态环境；"借人文"——借园博环境与"琼华仙玑"；"借传统"——传统造园之精髓等。

图 7　云鹭仙航
图 8　琼花八仙榭
图 9　凭台立阁
图 10　青砖雕刻"福祠"
图 11　同心放射状铺地
图 12　八仙图案垂带

规划形成"湖中岛、岛中池、池畔舍、舍中沼"的水上园林布局。小岛被一条市政路一分为二，北部规划为"自然雅致的园林"，既有传统园林的整体风貌，又在园林和景观的细节上也有很多现代表达。南部规划为"精致野趣的田园"，园林与田园相互融合，共同构成云鹭八景。

5. 各景

北部规划为"自然雅致的园林"，包含山水居、鹭影泉、双清轩、仰止亭、云锦池、三益院六景。

三益院为园之入口，通过景墙围合、穿插形成空间变化丰富的园林空间。外侧景墙于砖上雕刻孟院士亲笔题写的"云鹭居"三字，点明园之主题。景墙上以抽象于扬州园林的花窗、长窗等，

图13

丰富墙面变化和空间渗透。以松、竹、石的组合，表达《园冶》"径缘三益"的文化意境，形成园之第一印象。

山水居为全园主体建筑，采用钢结构体系，外观上对古典园林建筑加以简化和提炼，形成既具有古典园林韵味又有现代特征的时代园林建筑风貌。建筑前后均为水池，东侧为自然水池云锦池，西侧为规则的鹭影泉，动静结合，塑造湖中舍、舍中沼的景观意境。

鹭影泉位于山水居西侧，内庭院之中。通过毛石景墙、不锈钢景墙、瀑布创造一个纯粹、包容的基底，将建筑、室内、景观融合成为一整体，使得有限的场地得以无限的延展，营造出有趣的互动型园林空间。白鹭作为场地的灵魂，是枣林湾最具特质的风景，它们在山水间飞舞、驻足、栖息的状态能够充分表达本案"诗意栖居"的设计主题。设计将不同情态的白鹭形象抽象剪影化，把它提炼出来与新型的设计材料（不锈钢）进行结合，更好地把自然和艺术的氛围传达给使用者。

仰止亭位于园东侧，临水布置，与对面的停云台隔水相望。景亭外观与主体建筑风貌一致，景亭东侧设平台，平台向水面挑出，并降低标高，既可拉近与水面的距离，更为亲水，同时又进一步拉大了与停云台的高差关系，形成更大的视线仰角。景亭上部中空，下设落水池，亭边点植桃李、竹林，表现学无止境、虚心求教之意。

南部规划为"精致野趣的田园"，包含小竹庐、桃源溪两景。

小竹庐位于全园南部，以竹亭、柴门、菜田的组合设计，形成田园阡陌的景观意境。精心设计的竹亭，空间内外渗透，座椅内外穿插，形成南部区域的视线焦点，同时也是看向西南花海的最美观赏点。

桃源溪位于小竹庐东侧，北承云锦池之水，结合地形设计小溪、跌水、园路，形成缘溪行的景观效果。沿溪边配以桃花、竹林，曲径幽深，诗意桃源。

6. 理微

细节设计上结合项目特色，进行了一些探索和创新。

主体建筑山水居及连廊，采用钢柱、钢木格栅和钢＋玻璃屋面的结合，形成更加轻盈和通透的园林建筑效果。同时园林长窗突破古典园林建筑做法，改为全部可转动和开启、关闭的结构体系，使建筑可根据季节温度变化，营造更舒适的游赏空间和"居"所。

图14

图15

图16

图17

园林建筑格栅，通过对《园冶》传统格栅图案的简化与提炼，结合新材料与新技术，创造纤细、现代、艺术化的园林空间，在光影的衬托下尽显结构之美。

鹭影泉，结合白鹭暗纹及不锈钢墙面营造灵动的水景。墙面上方预留瀑布出水口，水流自上而下从鹭影图案间穿流而过时，尽显鹭影的灵动轻盈、千姿百态，倍增景观趣味性、艺术性。

四、设计思考

项目已于2018年9月建成并开园，开放后得到了社会各界的普遍认可和好评。在项目过程中，孟院士全程以身作则，亲力亲为，给了我们很深的触动，值得我们这一代的设计师去学习和追求。

一是敬业担当。在项目的过程中，孟院士始终都在强调担当，而他的担当确实给了我们很深的触动。虽然年过八十，但是他专程到现场，亲自实地踏勘；亲自去扬州、仪征博物馆进行现场调研；亲自到扬州、南京方案汇报，长达2个多小时的汇报，都是独立完成。高度的敬业精神着实让人感动和敬佩。

二是景面文心。孟院士在琼华仙玑创作过程中，围绕《园冶》的造园主题，根植于扬州当地文化情景，进行所有的景观节点和建筑的推演，园林的文化性与景观性紧密联系。当所有的景点布局完成后，所有景点对应的文化主题、楹联也同步产生。孟院士运用自身深厚的文化素养，在传统造园精神性和文化性继承方面率先垂范，是我们学习和努力的方向。

三是创新有法。孟院士在设计中有着非常旺盛的创造力和创新能力。云鹭仙玑设计中，孟院士在传统船舫上增加了乌篷轩，而且要求船篷要能够打开。琼华八仙榭设计中，孟院士对仪征博物馆馆藏铜灯、扬州博物馆馆藏编钟等地方传统文化符号，加以提炼，成为津标主景、楼阁风铃等景观要素。一个80多岁高龄的老人，还能去打破常规，寻求创新，是非常值得我们这一代的设计师去学习的。

作为一名当代园林设计师，十分有幸能参与这个项目，有机会全过程、近距离学习孟院士的造园艺术手法和工作精神。我们希望努力学习孟院士"景面文心"的造园思想和"园衍六法"的设计理法体系，学习孟院士的敬业、创新精神，通过现代材料和技术的运用，去努力探索、设计、营造属于这个时代的园林。

致谢

感谢孟兆祯院士和北京林业大学设计团队作为联合团队，共同完成第十届江苏省园艺博览会琼华仙玑设计工作。

项目组成员名单

项目负责人：孟兆祯　贺风春

项目参加人：苏州园林设计院有限公司团队：

谢爱华　沈思娴　刘仰峰　朱建敏

贺智勇　周安忆　陆　敏　郑善义

陈盈玉　余　炻　周志刚　沈　挺

北京林业大学团队：

瞿　志　曾洪立　薛晓飞　马晓伟

王劲韬　边　谦　王睿隆　魏诗梦

王　芳　王晓宇　王晓然　陈慧敏

巴雅尔

项目演讲人：刘仰峰

图18　小竹庐
图19　连廊
图20　园林建筑格栅
图21　鹭影泉
图22　孟院士汇报现场

山水寄诗情、园林传雅韵

——记河北省第三届（邢台）园林博览会方案创作

苏州园林设计院有限公司／沈贤成　潘亦佳

"青山不墨千秋画，绿水无弦万古琴"，"山水"之于中国人，象征着对自然的最高精神追求和寄情山水的生活态度，也是本次规划设计的灵魂与空间核心组成。一年一度的河北省第三届（邢台）园林博览会旨在将项目建设成为"影响全国的新时代河北风景园林的经典传世之作"，担当着展示中国园林文化精髓和营造诗意园林生活的使命。

一、项目概况

邢台是一座历史厚重、人文荟萃的文明之城，拥有 3500 余年建城史及 600 余年建都史。殷周时期，中国古典园林雏形诞生在邢台的"沙丘苑台"。"沙丘苑台"是目前史料中记载较早的"皇家园林"，邢台是中国古典皇家园林的故乡，这也是目前园林学届的共识。

河北省第三届（邢台）园林博览会于 2019 年 8 月 28 日于"国家园林城市"邢台市举办。园博会将以"城市绿心·人文山水园"为定位，选址位于邢台市邢东新区中央生态公园东北部，规划设计面积 308hm²。园博园的建设成为邢台推动 16km²

中央公园建设的有力引擎，为推进邢东新区高质量发展、践行公园城市理论迈出了有力一步。

二、空间布置

园博会以"太行名郡·园林生活"为主题、"城市绿心·人文山水园"为定位。规划设计传承东方哲学体系山水审美观和艺术观，充分利用植物造景设计理念，用近自然群落展现园林的科学性和艺术性，努力把其打造成新时代河北风景园林的经典传世精品，其将成为邢台的"山水门户"，集中展示中国优秀传统园林艺术的文化内涵和艺术魅力。

"一核、两岸、五区、多园"高度概括了本届园博园的空间构架。山水核心区是江南园林的载体。两岸环抱——活力右岸将山水园林渗透进入城市，形成多样的城市滨水景观；生态左岸则以纯粹的花海山林风貌，与中央生态公园完美融合，相得益彰。园博园园区共分为山水核心区、邢台怀古区、燕风赵韵区、城市花园区、创意生活区五大板块，五区定位明晰，立足区域未来发展。多园集中建设，融入城市、惠及市民。

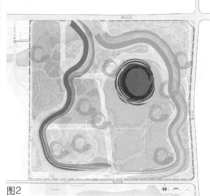

图 1　邢台园博园全园鸟瞰图
图 2　规划结构

图1

图2

图3
图5
图7

图4
图6
图8

其中 13 个城市展园各有特色，尽显城市历史与燕赵风情，与各种雕塑、场馆、亭台楼榭等共同呈现出一首以"梦回太行，园来是江南"的园博园交响曲。

图9

图10

三、各主要专项设计

（一）江南园林

整体园区以亘古沉雄的山为骨、碧波荡漾的水为脉，既有北方犹如太行山脉的厚重，又有江南小桥流水的婉约，南北文化在此交融。留香阁、竹里馆、山水居、知春台、水心榭五组园林，围绕山水格局，或立于山顶，或置于水岸，或隐于竹林，或挑出水面，以江南园林的细腻，挖掘邢台山水的丰富内涵，共同绘出江南大山水园林的壮美图画。

留香阁矗立于西侧山顶，俯瞰全园，漫山的梅林、壮阔的湖水，尽收眼底。它与园林艺术馆南北呼应，是串联南北轴线的中心节点及全园的景观交点。阁高三层，三重翘角飞檐，轻巧秀丽，突出传统建筑之秀美。一层带四面抱厦，屋顶为十字脊，坐落于高台上，其形式与中国古典园林雏形——沙丘苑台有异曲同工之妙。二层凭栏而望，可观四周梅林环绕，暗香幽幽，是赏梅品茗、吟诗作对之所在。

竹里馆位于小岛竹林之中，四面环水。小岛地势南高北低，南侧小山林木葱郁，湖光山色跃然眼前；北侧竹里馆为一组江南传统宅园，庭院深深。"不出城廓而获山水之怡，身居闹市而得林泉之趣"，展现了江南秀丽山水和传统理想居家园林

图11

的境界和情景。宅为三进院落，由门厅、轿厅、大厅、后厅组成，向游人展现中国传统起居生活的情景，享"居尘出尘"的隐逸静趣。西园利用形式丰富的厅、水榭、廊、亭、船舫围绕水池布置，用连廊及园路串通，配以围墙、小桥、树木等，形成以幽篁馆、观鱼斋、听雨轩等为主景的不同空间层次，同时外借山水形成"一泾抱幽山，居然城市间"的意境。

图 3　园林艺术馆鸟瞰
图 4　园林艺术馆
图 5　太行生态文明馆鸟瞰
图 6　太行生态文明馆
图 7　留香阁鸟瞰
图 8　留香阁
图 9　竹里馆平面布局
图 10　竹里馆鸟瞰
图 11　竹里馆

图12

图13

图14

图15

图16

图17

山水居为山地园林形式，依山傍水，院落错落有致。远观留香阁于梅花林中矗立，近赏精品梅花雪中傲放。全园以两路院落的串联作为骨架，"院"与"园"两种空间交错，营造"围合"与"开敞"的景观感受，形成抑与扬的对比。水云居作为全园的主厅，面对大水面，视线开阔，叠浪轩与翠屏轩、风月亭形成空间上的围合，互为对景。山水居中部建筑部分，结合陈俊愉院士生平及梅花研究成果作为展示空间，成为国内难得一见的梅花文化学术交流场所。

知春台沿涓涓溪流而设，园内围绕一泓清池，小桥流水，叠瀑飞流，尽显"山水台地林泉趣，俯水枕石梦邢襄"的林泉之致。外观叠水、重檐八角亭、烟雨长堤、知春堂，形成高低错落，景深丰富的一组园林长卷；内赏叠瀑层层跌落，听玉珠落盘，心旷神怡。

水心榭以水院的形式坐落于南侧中心岛之上，内外皆水，展现一幅"目对鱼鸟，芳草萋萋"的江南画卷。湖中芳洲，面水筑园，引水入园，园内园外水木明瑟。园外，一碧万顷，园内，芳草满庭。通过连廊、景墙将园子划分为3个大小不一的空间，主次分明，开合有度。水香厅、沁芳斋、晓烟亭沿湖岸展开，视线开阔。

五组园林运用建筑装修、漏窗、月洞门及铺地等园林小品及建筑装饰。建筑装修形体秀丽，雕刻精美，点缀衬托相宜，既能满足功能上分隔空间，又能发挥应有的艺术效果。漏窗采用方、六角、八角及扇形等形状，形成虚实对比和明暗对比，使墙面产生丰富多彩的变化，在不同的光线照射下，产生富有变化的阴影。小院设置洞门，空窗后设置石峰，植竹丛芭蕉等，形成一幅幅小品图画。园内采用了式样丰富的园林特色铺装，运用不规则的湖石、石板、卵石以及碎砖、碎瓦、碎瓷片、碎缸片等材料相配合，组成图案精美、色彩丰富的各种地纹。以此达到移步换景、步步成景的效果，体现中国传统园林筑园之妙。

"梦回太行，园来是江南"。五组各具特色的传统园林，用其翘角飞檐的巧、粉墙黛瓦的秀、小桥流水的美，装点着邢台这座古老而厚重的城市。中国古典传统园林，通过我们手中的蓝图，回归孕育出他的这片壮美大地。

（二）公共空间

省级园林博览会不仅是一个简单的城市公园，更是城市发展的契机，是时代赋予的责任。河北省第三届园林博览会旨在创中国园林溯源之作、创优秀城市文化遗产、立北国生态绿色标杆。其中，园区内的公共空间设计更是将"用园林提升生活品质、用风景改变城市品位"作为首要目标。

1. 共生共融的有机系统

公园系统与展园系统相辅相成、共生共融。展园系统作为园博园的核心部分，以展示新技术、新潮流和当地地域文化等为主要目标，树立城市实践区创新示范。公园系统作为永久性绿色生态基底，以精品山水园林为媒介、构建城市绿核的重要组成部分，永久服务于大众。

2. 展园系统规划布局

（1）展园分区及特色

展园为园博园的主体部分，本次园博园展园由五大版块组成——城市展园区、创意展园区、花园展园区、专类展园区、邢台展园区，沿园主要游览系统依次展开。

城市展园区与南入口的邢台展园区遥相呼应，共同构成当地城市展园，成为展示河北地域文化的重要载体。专类展园区旨在展示地域特色植物。创意展园区、花园展园区以趣味性、创意性、互动性、体验性为特色。

（2）展园布局模式

本次园博园采用组团布局模式。以一个公共空间为中心，展园围绕周边，每个组团内容风格根据不同的展园来定位，且每个展园布置两个及以上出入口与周边展园形成交通联系，方便游客游览。

3. 公共空间

（1）公共空间定位及主题特色

公共空间一方面作为展园之间的过渡空间，在展览期间满足游客休憩需求，另一方面区别于展览空间，未来作为永久景观。

在公共空间中布置各种"朋友圈"，将大量原本属于室内的人际交往互动方式带到室外绿色空间，结合有趣而有想象力的室外家具，营造不同年龄、不同身份阶层均可以根据自身兴趣融入的多样化"朋友圈"，使得"园林让生活更美好"的理念更加深入人心。

（2）详细设计

1）浪漫爱情谷、月季露营地

浪漫爱情谷与月季露营地和石家庄园相临：主要通过月季花营造景观特色。该区域由多个节点组成花谷序—起—承—转—合的节奏感：月季露营地为序曲，游客在月季花廊的引导下向北游览，标识性的月季花亭引导游客进入东侧的芳香月季园（起），向北转而便是精品月季园（承），再往北为婚礼仪式区（转），道路对面台地之上为爱情蝴蝶泉

图18

图19

图20

（合），在此可完成爱情的美好誓言。

2）台地花园

台地花园位于廊坊园、衡水园和辛集园3个城市展园围合的公共区域，南接音乐剧场，占地约12400m²。地块主要分为北部草坪活动区与南部台地花园区，南高北低，一条白色的廊架似飘带般将地块融为一体，并且提供了遮阳避雨的休憩场所，成为地块的标志物。设计整合立体花墙、台地花园、宿根花带、林荫步道等景观元素充分利用高差丰富游览体验，营造一片悦目花景。

3）花艺创意角

为激发民间对园艺的热情，体现园艺让生活更美好的办展理念，在开满鲜花的院子之间的公共空间营造园艺花园。园艺花园体现快乐田园的花园本质，结合花形构架、垂直绿化、多肉地景、星光漫步道、花境等元素共同营造繁花似锦、充满创意的花园氛围。圆形组合廊架，高低错落，同时结合水帘、灯光效果、攀缘植物，使其兼具美观、互动、实用功能。

4）戏水活力场

通过不同形式的互动水景——动力之源、跳泉、浅水嬉戏，实现人与水、人与人之间不同形式的互动，打造一处活力十足的活动场地。场地内部

图21

图22

图23

图21　花艺创意角
图22　戏水活力场
图23　夜光步道

布置智慧廊架、环形座椅等休憩设施，使得游客不仅可以嬉戏玩乐，也可休憩放松。

　　5）音乐小剧场

该场地为音乐爱好者们提供一个相对围合的聚集活动空间。无音乐活动时，场地仍有较好的景观效果，具有相对集中的视觉焦点，并无遮挡；场地营造有较好的回声效果，且有一定的可拓展空间，可以外接各种小型音乐会设备。

　　（3）新材料、新技术的运用

　　1）海绵弹性系统

在整个展园的设计体系中，运用海绵城市理念，通过增加公共空间绿化面积，发挥绿地的蓄水、储水功能，同时增加一系列不同级别的滞留湿地，减轻径流末端流量，从而缓解洪水的压力，防止城市内涝。沿园路两侧设置有植草沟，局部设有下凹式绿地，并在径流末端进行雨水花园的设置，对雨水进行引流，让雨水最终流入中心湖区，实现主水面的储水能力，当暴雨出现时，中心湖区又能进行调蓄。园内道路及公共活动空间，采用大面积的透水铺装材料，透水铺装作为"会呼吸的"地面，本身具有良好的生态效益，并以其特有的柔性铺装构造为地面的检修、维护和改造带来便捷。

　　2）低投入，低维护的新材料运用

设计采用最小投入的低干预景观策略最大限度地保留了乡土植被，通过周边用地情况以及未来使用人流的分析，并充分结合场地良好的自然风貌将人工景观巧妙地融入自然当中。

在花艺创意角内有一条漫步道，白天看起来只是一条纹理精巧的园路，到了夜晚便会显现"玄机"。其实这是一条"夜光步道"，在铺设步道的彩色沥青混凝土中加入了"荧光水性涂料"，经日光照射后步道会在夜间发出荧光，发光时间最高可达到8小时。这条类似"银河"一般的蓝色路面，在暮色下吸引了园内游客前往驻足。

　　3）智慧景观设计

在公共空间内采用了多种智能化与景观相结合的创意设计，通过科技、创意、文化、功能、游乐等元素的结合，营造了一种新的景观形式，如戏水

活力场中，自动喷灌技术和水景结合的跳泉、将动能转化为电能的动力之源脚踏车；花艺创意角中，自动感应互动装置与景观亭相结合的创意雨亭、将声光与喷泉相结合的彩虹隧道，以及覆盖全园的5G通信网的运用和重要节点处的可视化触摸屏，都强调了人之于场所的参与感、设施与人之间的互动感，这种充满创意的智慧设计，可以给市民带来全新的感受。

　　4. 小结

园博园建成之后其将成为活力热闹的城市绿洲，成为当地居民休闲游憩的理想场所，同时也将成为邢台市的新名片。同时，多种主题性公共空间遍布园内，为游客和市民提供了多种性格的活动和交往空间，积极促进社区交流，使公园成为聚集人气的重要场所。

（三）景观桥梁

邢台园博园内共有桥梁23座，联系着园内跨越水上的交通，也成为园博园重要的景观组成部分。我们在桥梁设计之初，就其布局风格、样式细节都进行了系统详细的分析与构思。在风格上，区域桥梁主要分为现代风格和古典风格。

　　1. 现代风格

采用简洁流畅的形式穿越于各大景区之间，运用现代造桥技术，在保证交通畅通的基础上注重桥自身素雅清新的形态与桥侧景观的变化与韵律，使其成为画与画之间的唯美纽带，体现与环境的完美融合。

与古典桥的厚重敦实不同，现代桥梁形态简约灵动，与周边建筑、景观组合成景，互相映衬，构成统一的景观整体。

在桥梁的细部处理上研究传统文化符号的融入运用——通过桥墩形态的设计、桥面材料的选择、桥上小品的设置、特色栏杆细节的设计等，适当融入中华传统文化的元素，体现继承和发扬传统园桥文化的思想。

园桥材质的运用从木桥、石桥到玻璃、钢，玻璃的灵动透明与钢材的恒久稳健既互为对比补充又统一和谐。

园桥结构变化丰富，突破了传统园桥梁桥、拱桥、折桥等形式，运用钢结构、钢木结构、钢筋混凝土结构等体系打造更优美的桥体形态，充分运用现代技术工艺。合理体现桥梁设计的技术美学特性、时代性和地域性。

2. 古典风格

园林中的桥景作为园林景观中不可缺少的组成部分，不仅承载着交通需求，也需要在格局上迎合园林造景的整体风貌，在主要视点的构图上起到独特的不可替代的作用。

桥梁是水上架空的建筑，除实用功能和据此确定的基本形式外，也受周围大量建筑群的感染和影响，湖区沿岸古典建筑组团为江南传统建筑风格，因此桥梁风格的归属统一以达到某种程度的共性和协调是必要的。江南桥梁在精巧通透上达到了相当的水平，是中国古典桥梁发展成熟的典范代表。

3. 区域设计脉络

（1）北侧沿线桥梁主要体现了创意展园区的现代特色。北侧桥梁以太行文明馆为主要中心发散分布，桥体形态的灵感来源于各城市现代化中的杰出作品，与展区协调呼应。桥名则引经据典，为园博园增加了一层历史的厚重感。如任游桥，语出陶渊明《归去来兮辞》："寓形宇内复几时，曷不委心任去留。"抒发了委顺自然、超尘脱俗的情志。

（2）西南侧的桥梁以园林艺术馆为中心分布，此板块主要体现邢台文化展区的特色。反映当地建筑材质和形态风格。本区域桥梁体量小巧精致，在低调中烘托出周边景观。

湖区桥梁环抱丽影湖、丽翠湖、丽韵湖与丽妍湖沿岸，作为湖区周边的主要景观组成部分，主要以体现山水风光为核心的带有江南园林特色的桥梁景观。湖区汇集了多种经典桥梁形态，如两湖连接处的七孔长桥同泽桥与三孔拱桥迎辉桥组成的多孔桥景，又如丽影湖东侧连接盆景园与竹里馆的单孔拱桥吴韵桥。

其中丽翠湖东侧的亭桥烟雨桥景观特色尤其突出：烟雨桥的主体由三座桥台和五个造型各异的桥孔组成，桥台上布置有斗拱装饰，桥体上竖立着两组木结构经典传统亭廊，分为两处歇山亭和4处四角攒尖亭，亭内布置两组楹联——"烟开翠幌清风晓，花压栏杆春昼长""山平水远苍茫外，地辟天开指顾中"。在桥亭内可尽揽园博园湖区美景。

另一组栈桥与廊桥的组合——引静湾亦是集合江南园林建筑元素的独特景观，它位于丽韵湖与丽妍湖之间，自成体系围合出一方水面。水面南侧为亲水栈桥，北侧则是一组极具特色的跨虹长廊，南

北互为景致，共同营造湖中取静的氛围。

（四）植物景观

邢台园博园以"京畿花城"为植物景观规划主题，融合科技生活、花文化展示、四季观花及夜间游赏于一体，打造一处四季花园。结合对邢台植物景观现状的调研，以及北京、杭州、河南植物景观设计方面的经验，邢台园植物景观设计主要从以下几方面着重考虑。

1. 重视山水植物空间营造

山岭、山麓地带：作为全园绿色屏障，植物景观设计以常绿树为基调，突出色叶树种，形成全园绚丽多彩的背景。山岭顶部以云杉、油松、白皮松为常绿背景，北坡以元宝枫、五角枫、红栌、黄栌为主，营造秋季色彩斑斓之景。

滨湖地带：以欣赏湖景为主，宜采用开朗空间的布置形式，组织透景线，透视园内外湖光山色，为利于因借，植物景观设计宜疏不宜密、宜透不宜屏。以垂柳为主景树，营造烟雨江南的独特景观风

图24

图25

图26

图27

图28

图29

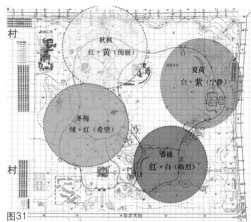

图30 滨湖地带空间营造
图31 植物主题布局

貌；以树形高大、树姿优美的枫杨为基调树种，突出水畔柔和轻快的风格；局部穿插水杉为配景树，以丰富林冠线变化；花灌木配置要求四季美观，多选色彩鲜艳的花木。

2. 重视植物季相和色彩变化

园林空间的艺术特点是随着时间而变化。要各个景点有丰富多彩的季相变化、四季有景、各有特色，应先做好全园统一的季相构图，并在一局部或一个景点，突出以1～2种园林植物为季相特色。植物色彩是空间情感意境营造的核心元素，园林植物的色彩能带来极明显的艺术效果。

本届园博园突出春桃、夏荷、秋枫、冬梅主题。南部长堤以垂柳、碧桃、海棠形成江南春早(桃红柳绿)的春景主题；北部长堤则以合欢、八仙花、月季结合水中荷花，形成荷香四溢的夏景主题；梅岭北坡和北入口以元宝枫、五角枫等槭树科植物形成绚丽多彩的秋景主题；梅岭南坡以杏梅、蜡梅、油松等组合形成冬梅报春的冬景主题。

3. 重视专类园植物景观设计

专类花园应充分发挥同一类植物的最佳观赏期和特性，形成的景观应展示出专类植物的个体美与群体美。

一是生境营造，必须严格按照植物的生态要求，创造适宜的环境，进行合理配置，才能保证植物成活，有利于植物生长和发育。如北方的梅专类园、竹专类园，必须在专类园中设置水溪、水池，增加园内湿度，来保证梅、竹的生长。

二是丰富游览，必须注重游览体验，丰富游览方式。如月季园，应设置花篱、花廊等，结合草坪营造丰富的游览体验；如牡丹园，应以土石结合，以土带石的方式形成充满自然情趣的牡丹花台，同时平面布置上，用曲折蜿蜒的小道将园划分为多个小片区，使游人在玩赏时能看到不同的牡丹花姿。

三是注重科普，加强对不同品种的介绍，提高专类园的在植物学、园艺学和园林学方面的科学普及。

4. 重视新优品种运用

一是集中展示，小规模成片种植，如银红槭、金叶复叶槭、银白槭、秋红枫等槭树科品种以及红玉兰、黄玉兰等玉兰品种。

二是结合景观营造，种植于重要景观节点处，以品种相对成熟的海棠及桃为主，小规模成片种植，如'亚当''高原之火''红玉''当''王族''二色'海棠以及菊桃、山桃等品种。

四、创新与特色

通过江南园林形式的融入，在河北地区形成"北有承德避暑山庄，南有邢台山水园"的园林文化格局。

本届园博园规划积极响应党的十九大报告精神，突出公园城市理念，实现公园形态和城市空间的有机融合，将"城市中的公园"升级为"公园中的城市"；突出生态修复，把园博会建设与邢东矿采煤塌陷区综合治理同步规划、同步开发、同步建设，为采煤塌陷区综合治理提供方案；突出文化传承，通过构建多元文化场景和特色文化载体，彰显邢台的城市性格和气质。

青山无恙画屏开，天高云阔待君来。园林博览会大幕已启，邢台人民决心用园博续写光辉历史，用园林提升生活品质，用风景改变城市品位，努力打造一场精彩难忘、永不落幕的园博盛会！

项目组成员名单
项目负责人：贺风春 沈贤成
项目参加人：潘亦佳 汪玥 杨家康 刘仰峰
　　　　　　潘静 蒋毅 朱烈强 蒋书渊
　　　　　　宋睿一 周思瑶 冯美玲

基于园林视角下的建筑创作

——记河北省第三届园林博览会建筑设计

苏州园林设计院有限公司／汪　玥　钱海峰

园林博览会的系列建筑相对于一般公共建筑而言具有天然的景观及文化属性，河北省第三届园林博览会落地邢台，作为中国园林之始——苑囿形态的发源之地，这届园博会担当着展示中国园林文化精髓和营造诗意园林生活的使命。因此如何在这届园博会建筑中展现中国园林基因，强化其景观及文化属性，是我们建筑设计团队重点思考的命题。

一、建筑的景观意识

园林博览会建筑设计很有挑战性，它的难度不同于城市中条条框框的限制，而在于它的没有限制。这届园博会规划景观设计与建筑设计是同一团队，从规划设计初期，建筑团队就参与了整体设计过程。面对的是模糊的设计范围与尚未确定的设计要求。

当然，建筑师的提前介入也有着巨大优势。常规的建筑设计过程总是先由规划专业确定设计用地及建筑功能指标，建筑师设计建筑形态，考虑内部功能，再由景观设计师介入，依据建筑提供的外轮廓来进行景观设计。这一过程往往导致建筑与景观设计的割裂。而现在，建筑可以参与考虑如何落点，如何处理与园林的关系，风格上如何协调。这一切都要求建筑设计师树立明确的景观意识，从整体到局部，从宏观到微观，建筑师要建立景观与建筑互为参照的体系，解决看与被看的关系，使建筑的理性与景观的感性、功能性与艺术性交融互补，最终达成统一。

二、中国园林基因

在团队的讨论与思考中，展现中国园林基因这一命题最终为我们找到了答案。中国园林——作为中华民族之瑰宝，几乎已成为中国文化中最具代表

性的内容之一。而提到中国园林，从来没有人会将建筑与景观分而论之，它们是一个整体，同时与园林文化高度融合，成为一个完整的体系。可以说中国古代的造园者们是最有景观意识的建筑师，同时也是最有建筑意识的景观设计师，并且还具备高度的文化底蕴。

以展现中国园林基因为命题，基于园林视角下的建筑创作成为我们建筑团队的设计目标。下面从总体布局、空间构成、建筑形态等几个方面来阐述如何将园林基因与景观意识融入本届园博园建筑设计中。

（一）总体布局

中国园林大体是风景式园林，其分支流派根据

图 1　建筑总体布局

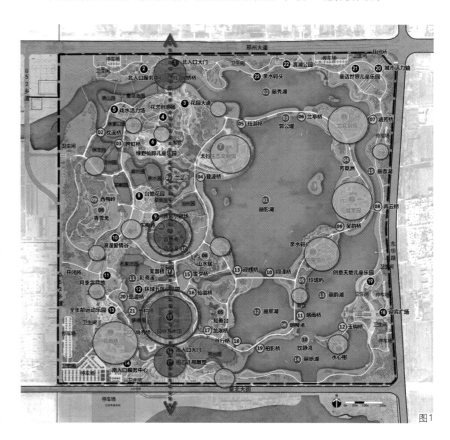

图1

分类原则不同而多有不同。但概而论之，其具有代表意义的空间布局有两类：规则式（轴线式）及自然式（散点式）。前者多见于皇家园林、寺观园林，展现的是规制礼法、宏大壮观。后者主要是私家园林，体现的是曲折婉转、小巧精致。

从本届园博会建筑总体布局来看，这两种空间布局兼而有之。园博园以山水布局为核心形成两岸环抱的态势，生态左岸从南向北：南大门——园林艺术馆——梅苑——北大门，在花海山林风貌中形成了总体布局上的空间轴线；以此轴线为空间识别

图2

图3

图4

轴，布置各个地方展园，服务建筑根据服务半径散布于其中，南、北服务中心结合南、北大门设置。活力右岸九水同泽、堤岛连横，结合自然山水格局布置兰花别院、盆景园、竹里馆。分别以园林式的围合形态并结合半岛地形，这样的布局形式入可赏园林景观，出可观自然山水。服务建筑也运用园林布局手法分布其间，或临水，或隐幽，充分借景周边山水园林。

（二）空间构成

中国园林中的建筑类型很多，大小不一，其空间形态根据功能也可分为两大类：独立型和组合型。独立型多见于皇家园林及寺观园林的核心建筑，独立于场所中央或地势较高处，具备标志性及空间的象征意义。而组合型的运用更加广泛，主次分明、高低错落的组合建筑是中国园林中最具特色的部分。

本届园博会系列建筑中园林艺术馆为独立型建筑的代表。它位于空间中轴南入口区域，与南大门相对而立，是南部区域的标志性建筑。其承载着邢台园博会形象标志及园林文化展示的重任，同时与外部开阔大气的广场空间为开幕式提供场地。园林艺术馆独立于场地中央，四面水景围合，静谧的水面影映着耸立的墙体，烘托出建筑的精神特质。艺术馆虽为独立建筑，却也运用了组合手法。建筑外形为四方，其形如台，内部挖空，嵌入园林，展现了"外围城、内围园"的构思立意。环状实体空间通过高低错落的屋顶形成了组合关系。外部形态整体雄浑，内部空间则分解柔化，反映了南北园林及古今景观的碰撞与融合。

组合型建筑按现代建筑空间构成分析主要有以下几点优势：

1. 消隐体量

园林中的建筑布置原则是将建筑尽量融入园林之中，保持园林画面的完整性。但现代建筑功能相对于传统建筑而言，对建筑的空间体量需求大大增加。而景观元素，如树木、花草、景石，其尺度与古代相比没有变化。如若要保持建筑与环境的协调性，同时又满足现代功能需求，消减分散建筑体量然后相互组合是非常有效的设计手法。

2. 拉长界面

传统园林建筑为园而生，其各种组合类型都是为赏景而存在。其亭是为驻足赏景，其廊是为行中赏景，其轩是为临水赏景。而园博园中的系列建筑同样为赏景而存在，组合形体可以拉长景观界面，通过开敞界面及过渡空间将园景引入建筑。

图 5　各式建筑屋顶
图 6　建筑墙身

图5

3. 功能独立

组合形式还有利于功能相互独立。传统园林中不同功能的建筑组合在一起，住的空间为宅，聚的空间谓堂，饮茶的空间名茶室，弹琴的空间称琴台，此外还有酒庐、画苑、棋馆等，不同的功能不同的名称，空间上也相互独立。园博园虽没有这么多功能，但如服务建筑——凌水苑，其餐饮与厨房相互独立是有利于布局与管理的；再如综合服务建筑中的厕所与售卖相对独立也是更为合理的。

4. 布局灵活

传统园林的选址为追求景观效果往往会结合地形布置，有时是曲折的水岸边，有时是复杂的山地上，组合式的园林建筑布局灵活，可以适应各种地形条件。园博会中的文化植物展示建筑因其特殊的展示需求尤为需要这种灵活布局。

本届园博会系列建筑中盆景园及兰花别院是组合型建筑的代表。盆景园灵感来源于传统博古架，将建筑空间与场地相互结合作为展示平台，形成纵横交错、曲折婉转、空间多变的独特建筑布局，从多视角多方面展示不同的盆景品类，使得游人得到"一步一景皆心动，处处风景皆不同"的游览体验。兰花别院则位于湖面东北部半岛，与周边地块通过桥堤相连。采用了江南庭院式的建筑风格，充分利用其临水优势打造一个曲径通幽、水波潋滟、庭院隐现的园林式别院。

（三）建筑形态

河北省第三届园博会建筑形态设计方面在园林上的借鉴主要体现在建筑屋顶与建筑屋身这两个方面。

在设计各类建筑外形的时候，我们首先确定均采用坡屋顶形式。"中国园林建筑就像屋顶的展览"这一说法虽有些片面，但却朴实地表达出中国传统建筑给人的直观印象。屋顶在中国园林建筑中具有强大的象征意义。而坡屋顶相对于建筑而言就是"天"，具有着非同一般的仪式感。坡屋顶对我们的

图6

建筑设计而言不仅有着形象上的作用，在防水功能上它与平屋顶相比也有着非常的优势。于是从展示建筑到服务建筑再到商业建筑，我们都采用了坡屋顶，既有利于建筑形体的组成，也易与各类园林建筑相协调。同时在统一中寻求变化，园林艺术馆采用了单坡顶，盆景园、兰花别院采用了双坡顶，商业建筑花雨巷采用了不等坡顶，北大门采用了重檐顶，北游客中心采用了连续坡顶。屋顶材质依据建筑的形式尺度及表现需求也有不同形式，如金属瓦、陶瓦、小青瓦、玻璃瓦等。

建筑屋身也是园林建筑的一大特色。中国园林建筑中在屋身的处理上有着独特的方式。墙是我们对现代建筑屋身的称谓。而在中国园林中只有山墙、围墙才是"墙"，建筑的墙身则多由门窗组成，"这些墙，要么空灵剔透，要么薄如屏风。"在《营造法式》中，这些轻巧的墙被称为槅扇，是可以随时开合，打开可观赏精致的庭院，合上可遮风挡雨。与这些槅扇相连的往往还有一圈围廊，这种园林建筑中的灰空间，可以带给使用者们丰富的空间体验。

园博园在各个建筑墙身的处理上也运用了这种形式。结合各类建筑需求，园林建筑的槅扇也采用多种表现形式，有折叠的门窗、通透的幕墙、活动的百叶、镂空的砖墙、或疏或密的格栅。而游廊更是在各类建筑中起着沟通组合关系并承担游览路线的重要功能。

图 7　园林艺术馆内景
图 8　园林艺术馆
图 9　南大门效果图及建成局部
图 10　北大门效果图及建成局部

三、建筑的文化属性及文化符号

中国园林是中国文化的物化表达。它萌发于商周，成熟于唐宋，发达于明清。中国园林史与中国文化发展曲线是相互重叠的。中国园林强调丰富的主题思想与含蓄的意境，这源于中国美学思想与传统文化的博大精深。本项目建筑设计中对中国园林文化属性的运用体现在主题性、地域性、文化意境、文化符号 4 个方面。下面我以园林艺术馆及南、北大门的设计为例，阐述这几方面的设计。

（一）主题性

建筑设计将园林艺术馆外形设计为“台”，建筑四面围合为“井”，其构成“井构之台”呼应了“邢”“台”二字。艺术馆在内部围合多重庭院，实体展示南北园林特色，呼应展示馆“外为城，内围园”的设计立意。同时庭院内展示雨水净化过程，传统园林与现代科技在这里相互碰撞，展示新时代的园林发展。

图7

图8

图9

图10

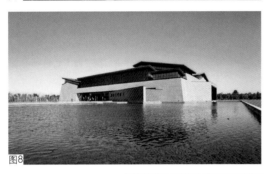

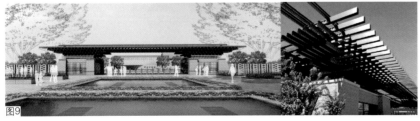

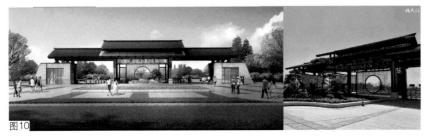

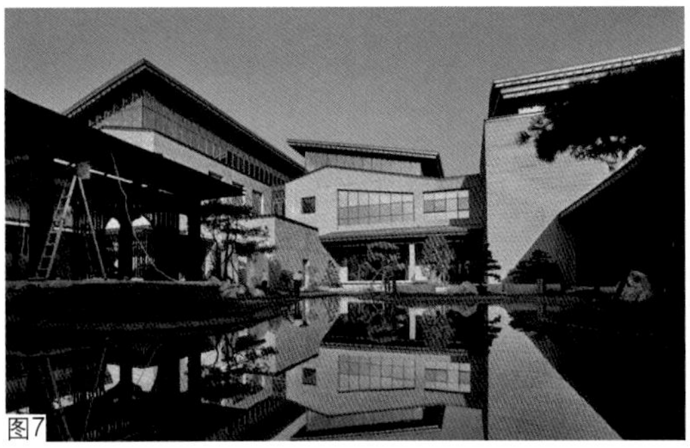

（二）地域性

园林艺术馆建筑外立面的材质、色彩及形体特质源于河北地域建筑，使其具有明显的文化性与地域性特色。设计外形传达了北方建筑的雄浑，采用具有细节的装饰混凝土齿条墙板来表达北方传统建筑的肌理及色彩。而南、北大门及各类服务建筑也选择了与其相协调的色调。

（三）文化意境

建筑环形外形表达了历史轮回，实体以囿、台、丘等隐喻唤醒历史记忆，以传统北方建筑要素感怀邢台悠久历史。造型上起伏有如山川，绕水有如河流，其外山环水绕，其内点缀园林景致，表达建筑的文化意境。

（四）文化符号

在园博园南、北大门的设计中，采用传统形式骨架，强化文化符号，同时运用现代表现手法。牌楼最早见于周朝，后在园林街市中均有建造，在中国文化中牌楼多设于入口，具有迎宾作用。南、北大门的设计以牌楼形式为骨架，同时呼应园林艺术馆，以“台”为统一设计元素，在空间轴线上形成完整的形象序列。同时以现代材质来表现斗栱、月洞等代表传统园林建筑的符号，展现古典却不失活力的时代气息。

以上是我们在河北省第三届（邢台）园博园的设计中，基于园林视角对其中系列建筑的设计感悟。将建筑融入景观，是我们在设计中一直追求的目标。

参考文献

[1] 赵广超．不只中国木建筑．北京：中华书局，2018.
[2] 崔恺．风景中的建筑．中国园林，2019（283）．
[3] 刘谯．试论建筑的景观意识与景观的建筑意识．城市建筑.2008（44）．

项目组成员名单
项目负责人：贺风春　沈贤成
项目参加人：汪　玥　钱海峰　蒋书渊　许　婕
冯宇洲　史　悦　张心韦　邵培云
高怡嘉　张翀昊

从公园到家园

——动物园在城市生态修复中的特殊角色

北京中国风景园林规划设计研究中心／李　祎

一、引言

在"城市双修"的积极推进下，全国各地都在加快城市生态修复工作的步伐，所涉及的项目类型也是多种多样。在丰富的项目实践中也总结出了较完善的措施与任务。然而，在整个生态系统中，一个重要的角色却常被我们忽视，那就是动物。

城市内的专类园大致可分为植物园、动物园、纪念性园林、湿地公园等多个类型。动物园与其他专类园相比更为复杂。它的主体不仅有人，还有生活于其中的动物。我国早期的传统动物园以"展示、科研"为主，动物都被关于笼中。随着人们生态保护意识的增强、对感受户外环境渴望的增加，以及越来越难以获得的野生动物资源，逐渐给动物园管理者提供了新的经营意识。动物园的设计，需要动物和人都能和谐地融入环境，游人可以愉悦地游览和观赏，动物可以自由地生活和嬉戏。本文以秦皇岛野生动物园改造项目为例，提出了相关的设计思路和理念。

二、项目概况

秦皇岛野生动物园建于秦皇岛与北戴河之间的海滨国家森林公园内，占地344hm²，东临浩渺的渤海湾，南连北戴河著名景点鸽子窝，是秦皇岛市旅游线路东西线必经之地和重要休闲景点。本次规划设计范围220hm²，是中国城市中规划面积大、森林覆盖率高、环境优美的野生动物园。

动物园管理部门希望对园内的景观进行升级改造，通过调整部分园区结构、改造现有地形地貌以及水系、新增部分植物和园林附属设施来构建人与动物和谐共处的园内景致。最终使该动物园从单纯的参观游览向集休闲娱乐、科普教育、科学研究以及野生动物保护于一体的生态化动物园发展。

三、设计理念及策略

我们希望构筑全景式、沉浸式动物园展示空间，营造动物悠然栖居与游人安全舒适观赏的环境，形成动物释放天性的"生态家园"，游客探寻世界生物的"自然之窗"。

（1）策略一：利用现状、调整优化、打造亮点、品质提升

在尽可能保留和利用现状的基础上，对交通体系、游览方式、整体环境、服务设施进行全方位提升改造，打造一个以科普为核心、人和动物和谐相处的5A级景区。

（2）策略二：全面采用沉浸式展示方式

沉浸式动物园是把动物放置于一个模拟其原生环境的空间内，使动植物按最理想状态发展。将游览空间与动物生活展示空间融为一体，兼顾优质的动物福利与良好参观体验，利用多种参观展示模式，使游客仿佛来到动物之家做客。让游客了解动物、尊重动物，从而达到让游客得到自然教育的目的。

四、组团式游览结构

根据动物原生地域环境的不同将动物展区进行重新归类调整，将原有"长藤结瓜"布局结构，提升为"一环七区"的组团式结构。

结合7个参观展区，设置综合性服务广场和自驾车林荫停车场。全园设置5个集散广场——主入口广场、非洲区广场、禽鸟区广场、亚澳区广场、商业休闲区广场。主园路串联5个广场，将所有展览分区和停车场分布在5个广场周边，以

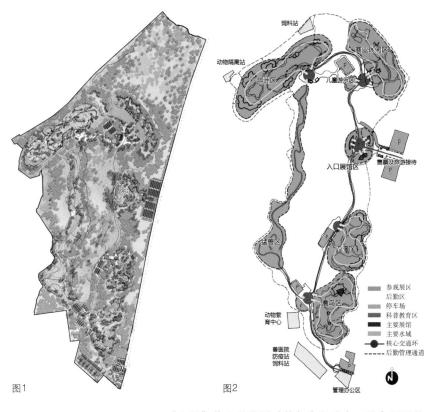

图1　图2

图1　总平面图
图2　功能布局图
图3　交通分析图
图4　后勤通道及后勤区分布图

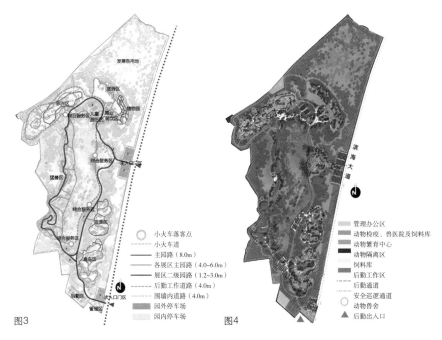

图3　图4

参观游线分为有轨观光火车道与步行道（与自驾车混行）。重置了自驾游览的范围：将全程自驾变更为主环线自驾，保留了最有特色的猛兽区全程自驾。

有轨观光火车道为闭合环状的快速交通，在主要交通枢纽处（广场）设置载落客点，方便游客快速到达目的展区。

人行游线分为主园路、展区主园路和二级园路。主园路宽8m，连接各展区入口。各展区主园路4～6m，为连接各生境展区的单向环路。展区二级路宽1.2～3m，为游客能够多角度精细观看动物而设。各展区游览完毕后需回到就近的服务站点（广场）进行其他展区参观，便于游人有选择性地进行展区参观，同时避免游客对动物地域生境的混淆。非洲区规划有空中木栈道，提供独特的游览路径和视角。

后勤保障体系包括后勤工作道路及围墙内道路。

"广场"作为游览活动的起点和终点，游客需要将车停在广场的停车区后继续步行游览，便于游客自主选择游览的路线及提升广场的综合服务能力，继而提升游览体验及增加消费机会。每个展区可以步行、自驾或者乘坐小火车到达。

后勤道路及后勤功能区位于主要展区外围。

五、安全清晰的道路交通体系

园内道路系统设计清晰，后勤保障交通系统与参观游线相互隔离，互不干扰。

六、分区专项景观设计

全园设计了两大板块：游乐休闲板块、动物展示板块。动物展式板块分为七大动物展区：非洲区、猛兽区、草食区、灵长类区、禽鸟区、珍稀区、动物幼儿园。

（一）非洲区

非洲区占地20万m²，集中展现沙漠、山地、阔叶林及草原等非洲独具特色的地域风情和生境特色。入口处设置火烈鸟展区，增加了河马、犀牛、非洲象等非洲特色大型动物展区，将生活在同一自然栖息地的长颈鹿、斑马、各种羚羊等混养在一个区域，形成具有地域特色的空间氛围，将动物放置于一个模拟其原生环境的空间内，使动植物按最理想状态发展，在山林间把参观者带入动物生境，让游客了解动物、尊重动物，从而达到教育目的。

动物兽舍均设置在非洲区外环，建筑形式突显非洲原始建筑的特点，茅草屋顶结合石墙，将其融于自然环境中，并且可以作为景观对景欣赏。

（二）灵长类动物区

动物园中的灵长类动物区向来深受游客尤其是少年儿童的喜爱。灵长类动物生性活泼，喜欢在树林间嬉戏玩耍，有时也在空地上游荡，因此在对该区域进行景观设计时应当注重灵长类的生活习性，同时将其活泼好动的特点展现给游客。游憩空间的营造对于灵长类动物十分关键，因此本案例景观形式以疏林草坪为主，通过对场地内竖向空间的精心设计，最大限度地模拟出灵长类动物原始的生活环境，从而满足其善跳跃攀爬、喜欢四处游荡的天性要求。

本案例景观设计参照了灵长类动物原栖息地的自然景观，以大树与草坪为主并辅以丛林木屋、攀爬架等设施，更加丰富了灵长类动物的活动载体。其中丛林木屋为在树林中安置的数处长3m、宽2m、高1m的木屋，成为动物避雨御寒的良好场所。通过攀爬架的设置，不仅满足了灵长类动物活泼好动的天性，丰富了日常娱乐设施，成为其自由嬉戏、快乐成长必不可少的硬件设施。而将攀爬架设置在较为靠近游客观赏通道的草坪区域也可让游客更多地欣赏到灵长类动物的生活习性和美感，从而进一步增加了该区域的吸引力。

（三）禽鸟区

禽鸟区主要由禽鸟表演区、攀禽展区、孔雀展区、雉鸡混养区以及生态湿地水禽区等几部分组成。设计以"动物优先"的原则进行生境景观的营造，游人可在模拟的自然环境中，尽情欣赏五彩斑斓的珍奇鸟类，聆听悦耳的鸟鸣。

生态湿地水禽区作为本案例景观设计的重点之一，其主要根据不同种类水禽的生态习性进行打造，从而形成一处生态湿地的景观效果。湿地为动物提供一处绝佳的繁殖、栖息、迁徙以及越冬的场所，不仅能为各类水禽提供丰富而稳定的食物来源，而且又是其筑巢的优良场所。

为了给水禽营造更好的栖息地，减少游客观光时对其活动的影响，本案例在湿地中央构建了一处小岛作为水禽的主要陆地活动场所，在植物配置上与其他湿地景观不同的是，本案例大大增加灌木及地被植物，不仅为水禽提供有效的保护和隐蔽场所，同时上述两类植物也为其筑巢提供了宝贵的原材料。另外，景观设计还在不影响水禽栖息的前提条件下，在岛上零星点缀了部分侧柏、紫藤、紫薇等乔灌木，从而形成优美的景观。

七、结语

未来的动物园应该是以保护地球生态环境和野生动植物为核心目标、强调动物园的保护教育意义、正视保护自然生境的急迫性与重要性、引发游人思考的家庭式亲和、有趣的动植物园。

作为一位园林从业人员在对动物园进行景观设计时，必须尊重动物和人的需求。这就要求在设计中不能忽视大自然中各类生物的天性，更不能盲目地以各类人工/建构筑物替代自然界中的山丘、水系等，而应是用心去追寻和谐统一的共生体。

未来的动物园应该构建真正的生态系统，特别是对于乡土动植物的科学运用，让生态环境可以永续发展。

图5　非洲区效果图
图6　灵长类区效果图
图7　禽鸟区效果图

项目组成员名单
项目负责人：李祎
项目参加人：殷柏慧　周大立　李祎　李玉超
　　　　　　康晓旭　孟振　郝若君　常帅
　　　　　　丁婕　孙伟　牛春萍

"微公园、小而美、具匠心"
——北京城市微公园设计与实践

北京创新景观园林设计有限责任公司／李战修

长期以来，城市建设盲目求大，追求振奋人心的"蓝图美景"，喜好"大思路、大手笔、大规划、大开发"，动辄几十上百公顷的大广场、大绿地，迎合了政绩需要，考虑了形象工程，却使城市丧失了人性尺度的空间，忽视了普通市民对于都市生活的真实需求，传统而舒适的生活格局被打破。

党的十九大报告中提出，推进绿色发展，大力解决突出的环境问题。北京成为全国第一个"减量"发展的城市，减量发展、绿色发展、创新发展，成为首都追求高质量发展的鲜明特征。北京将通过规模精简、功能减负和空间紧缩精准"减量"，形成"规模约束、功能优化、空间提升"三位一体的高质量发展模式。同时率先实施了"疏解整治促提升"专项行动，加快对与百姓生活密切相关的"背街小巷"的整治、对闲置土地的"留白增量"。整个城市的发展模式也由扩张式逐渐向内涵式过渡，通过"微更新""微循环""城市双修"等一系列实践探索，疏解建绿、腾退还绿，更加关注小尺度公共空间环境品质的提升和社会凝聚力的重塑。随着这些贴近市民、更具实用价值的微公园的大量出现，得到了政府和社会的广泛关注，也代表了我国园林建设的进步，并迈入了高质量发展的新阶段。

一、特点和类型

微公园，也称口袋公园，是散布在高密度城市中心区的呈斑块状分布的小公园，是一种小型城市公共开放空间，构成微公园系统，是都市生活中公共休闲、健身娱乐的场所，起到平衡城市发展、调节土地使用密度、美化环境、净化污染等作用。微公园是"麻雀虽小五脏俱全"，被百姓亲切称作"咱家的后花园"。是与居民日常息息相关、迫切需要的小尺度公共空间。公园虽小，但设计起来需要设计师更加的精心，处处体现"日常性、细微

性、多样性"的特点，设计师也要探寻新的价值标准：即从"大而全"到"小而美"，重点关注"人"自身的感受。

（1）占地面积小：400 ~ 10000m²。

（2）分布随机：选址灵活，应用范围广，服务面积大。

（3）功能较少：主要是相对于大型公园来说较为简单。

（4）投资少：使用频率高，受益者多，易到达。

（5）微公园类型：根据不同的位置和使用需求可以将口袋公园分为住宅型、商务型、交通型与商业型4种类型。

二、设计方法

（一）确定使用人群

微公园的设计有其特殊性，因为它更多地服务于特定人群，所以要求规划者对于使用者的需求有敏锐的洞察，由于公园主要承担使用者日常简单而短暂的休息功能，需要分析其所处区域位置和使用人群的特性和需求，并做出有针对性的策略。

（二）明确空间类型

由于场地有限，只能满足这些特定人群一个或几个活动需求，不可能全部满足。因此应综合考虑权衡，确定主要功能。

（三）营造生态环境

体现城市森林理念，兼顾喜爱园艺的特性，构建微生态环境，改善小气候。

（四）体现场地记忆

微公司应体现城市贴近生活的"小文化"，从周边寻找出亲民的"小文化"点注入其中，形成

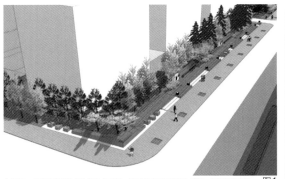

鸟瞰图－采用线性墙体围合线性的空间，选用当年城墙用的大城砖，体现城的印记 图1

图2

地域记忆。营造良好的文化氛围，形成地域记忆，提高居民对城市的认同感与归属感。总之就是从"小"处着手，以小而实用为出发点，切实地关注城市微观环境建造，提高居民的生活质量。

目前北京正在进行的大规模"治违""留白增量"和"背街小巷"整治，本质是要建立与国际一流的和谐宜居之都相符合的城市治理新模式，这也是北京"老城重组"的必然要求。恢复北京老城风貌，促进老城功能和环境提升，更要注意传统格局的维护、传统风貌的修复与传统文化的复兴。

三、建成案例

以我们近几年在街道旁、地铁站口、胡同内、古迹边、办公区前、商业街前、河道边等7个不同位置各具特色的微公园为例，体现不同的风格和功能。

图5

地铁建筑出入口
地铁口施工范围
此次设计区域

（一）街道旁——西皇城根南街微公园

这块绿地的特殊价值在于它的位置正好处于明、清皇城西南城墙拐角旧址。按照历史记载，明代永乐年间建皇城时，计划是一个规整的长方形，但是建成以后，在城墙西南拐角处却出现缺角的独特情景，造成这种情形是由于元代庆寿寺（也称双塔寺，今民航大楼一带）占据了此位置，于是皇城西南城墙从西安门向南，在此分别向东、向南拐了两个角弯，就有了一个西南拐角。20世纪50年代，拆除皇城墙时将这个拐角的基础埋于地下。

根据这段特殊的历史渊源和典故，我们把设计理念定为"转角记忆"，依托场地内固有的历史文化信息，通过找寻历史人文符号突出带状绿地的特点，形成统一的历史街区氛围，提炼皇城的线性符号和色彩，彰显出历史地段的意义和独特的历史价值。设计整体采用与皇城一样规格的大城砖砌筑的线性的矮墙，使人联想起"城墙记忆"的主题。同时又在休闲空间和北侧居民楼之间增加了隔离，减

少了公共空间对居民楼的干扰。整体地面提升了50cm，体现了对地下遗址的保护和尊重。

（二）地铁口——鼓楼地铁站微公园

此方案延续北二环德胜公园的风格，将老北京四合院建筑空间意境和装饰手法融入设计中。将鼓楼地铁站西侧空地设计成老北京地域文化的城市

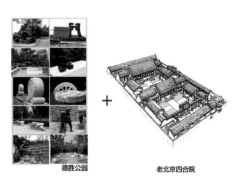

德胜公园 + 老北京四合院 = 新中式的景观风格

延续北二环德胜公园的风格，运用老北京四合院建筑空间意境和装饰手法融入到设计。将鼓楼地铁站西侧空地设计成体现老北京地域文化的城市文化小游园，营造精致的户外休憩空间。注重细节的设计，将传统石雕小品和宜人尺度的休息坐凳布置园中，突出文脉的延续和人性化的设计。

图6

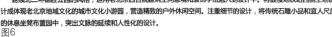

整个空间布局分为开敞的动线空间和通过台阶、景墙分隔的休憩空间，满足不同人的需求。

图7

图8

地铁出口西侧为此次设计重点区域

图9

图10

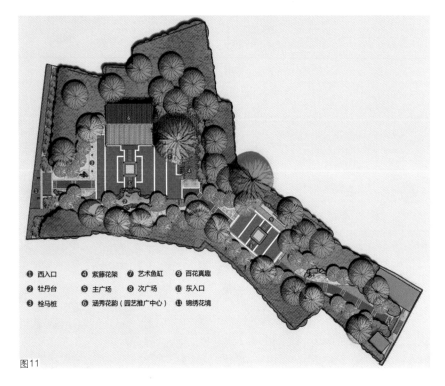

① 西入口　④ 紫藤花架　⑦ 艺术鱼缸　⑩ 百花真趣
② 牡丹台　⑤ 主广场　　⑧ 次广场　　⑪ 东入口
③ 拴马桩　⑥ 涵秀花韵（园艺推广中心）⑫ 锦绣花境

图11

文化小游园，营造精致的户外休闲空间。注重细节设计，将传统石雕小品和宜人尺度的休息坐凳布置园中，突出文脉的延续和人性化的设计。交通枢纽型口袋公园主要为过路行人提供一个休憩与如厕空间。城市老城区的特点是拥有一定的历史文化价值，存在一些需要保护的古建筑、街道等。这些地方不能大拆大建，但是有时候由于多年习俗流传下来，老城区的环境也存在一些脏、乱、差的情况，口袋公园的小巧实用在这些地方与大型公园相比能发挥更好的作用。

（三）胡同内——百花园

百花园曾名为北花园。明清时代种植花草，供琉璃厂的官员观赏，后来音转为百花园、百合园。设计在不大的面积内，追求空间艺术的变化，风格素雅精巧，达到拙间取华的意境。设计构思如下：发掘周边消失的历史名园，体现传统园林意境，传承历史记忆和特色，打造景致宜人的休闲花园。方案从道路铺装、小品、种植等方面反映其文化背景，打造一个充满文人墨客味道的精致花园。在功能上，适当增加活动场地。在满足其穿行功能的同时，给人民提供一个休闲活动空间。现在居住在胡同里的居民，没有公园、没有活动空间，迫切需要公共空间，让能绿的地方绿起来，让历史、文化进入百姓生活。

百花园位于大栅栏地区中部，前身为天陶市场，有80多户商户，人员拥挤、道路脏乱、存在

绿地现状是天陶市场，东起樱桃胡同和樱桃斜街，西至桐梓胡同，南起桐梓胡同，北至杨梅竹斜街西沿，绿地面积约为1850㎡。

图12

西入口　园艺展示中心　主活动广场　次要活动广场　东入口

图13

图14

严重安全隐患。整个百花园占地面积约 1850m²。西城区政府结合全市疏解非首都功能和环境综合整治，拆除了原有市场，百花园解决了大栅栏地区 500m 半径公园服务这一覆盖盲区问题，还绿于民。本方案活动广场以精致景墙为主景，以铺装、芍药种植台作为点缀渲染，体现文人山水的情怀。在植物选择上，种植竹子、玉兰、芍药等特色植物，烘托突出主题。

风格的小游园。北京每条胡同都有故事，都有自己的文化基因。胡同里的"微公园"，传承着历史记忆，也各有各的性情。京韵园胡同所在的大栅栏地区，是京剧的发祥地，园子里的景观小品、石刻、院墙，全点缀着京剧文化元素，使人感觉到一股浓浓的京腔京韵。

（四）古迹边——京韵园

项目位置位于北京西城区大栅栏的西南角，纪晓岚故居的两侧，珠市口西大街路北，总面积约 4270 m²。在设计中相应优化首都功能，改善人居环境，注重"留白增绿"，进行生态重塑。设计中充分尊重场地历史，将现纪晓岚故居内的文化元素延伸到园内，形成纪晓岚故居的后花园，并点缀京剧文化内涵，将其打造成服务周边百姓的古典园林

形成期　纪晓岚故居　晋阳饭庄　鼎盛期　成熟期
京韵园
珠市口西大街
阡儿胡同牌楼

图15

纪晓岚故居是属市级文物保护单位。现为两进四合院格局，原为三进院。历史上东侧晋阳饭店及西侧绿地曾都是其范围。西侧原有东西配房，以抄手游廊与南北房相连

抄手游廊

海棠情思

纪晓岚故居与晋阳饭店

紫藤幽香

图16

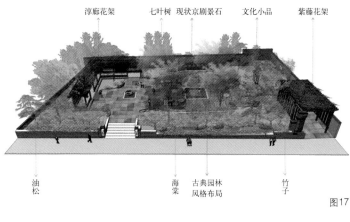

淳廊花架　七叶树　现状京剧景石　文化小品　紫藤花架

油松　海棠　古典园林风格布局　竹子

图17

图18

图19

图20

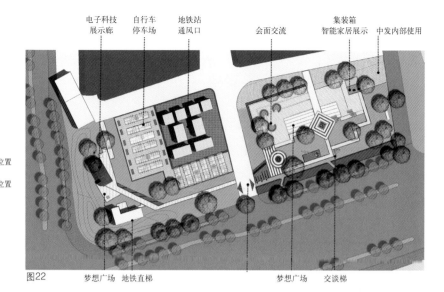

图22　　　　　　　　梦想广场　地铁直梯　　　　　　　梦想广场　交谈梯

图21

（五）办公区前——中发广场

商业区寸土寸金，在这里建立小型的口袋公园作为城市绿色开放空间，可以缓解商业区工作者的工作压力，也可以作为一个休闲交流平台。商务型口袋公园用户群体受教育程度较高，因此设计时也应考虑审美需求；商业型口袋公园的使用者构成比较复杂，但是用户目的较为简单，可设置合适的等待交流场所。

（六）河道边——三里河公园

古三里河是前门地区繁盛的一个重要原因，是前门东区以长巷头条为代表的几条胡同形成独特扇

图 20　中发广场位置图
图 21　中发广场建成前照片
图 22　中发广场平面图
图 23　中发广场建成照片

图23

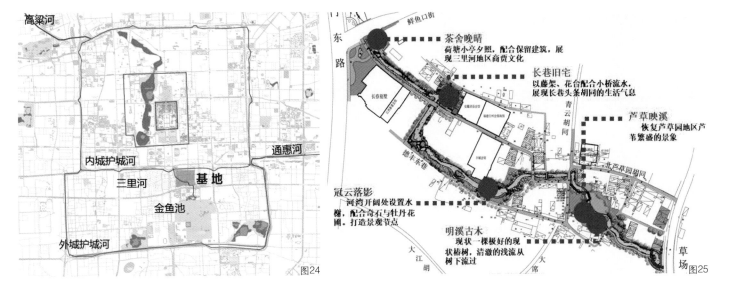

图24

图25

形成城市肌理的根源，是北京历史水系和前门历史文脉的重要组成部分。恢复古三里河景观是北京城古都风貌保护工作不可或缺的重要元素，也是非首都功能有效疏解的重要举措。

该项目的设计理念是打造一条充满南城记忆的穿过街巷宅院的古河道。在本设计中，将河道与周边建筑相互融合，形成开放型河道、开放型院落，用生活气息将水系与周边建筑融为一体。

四、结论

随着现代社会的快速发展和人们生活水平的提高，微公园成为繁忙都市中人们的一个庇护所、一个户外的家园，它也是对精神生活要求提高的产物，必将会成为城市的新常态。微公园的意义已经远远超越了美学上的价值，小小的场地，在营造场所感、重塑社区精神、获得感和幸福感等方面起到了巨大作用，它所传播的能量、所带来的惊喜，让我们重新思考人与场所、人与城市、自然与城市的关系。管理者及设计师应当主动面向和服务城市中的普通市民，关注城市生活的微小空间，正是这样微小的点状元素构筑了整个城市的生气和活力。"微视角、小场景"往往最能体现一个城市的"真生活、真特色"。

项目组成员名单
项目负责人：李战修
项目参加人：梁 毅 郝勇翔 祁建勋 王 阔
　　　　　　韩 磊 赵滨松
项目演讲人：李战修

图26

图 24　三里河公园位置图
图 25　三里河公园南区五景平面布置图
图 26　三里河公园建成照片

自然的灵感、现代的表达
——台湖公园建筑小品设计与探索

北京创新景观园林设计有限责任公司／侯晓莉

当代中国正在快速融入世界，这在设计领域表现得尤为明显，形形色色的设计思潮不断地涌入，在开阔视野、提高水平、注入活力的同时，也使设计行业出现3个方面的问题：一是盲目求怪、求洋、求新，追求毫无依据、与众不同的外在形式。二是盲目复古，牵强的拼贴式和穿越式的仿古建筑，生硬地把传统古建筑和大屋顶作为永恒不变的符号。三是盲目抄袭，见到别人好的设计一律拿来主义，低级模仿复制。出现的这些问题都值得深入思考。每一个景观建筑都具有不同的场所特征、场地文化、功能要求、资金投入以及设计师个人的创造力，这些共同决定了其与众不同的作品个性。中国的景观建筑除了要注意形式的和谐美外，更要注重其情感交流和文化意境美的表达。

我们通过多年的研究、探索与实践，针对如何将鲜明的中国特征和时尚的现代特色融为一体进行设计，总结出以下两点体会：一是提取中国传统园林建筑特征，作为符号、母题，抽象地运用到当代设计当中；二是提取中国传统文化的精髓和内涵，作为意境、情境，意象性地融入设计之中。这些方法在我们的每一个设计作品中都有所运用和表达。下面以通州台湖公园几组园林建筑小品的设计过程为例，回顾一下我们的思考与实践。

台湖镇位于北京市通州区西南部，作为一个新兴现代化城镇，它的定位为：高端总部集聚区、转型升级示范区。整体体现"绿色生态、活力时尚"的现代风格，全力打造"生态台湖"战略目标。

一、台湖的过去

历史上的台湖，确实是有台也有湖，以方形土岗为台，诸island围湖而设，人们便以有台有湖而命名为"台湖"。辽代的台湖与著名的延芳淀湿地相邻相望，水面开阔，中饶荷芰，水鸟成群，柳林环绕，一派诗情画意的湿地景观。辽圣宗数次来台湖游猎，被台湖恬静、幽邃的美景所打动，更名为"望幸里"。并在望幸里高台上修建了一座阅台，供圣宗和太后渔猎、观赏之用。后来永定河常常泛滥，泥沙在湖中间淤成一块陆地，久而久之有人聚此开垦耕种建村。随着湖面完全被淤塞，湖泊变农田，"湖"也有名无实了，便在清乾隆年间以谐音名"台户"。民国2年（1913年）改回原名台湖，沿用至今。

二、公园概况

台湖公园位于台湖镇中心区，紧邻京台路，面积约133hm²，其中水面20hm²，由市、区、镇三级政府共同投资兴建。2013年开工，2015年完工。设计之初，首先将原有的鱼塘、藕地等低洼地进行整合联通，恢复了历史上的湖泊湿地，体现出了历史上"有台有湖"的景观风貌，同时公园设计突出现代简洁的风格，将全园共分为：新台湖印象区、

图1 历史图片

图1

体育运动区、儿童活动区、安静休闲区、野营度假区和村庄服务区6个景观功能区。

三、建筑小品设计

完成了公园的山水格局和功能分区后，如何进一步体现"新印象台湖"这一主题，什么样的形象适合作为新台湖的标志性景观，是我们一直思考的问题。只有打破常规惯例的设计手法，寻找新的结构和新的造型，才能形成眼前一亮的景观体验。我们沿着场地自身的历史印迹，从中寻找设计的灵感与线索，浮现眼前的是台湖优美朴野自然的湿地景观，于是想到了把代表台湖湿地印象的各种动植物的形态特征相结合，再通过抽象转换，运用到建筑小品的设计当中。经过比较，我们筛选出了最能代表台湖湿地特色的"鱼跃、鹰翔、雁落、蒲影"4个元素作为原型进行设计，通过对这4个元素形体本质特征的分析，发挥想象力和创造力，把最具这些生物特点的形态和结构提炼出来，结合公园的整体布局，设计了"鱼乐桥""展翅廊""雁落亭"等特色景观小品。形成新的台湖印象，唤起人们对于场地记忆的重新理解和体验。

（一）鱼乐桥

1. 重要位置

恢复了大湖，必然需要桥，我们在此借鉴了传统皇家园林颐和园中的十七孔桥在全园景观中所起的作用，强调并突出了桥在公园中的景观重要性。众所周知，颐和园十七孔桥飞跨于东堤和南湖岛之间，不但是去往南湖岛的唯一通道，而且也成为整个湖区的一个标志性重要景点。同样我们在该项目主湖南部的中轴线上，以鱼为形体对象设计了一座抽象的现代钢结构的红色鱼形大桥，将桥的主题形象鲜明化，使其具有可识别性和标志性。100多米的鱼乐桥横跨主湖，连接两座小岛，既是行人游园的必经之路，也成为整个湖面的点睛之笔。

2. 文化传承

鱼乐桥的设计理念深受中国传统文化中"濠濮间想"的启发，因古代哲人充满智慧的对话才有了鱼乐桥最初的构思；另外台湖历史上也是自然的湖泊湿地，湿地中的鱼类形态也使我们最终确定了桥的造型，就是建筑外观模仿湿地鱼形。鱼是最古老的脊椎动物，它如纺锤、呈流线形的外形和自由翻跃嬉戏的动态是设计构思的来源。自古以来，鱼的形象也是常常作为吉祥物出现在各种场合，传统文

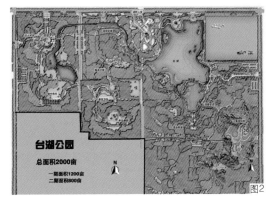

图2

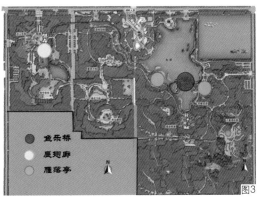

图3

图4

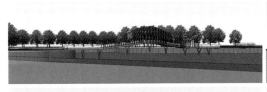

图5

图6

图2　公园平面图
图3　特色景观小品位置图
图4　鱼乐桥模型图
图5　鱼乐桥效果图
图6　从空中鸟瞰鱼乐桥

图 7　鱼乐桥正立面
图 8　从南侧木栈桥上看鱼乐桥
图 9　展翅廊模型图
图 10　展翅廊效果图
图 11　展翅廊建成图

图7

图8

图9

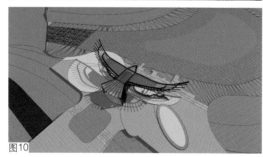
图10

图11

化中的"鱼跃龙门""鱼翔浅底"，既形象生动又吉祥大气，因此本桥的设计采用了抽象的鱼的形态，寓意着一条红色的鱼儿自由自在地游向台湖。

3. 现代空间

在公园整体设计上，我们采用现代的设计手法，细节上体现传统的韵味。外形上我们突破了传统园林的空间模式，采用大尺度的现代空间立体构成的设计方法，平面、立面均为曲率不同的双曲线，按照立体构成原理，形成了多变有趣的空间形态和空间感受。内部人行空间则步移景异，设计以宜人的尺度为根本出发点，避免过大而空旷的夸张效果，亦不能因狭隘局促而显小气。鱼乐桥的平面尺寸净宽定为 3.6m，立面高度从 1.9m 至 8.5m 依次排开。运用巧妙的构图组合手法使行人在游乐中感受眼前景色的上下起伏，体会到鱼乐桥与众不同的丰富变化。

设计中采用美学的韵律构图和序列感，平、立面的曲线按规律排列，使桥的形象和空间内部均具有强烈的导向性，引导游人深入浅出、有秩序地享受大自然的乐趣，为体验公园中的湖面提供了很好的观景平台。桥的外形设计充分考虑了在空间使用中的效果，通过规律排列的钢框架竖向线条，使桥面在阳光的照射下形成富有韵律和变化的光影效果。与此同时，设计并没有采用简单的站队式排列，而是在序列中寻求变化，用双曲线来控制整体桥的立体脊线，使建筑的造型有了强烈的雕塑感和视觉冲击力，内部空间使用上也由建筑造型和结构构件本身来起到很好的渲染作用，形成奇特多变的步行空间。

4. 色彩运用

色彩是在现代设计中表达中国文化特色的重要手段，自古以来中国建筑在运用色彩方面积累了丰富的经验，很善于运用鲜明色彩的对比与调和。红色是中国文化中最具特色，也是国人最喜欢的颜色，并成为当代中国在世界范围内被识别的标准色。因此鱼乐桥主体颜色选择了暖色调的朱红色，栏杆、梁、柱、地面等阴影部分用了黑灰色，这样就更强调了阳光的温暖和阴影的荫凉，形成一种悦目的对比；考虑到北方冬季景色的色彩单调乏味，设计中采用中国红这样鲜明的色彩为台湖带来活泼和生趣；同时红色的鱼更代表了吉祥、喜庆的中国文化特色。

（二）展翅廊

另一组园林建筑是位于台湖公园（二期）湖面北岸的展翅廊，它与一期的鱼乐桥在造型上一个平展、一个高扬，在寓意上分别表达了"鱼翔浅底、鹰击长空"的主题，呈现出了遥相呼应的生动态势。

展翅廊功能上是一组瞭望观景台，其现代钢结构的外观设计来源于湿地食物链中的顶端动物——体态雄伟的鹰，造型取自雄鹰展翼飞翔的态势，突出了其两翼发达、善于飞翔的特征，创造了流动舒展的形体，好似雄鹰展开轻盈的身躯在蓝天飞翔，又好像是居高临下，随时要捕捉湖中的猎物一般。另外，展翅廊除了现代时尚的外观，也传递出了文化气质，无论古代和现代文人都是借鹰的这种造型特点来表达和抒发思想境界和博大胸怀。

在展翅廊的具体设计中使用了大量现代材料和技术，对鹰的形态、体量感、比例关系进行了细致的推敲和处理。展翅廊设计为两层，底层 3.5m 高架空，既作为基座抬高了鹰廊，凸显了气势，同时又赋予了功能，形成灰空间供游人休憩。廊子的整体展开面长 32m，整体表达出了矫健雄浑的气势。为了表现张力仍然采用易于加工的钢材，单面翅膀出挑 14m，轻盈有张力。建成后整体上形式简洁，功能方便，富有内涵。

（三）雁落亭

大雁是台湖湿地中常见的、极具代表性的类群，单只的大雁体形较大，喙的基部较高，长度和头部的长度几乎相等，颈部较粗短，翅膀长而尖，体型呈流线形。而雁群都是一些家庭或者说是一些群的聚合体。根据这些特点我们的构思来源于一群落在湿地岸边休息觅食的大雁，设计了一组雁群休息廊，我们按照长度分别设计了8m、10m、12m 三种规格尺寸的雁落亭，根据场地的不同进行自由组合，远看如同星星点点的大雁群散落于公园的树丛中。雁落亭采用"Y"形钢柱作为主体结构支撑，轻盈自由。雁落亭供游人休息的同时，新颖的造型与对岸的鱼乐桥、展翅廊相互呼应，形成整体统一。

四、结语

通过像台湖这样新兴的现代化城镇建设，其环境设计往往不再适宜采取仿古式的建筑风格，我们在设计之初就确定了"新城古意、现代外观、传统内涵"的定位方向，吸收现代技术、具有时代气息，又在传统自然观和传统文化的基础上，探索并找到一条适合现代新城的园林建筑风格，可以使新城的年轻人既感受到时尚活力，又能产生亲切感和

心灵的共鸣，使一直住在这里的老年人找到传统的记忆和情感寄托，使整个环境形成自然与人文相协调、传统与现代和谐共生的魅力空间。

项目组成员名单
项目负责人：侯晓莉
项目参加人：侯晓莉　付莉华　范朋森

图12

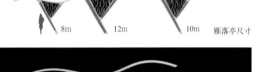

8m　　12m　　10m　　雁落亭尺寸
图13

图14

图15

图 12　雁落亭模型图
图 13　雁落亭效果图
图 14　建成图——雁落亭散落于
　　　　树林中
图 15　建成图——雁落亭下休憩
　　　　空间

|风景园林师|
Landscape Architects 121

南宁国际园林博览会乌鲁木齐展园设计中地域文化的提炼及运用

新疆城乡规划设计研究院有限公司／刘骁凡

一、引言

第十二届中国国际园林博览会以"生态宜居，园林圆梦"为主题，于2018年12月在南宁召开，乌鲁木齐园位于园博会南部区域，用地面积为2550m²。如何将新疆地域文化融入乌鲁木齐园内使人们能切身体会到独特的地域特征和人文风情，同时又紧扣博览会主题，成为本次设计的重点。在展园设计过程中通过对地域文化元素的选取、提炼与思考，以"丝路驿站"为主题进行设计。

二、总体设计

（一）把握地域文化时代特征，紧扣圆梦主题

2013年，习近平主席提出共建"丝绸之路经济带"和"21世纪海上丝绸之路"的重大倡议。"一带一路"倡议激发了沿线国家的新生机，古丝绸之路焕发出新的时代魅力。新疆是丝绸之路上的重要驿站，乌鲁木齐园设计理念以"呈现西域魅力，展现丝路繁荣"为主导，通过选择历史长河中代表地域特征的重要元素集中体现西域发展脉络及时代特点。"呈现西域魅力"，采用自然地貌特色元素及历史悠久的艺术文化元素来体现西域特有的环境特点及东西方文化交流下的艺术精粹；"展现丝路繁荣"，采用古往今来伴随着人类文明发展，古丝绸之路与新丝绸之路上人类生产、生活的载体元素，体现西域人民智慧，展示丝路繁荣的情景，也间接反映出在西域这片广阔神奇的土地上，一代代新疆人自强不息、蓬勃奋进，建设美好家园的风采。

（二）提炼地域文化特色元素，展现西域风情

1. 雅丹地貌

雅丹地貌是一种典型的风蚀性地貌，"雅丹"在维吾尔语中的意思是"具有陡壁的小山包"，主要分布于降雨稀少、植被稀疏、风蚀作用强烈的干旱区和极端干旱区的沙漠边缘，是新疆特有的地质地貌。

2. 烽火台

克孜尔尕哈烽火台是目前新疆古丝绸之路北道上时代最早、保存最完好的烽燧遗址，且位居丝绸之路北道的黄金地段，克孜尔尕哈在维吾尔语中为"红嘴老鸹"或"红色哨卡"之意，这座巍峨的古军事建筑，历经2000多年的风风雨雨，至今依然雄姿犹存，烽火台见证了丝路历史上的战略地位和在军事科学方面的杰出成就。克孜尔尕哈烽火台作

图1

图2

图1　雅丹地貌
图2　克孜尔尕哈烽火台

为申遗的"丝绸之路：长安—天山廊道的路网"中的一处遗址点被成功列入《世界遗产名录》。

3. 新疆民居

新疆民居历来以土木为主，房顶一般为平顶或者略微倾斜，多以长方形平房为主，房前一般设有拱式前廊、台阶和平台。前廊由廊柱组成，平台为接待客人或者乘凉、聊天之处。这样建筑形式的形成，一是受新疆的地理位置与气候环境特点——干旱、少雨、多风沙、日照时间长、昼夜温差大和当地材料的限制，二是由于东西方文化交流、民族融合和交替的宗教信仰及生活习俗等诸多原因。维吾尔族民居建筑技艺已列入国家级非物质文化遗产名录。

4. 坎儿井

坎儿井是开发利用地下水的一种很古老的水平集水建筑物，适用于山麓、冲积扇边缘地带，主要是用于截取地下潜水来进行农田灌溉和居民用水，普遍见于中国新疆吐鲁番地区。吐鲁番的坎儿井总数达 1100 多条，全长约 5000km。坎儿井与万里长城、京杭大运河并称为中国古代三大工程。"坎儿井开凿技艺"被列入新疆维吾尔自治区非物质文化遗产名录。

5. 龟兹艺术

龟兹艺术是我国古代中西方文化、艺术交互融合并结合西域人文特点而孕育的有着鲜明民族特征、地域特色的一种文化综合体。龟兹艺术以石窟壁画、乐舞、戏曲、文物、诗词为主，其中石窟壁画为主要载体。克孜尔千佛洞为主要代表，早于敦煌石窟几百年，是中国位置最西、开凿时间最早、延续时间最长的大型石窟。克孜尔千佛洞作为申遗的"丝绸之路：长安—天山廊道的路网"中的一处遗址点被成功列入《世界遗产名录》。

（三）落实地域文化场地语言，营造"丝路驿站"

1. 依地就势，错落有致

现状场地南高北低，西高东低，场地竖向整理后的地形最大落差约5.2m，本园在园区的最高点处1∶1再现新疆库车克孜尔尕哈烽火台，成为园区的主景。设计利用落差在竖向最高处布置一处叠水，寓意冰雪融水灌溉沙漠绿洲；高层台地采用烽火台、城墙、雅丹地貌；中层台地采用新疆胡杨、金色沙丘、果园森林，花砖景墙；低层台地以丝绸花田、入口特色景墙为主要景观元素，随着地势层层递进，借势造园，形成"远近高低各不同"的台地景观、多样的空间层次感以及起伏的地形变

图3

图4

图5

图6

图7

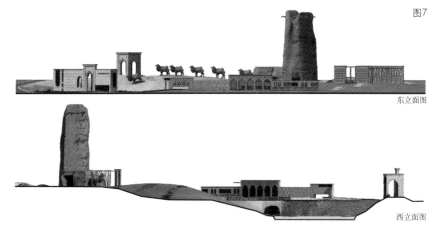
东立面图

西立面图

图 8　设计鸟瞰图
图 9　新疆民族花砖
图 10　烽火台

化，增加空间的趣味性。设计充分利用现状地形高差，通过地下坎儿井水系的连通，既反映了坎儿井结构的智慧，又串联了不同景观设计元素构成的景点，形成了地上地下互通交融的立体游览线路。

2. 布局空间，凸显主题

经过场地整理展园形成一轴两区的景观结构。一轴：人文景观轴；两区：沙漠景观区、绿洲景观区。人文景观轴序列由高到低依次是具有丝路特征的烽火台、雅丹地貌、坎儿井、入口景墙，长度65 m，形成展园的视觉焦点和构图中心；两侧沙漠景观区与绿洲景观区象征南北疆自然环境的差异，从入口处向绿洲景观区和沙漠景观区延伸两条园路至烽火台处，形成闭合成环的游线。

展园游线穿过具有民族特色的主入口到达景观节点坎儿井，游客可步行下台阶近距离参观感受古老灌溉系统，与坎儿井"地下暗河"并行穿过地下区域到达烽火台下；主入口向西可参观绿洲景观，主要展现新疆特有的果树、葡萄和各色花卉，一路上坡到达雅丹地貌展示区和烽火台；主入口向东下坡，沿民族花砖景墙来到沙漠景观，由骆驼商队雕塑、金色沙丘、新疆胡杨、白榆树桩、静水面等组成。游客可通过西侧绿洲环线、东侧沙漠环线、地下坎儿井游线和地上径直上台阶到达展园核心区。4 条不同景观游线丰富了游览体验。核心区由烽火台、雅丹地貌、水景观组成。进入烽火台可参观龟兹壁画艺术，内部设计依照"克孜尔千佛洞38洞窟"的天顶壁画风格。

3. 强化细节，引人入胜

乌鲁木齐园主入口民族景墙立面使用民族花砖装饰，造型样式源于百姓生活建筑。景墙样式全部采用新疆民族手工磨砖工艺，施工方式全部由新疆本地工匠现场打磨。入口建筑内侧长廊的檐部、柱与柱之间均采用新疆传统木雕装饰，纹样以植物为主题，结构精巧，雕刻技法华丽精致，带有浓郁的民族色彩。展园西侧的绿洲景观，其节点主要为果园森林，结合周边环境种植果树和葡萄并搭配各色花卉。展园东侧以展现新疆沙漠景观为主，景观节点包含骆驼商队雕塑、白榆桩、枯胡杨等，沙丘边缘植红柳、沙枣等沙生植物，自然驳岸边放置白榆桩象征沙漠胡杨，以小见大展现西域大漠美景。克孜尔尕哈烽火台采用的夯土结构，因南宁地理环境、气候环境与新疆大为不同，外部造型仿制克孜尔尕哈烽火台，内部采用钢结构，外装饰采用彩色混凝土，高度13.5 m。烽火台内部分为前厅和后室，内部装饰仿照克孜尔石窟佛殿，窟室高大、窟门洞开，正壁塑立佛像，墙壁装饰彩色龟兹壁画，内容反映佛教经典的故事，使用的颜料均采用新疆当地矿物颜料，由3位画师耗时两个月完成。施工工艺参照千年前的着色方法，不但有平涂的烘染，更有水分在底壁上的晕散。

三、结语

南宁国际园林博览会乌鲁木齐园展现了新疆特有的人文和自然属性，是地域文化集中体现的重要载体。乌鲁木齐展园获得南宁国际园林博览会室外展园综合奖"最佳展园奖"（第七名），并获室外展园"最佳设计奖""最佳施工奖""最佳植物配置奖""最佳建筑小品奖"4个单项奖。只有将地域文化与现代技艺相融合进行创新，利用历史文化的厚重感和时代感设计出蕴含丰厚内涵的园林景观，才能别具一格。如何把地域文化与现代园林设计相结合，是园林设计者今后需要继续研究和思考的方向。

项目组成员名单
项目负责人：王　策
项目参加人员：李　霞　刘骁凡　罗清安　张　丽
　　　　　　　李永亮　方　波　来海燕
项目演讲人：刘骁凡

淄博市文昌湖环湖公园规划设计及生态修复实践

杭州园林设计院股份有限公司／宋　雁

一、引言

　　淄博是一座依赖资源开发起步、以重化工业为主的资源型城市，是全国老工业基地。近年来，淄博市不断探索城市转型发展之路，在优化城市产业结构的同时把生态修复列为重中之重，并于2017年7月成为城市双修的第三批试点城市。文昌湖地区是淄博市中心城区唯一一处山水相依的宝贵生态绿心，为进一步强化城市总体生态格局构建，推进生态修复，淄博市将文昌湖区纳入中心城区总体构架中，形成淄博市中心城区的生态绿心，并大力推进文昌湖环湖区域及其上下游的范阳河水系、孝妇河水系等的水系治理和生态修复工作。

二、文昌湖环湖区域概况

　　文昌湖原为萌山水库，湖面6.6km²，位于范阳河中游，是淄博市境内第二大水库、淄博市工农业用水水源地之一。

　　文昌湖山水景观资源秀美，拥有完整的山、水、林、田、岸等景观要素，且区位优势突出，2010年文昌湖旅游度假区揭牌成立，定位打造省级旅游度假区。

　　2010～2015年，文昌湖采取了与中海集团进行战略合作的发展模式，文昌湖西侧、东侧用地与区位条件最好、景观资源条件最佳的地区被高密度地产类建设占据，呈现出环湖包围式开发的局面，失败的地产开发至今仍荒弃。与此同时，原有村落村民沿湖违章搭建建筑或棚架，硬化岸线和场地，进行餐饮经营，向湖区直排污水及废弃物，对湖区环境造成严重破坏。

三、文昌湖环湖公园规划设计及生态修复实践

　　2016年起，基于上述环湖区域无序开发、生态环境退化等问题，当地政府转变发展思路，树立以生态建设、健康产业带动区域发展的总体思路，并以文昌湖环湖公园建设为排头兵项目开启发展新篇章。

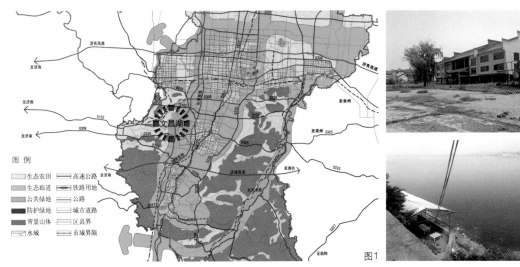

图1　中心城区生态格局分析图
图2　荒弃的房地产开发楼盘
图3　餐饮无序发展污染水体

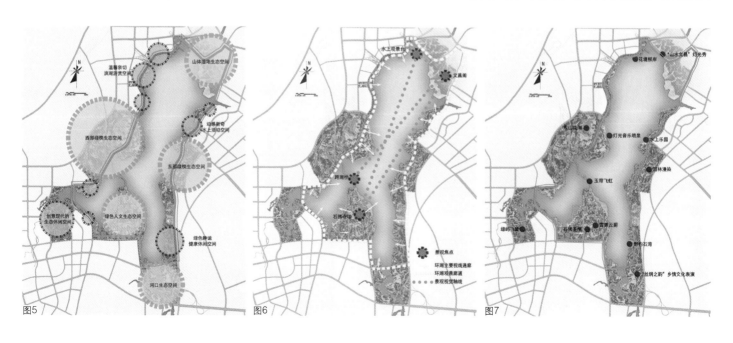

映，山水相融"的整体空间结构。

设计以层次丰富的环湖绿道体系为纽带，串联生态空间与点状滨湖活动空间，营造"绿入城中，人在绿中"的美好滨水环境。生态空间根据现状植被及规划特色形成不同的生态功能分区，活动空间则充分结合周边活动人群需求，形成各具特色的滨水休闲活动场地，如珍珠镶嵌在环湖绿道之上。

2. 景观功能分区与特色景点营造

根据总体空间布局及周边需求，规划形成七大特色功能区：亲水游赏区、中央公园区、生态水岸休闲区、养生休闲区、垂钓休闲区、山林绿化区、水上运动区，并在其中打造"一环十二景"特色景点，突出文昌湖四季赏花、观叶的生态景观特色，以及充满活力和趣味性的水上活动、生态游览特色，营造观山乐水、融入自然的多彩生态空间。同时，在生态空间中融入极具地方文化特色的"文化软景观"，加强游览参与性和趣味性，形成自然与文化交相辉映的美好感受，构筑"春赏碧湖花海，夏游水上乐园，秋观层林漫染，冬浴松梅温泉"的特色景观游赏体系。

3. 景观视线空间构架

由于公园空间尺度较大，又有良好的山水空间骨架，规划设计特别注重在造景时的景观视觉呼应关系，组织好山体、标志性建筑物、桥梁等之间的布局关系，构筑清晰的统领公园总体景观空间的视觉轴线关系，为游客营造富有变化和标志性的空间感受，并形成清晰的视觉焦点和有辨识度的游览路径。

2018年5月环湖公园一期工程基本竣工，完全落实规划设计格局，于东西绿楔及萌山营造大面

图 例
① 沐光草坪
② 水文观测站
③ 花堤柳岸
④ 滨水茶室
⑤ 亲水木栈道
⑥ 中海滨水公园
⑦ 水韵广场
⑧ 水岸咖啡厅
⑨ 亲水平台
⑩ 现状石滩地
⑪ 湖滨广场
⑫ 极限运动场
⑬ 大草坪
⑭ 房车营地
⑮ 花海飞鸿
⑯ 七彩花田
⑰ 景观林
⑱ 奔跑喷泉
⑲ 云堤烟柳
⑳ 湖光亭廊
㉑ 创意休闲馆
㉒ 留岛岛
㉓ 创意会所
㉔ 菩提宾舍（温泉酒店）
㉕ 温泉会所
㉖ 石佛寺
㉗ 花语漫坡
㉘ 拱桥
㉙ 保留鱼塘
㉚ 草滩
㉛ 滨水平台
㉜ 活动草坪
㉝ 居民活动空间
㉞ 民宿餐饮
㉟ 文昌渔家
㊱ 垂钓石建
㊲ 餐饮服务建筑
㊳ 水上绿道
㊴ 滨湖茶室
㊵ 林间小径
㊶ 金沙戏水
㊷ 水上俱乐部
㊸ 湖滨咖啡屋
㊹ 皮划艇基地
㊺ 游船码头（4处）

图4

126 | 风景园林师 |
Landscape Architects

图4　环湖公园总平面图
图5　总体空间结构图
图6　特色景点布局图
图7　景观视线分析图
图8　环湖公园实景
图9　滞留塘
图10　雨水口
图11　工程实施前的荒滩
图12　岸线及浅滩修复

环湖公园总面积 4.53km²，包括环湖路与水岸线间的绿地及南部范阳河、白泥河入水口湿地、东西绿楔等地块。规划定位将文昌湖环湖公园打造为文昌湖地区生态、景观、休闲功能核心区，淄博市的"山水休闲后花园"，山东省以生态观光、运动休闲、养生度假为特色的旅游目的地。

（一）环湖公园规划设计实践

1. 总体空间结构

环湖公园规划设计充分落实上位规划确定的总体生态结构，形成"绿链绕湖，珠落玉盘，湖城相

图5

图6

图7

积生态绿林，极大提升了区域绿量。原有占据岸线的村庄全部迁出，退田还绿，沿湖农家餐饮及违章搭建全部拆除，恢复了绿荫碧水的美好环境。2018 年 10 月的文昌湖环湖马拉松赛事成功举办，突出展现了文昌湖地区生态建设取得的巨大成就，树立了文昌湖区绿色、生态、健康、活力的新形象，成为淄博市的又一张靓丽名片。

（二）环湖区域生态修复实践

基于沿环湖区域生态环境污染与退化的情况，设计特别注重采用宏观、中观、微观不同层面的策略与技术手段落实生态修复，取得了良好的实施效果。

1. 水域联动，上下游河流同步修复

在文昌湖环湖公园建设的同时，与文昌湖水体相连的白泥河、范阳河均同步开展了河道水系整治工程。原河流存在不同程度的水体污染、河道淤积、驳岸坍塌、水土流失、植被覆盖率低等问题，水系整治工程通过清淤河道、修复驳岸、增加滩地水生植物及沿岸植被等方式进行生态修复，通过全流域的同步整治，系统化地进行生态修复。

2. 自然汇水体系的梳理沟通

文昌湖滨水区原为自然丘陵山地、农田，降水可直接下渗，城市建设后硬化面积大大增加，环湖路的修建也直接切断了自然汇水通道，自然的渗透及汇水渠道大量变少，城市集水区与周边水文环境割裂。工程梳理并连通原有自然汇水沟，在环湖路通过雨水过路管将汇水沟连入湖中。在湖区雨水管出口处设置石滩、草滩减缓冲刷，并设置浅潭进行滞留，通过水生植物种植拦截、吸收污染物，并通过堆叠驳岸石、增加垂挂植物的方式对生硬的管涵进行遮挡和美化，建成后既实现了自然汇水和净化功能，又丰富了沿岸景观，形成了良好的生态景观效果。

此外，在环湖路外侧新建的绿带中设置生态草沟，汇集的绿带雨水净化后排入汇水沟，从而在滨水区域形成完善的生态化雨水收集、净化体系。

在后期建设管理过程中也进行精细化管理，对所有雨水口进行编号标记，便于日常监测和数据收集。

3. 岸线修复

原有岸线有多处民居及硬质驳岸、陡坡土坎及荒滩，存在水土流失和岸线生硬等问题。工程结合现状运用了多种水生态修复手段对湖体岸线进行梳理修复，保留原生草滩、破除硬质驳岸、理顺地形形成缓坡入水，形成"溪、塘、滩、池、湖、堤、

图8

图9

图10

图11

图12

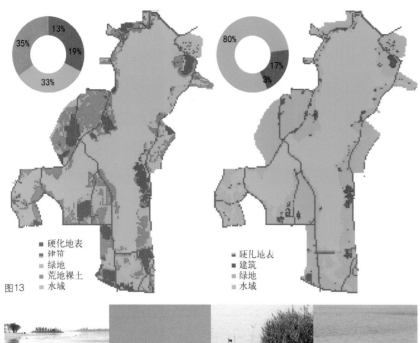

图13

- 硬化地表
- 建筑
- 绿地
- 荒地裸土
- 水域

- 硬化地表
- 建筑
- 绿地
- 水域

图14

图 13　生态格局对比图
图 14　区域鸟类明显增加

岛"等丰富多样的岸线生境，为多层次的水生植物种植奠定基础，最终营造了良好的生物栖息环境，提升了湖体岸线的自然生态效应。

4. 土壤的保护与改良

环湖区域原有土层较薄，基本为风化岩层上覆盖薄土，农田、裸土多，植被覆盖少且品种较单一，基本以速生杨、柏类为主，水土易流失。设计首先尽量保留原有土层，在土层过薄处采取换土、增加种植土的方式改善土壤环境，并根据土壤和水文条件增加适生植被，保土固土，通过植物的生长、落叶的腐败等自然过程，逐步改善滨水区的土壤状况，为健康的滨水区生态环境奠定基础。

5. 植物群落的营造与水安全、水质改善的融合

由于文昌湖的调蓄功能，设计根据水利部门提供的特征水位数据合理布置不同的植物种植区。在设计洪水位以上以乔木种植为主，起到固土、增加绿量、形成植物景观骨架的作用；常水位与设计洪水位之间，以组团式、耐水湿的多层次群落配置为主，既丰富了植物层次，又对水位变化有良好的适应性，同时也形成优美的临湖植物景观；在常水位水岸线以下，着重于滨水浅滩的恢复与湿生植物景观营造，突出净水功能。设计在岸线修复的基础上结合不同区域的水深和景观特点，选取丰富的水生植物品种，既满足生态修复需求，又实现了变化丰富的环湖景观效果。

6. 生态修复绩效的评估

设计对工程实施后的生态修复量化评估进行了探索，针对本项目的特点，对环湖地区的生态格局、绿量、驳岸和生态多样性进行了量化评估，直观的数据对比显示该地区的生态效益已得到显著提升。

四、结语

文昌湖滨水地区的发展历程是典型的环境伴随城市不同发展阶段、不同建设理念而变迁的生动案例。目前工程的生态效益已经开始展现，飞鸟翱翔、水体清澈、草滩繁茂、绿树成荫，环湖生态环境和景观风貌均得到了极大改善，也为淄博市民创造了又一处亲近自然的美好环境，展示了淄博市城市转型发展和生态修复的硕果。在未来，我们还将持续关注文昌湖滨水区的生态演变，为城市滨水区的生态修复和建设发展提供更加具有实践意义的经验总结。

工程实施前后绿量对比　　表1

	绿地面积（hm²）	绿量（km²）	每公顷绿量（km²）
工程实施前	102.74	3439	33.47
工程实施后	423.75	44621	105.30

建成前后岸线统计表　　表2

建成前	长度（m）	比例（%）	建成后	长度（m）	比例（%）
岸线总长	34194	100	岸线总长	35810	100
硬质岸线（含水库堤坝）	4288（含水库堤坝）	12.54	硬质岸线（含水库堤坝）	1669	4.66
自然岸线	29906	87.46	自然岸线	34141	95.34

长安街街景构成

——"神州第一街"绿色空间的营造

北京市园林古建设计研究院有限公司／李　林

景观环境是近年众说纷纭的时尚课题，一说源自19世纪的欧美，一说则追记到古代的中国，当前的景观环境，属多学科竞技并正在演绎的事务。

一、引言

作为城市空间的核心要素之一，街道空间是城市空间最为基本的骨架。它与城市功能紧密关联，是城市道路交通功能和基础设施的重要承载空间；它也与人的生活息息相关，既是城市公共活动最为频繁发生的场所，也是人们获取城市印象、寄托城市情感的重要对象。

北京的街区丰富多元，有贯穿城市的长安街、南中轴，文化底蕴深厚的胡同街巷，时尚活力的商业街区……最闻名遐迩也最具代表性的街道当属长安街。

二、长安街发展历程

长安街始建于明永乐十八年（1420年），历经多年修缮建设，至改革开放后，全路段逐渐完成现代化升级改造。中华人民共和国成立50周年和60周年，进行了扩大绿地、拆墙透绿、范围延伸、城市设计等整治工作，2016～2017年又进一步提升了增彩延绿、节点亮化、古树复壮、设施美化等内容。可以说，每一次的长安街整治提升工作都见证了城市发展和时代需求的转变。

随着城市动态发展以及《北京市城市总体规划（2016年～2035年）》的实施，对长安街及其延长线园林景观建设提出了新时代背景下的新要求，长安街的街景建设从未停止步伐。

2017年11月，北京市领导对长安街及其延长线进行了调研。调研指出长安街及其延长线作为首都城市的"两轴"之一，是展示大国首都形象和中华文化魅力的重要窗口，是举行重大政治庆典、国事和外交活动最重要的公共空间，是首都功能最具代表性的区域。按照城市总体规划的定位，高标准、高水平规划建设管理好长安街及其延长线，是加强"四个中心"功能建设的重要内容。长安街及其延长线今后的景观提升工作应该紧紧围绕新时代、新总规、新要求开展。

三、新时代下的长安街发展定位

2019年，《北京市城市总体规划（2016年～2035年）》提出了北京"一核一主一副、两轴多点一区"的市域空间结构。长安街作为首都城市轴线之一，连接了城市副中心，串联了首都政治、文化、外事、军事等重要功能区，具有保障首都安全、服务于政治中心功能的政治属性，展示大国首都形象和中华文化魅力的文化属性以及彰显人民精神、街区开放共享的公共属性。基于以上属性，长安街提出了建设大国风范的礼仪大道、中华魅力的人文大道、绿色生态的共享街区三大目标定位。

四、新目标，新策略

（一）大国风范的礼仪大道

长安街自复兴门至建国门长7km，向西延伸至门头沟定都峰，向东延伸至通州北运河左岸，总长约54km，东西横跨7个区。对于礼仪大道的打造，我们提出了全局统筹的思想，以"庄严、沉稳、厚重、大气"八字方针作为根本遵循，力求打造54km长统一连续的绿化景观带。具体提出了守住红线、骨架串联、统筹秩序、弹性空间四大设计策略。

1. 严守红线，实现绿色空间的连贯统一

长安街红线宽60~120m不等，单侧绿带厚度应满足不低于6m的要求，为避免绿化断带，社会停车或违章建筑应腾退，保障严整的绿带厚度和连贯性；对于商业、文化、商务等公共属性的建筑前界面，倡导拆除围栏、突破红线的理念，将红线内外统筹设计，实现绿色空间的整体性。

2. 构建六排行列树，实现大树骨架的连贯统一

行列式种植会给人以规整大气的视觉感受，利用一排、二排行道树及建筑一侧边界树构建单侧三排行列树，对统一全线绿化风貌和基调树种起到重要的作用。

一排及二排行道树树种、规格、间距在《长安街园林绿化设计导则》中有明确的要求，分别为市树国槐及秋叶长寿树银杏，国槐和银杏在树形和叶色上形成鲜明对比，秋季效果非常漂亮；建筑一侧边界树不作特殊要求，应根据建筑周边环境的需要选择合适的树种。

3. 严控绿化秩序，实现景观风貌的有序过渡

在统一连贯的行列树骨架基础上，各区段可根据其不同的功能特点进行主题化设计，但总体需遵循从中心核心区向东西两端由规整到自然式渐变的空间效果。有序的过渡使得各区段间的景观衔接更加融合协调，也使礼仪大道的序列感更加强烈。

核心区路段长 6.7km，以天安门为中心，是重要的中央政务区，庄重沉稳的仪式感是此段落的主基调，在种植配置时，应突出这一特点。

小于 15m 的窄绿带多以列植方式为主，从建筑一侧形成高大乔木—灌木—色带—草坪的阵列效果，灌木规格及造型球的尺度相对一般道路都更加大气。

大于 15m 的宽绿带，绿化空间的条件较好，主要以大尺度的色带草坪统一景观秩序，大乔木和花灌木可相对自然，通过组团式种植凸显大气大美。

核心区外主要承载商务、军事、居住、办公等非政务功能，且越往东西两端山水风貌越是显著，景观风貌相对活力自然、生态宜居。种植配置时契合这一特点，采用自然式种植手法，修剪的造型式色带和球类适当减少，植物品种和色彩相应增多。乔木仍然是占比最大的主体元素，配置灌木花草营造高低错落、开合自然的景观效果。

4. 预留弹性空间，保障重大活动景观

每到重大国事活动及节日庆典时，长安街都会进行花卉布置，包括花坛、花钵、花柱及地摆花卉等临时性景观，这是长安街作为政治中心服务保障工作的重要举措。特别是天安门广场的"祝福祖国"花篮，已经成为展示中华民族精神、国人拍照留念的重要文化标志。

在绿色空间营造时，应处理好常态景观与国家礼仪需求之间的关系，科学预留草坪、广场等弹性空间。

以天安门广场为例，广场两侧分布着长160m、宽 30m 的永久景观带，曾经发起过种树还是种草的讨论，考虑到国家礼仪需求及永久景观的需要，最终采用了祥云模纹色带与弹性草坪相结合的绿化方案。

（二）中华魅力的人文大道

1. 依托城市历史文化资源、自然山水资源，塑造街道风景，展示"首都风范、古都风韵、时代风貌"

历史文化资源：主要依托沿线各个历史时期的地标性建筑打造文化节点，如何用园林的语汇彰显建筑魅力是重要的文化表达。

山水资源等视线通廊：需统筹考量其周边建筑及绿化风貌，留出透景视线和观景视廊，为街区寻找更多元的文化点及感动点。

图1

图2

图3

图4

图5

图6

图7

图8

图9

（1）体现古都风韵的历史建筑

以天安门两翼红墙为例，它是北京皇城的城墙，有着几百年的悠久历史，是最具古都风韵的代表性建筑。交替式列植大规格白皮松和白玉兰，与红墙、黄瓦的色彩相得益彰。每到3月初春时节，满树的玉兰花开满枝头，营造了"春回大地万物苏，生机盎然景色美，望春花开长安街，阵阵清香满京城"的诗画意境。

（2）体现时代风貌的近现代建筑

1950年代起，长安街上开始兴建党政军机关大楼，国家公安部和军事博物馆是其中的代表性建筑，从风格上方正典雅、传统端庄，具有典型的中国近代时期建筑特色。绿化设计时均采用规整连续的常绿乔木及落叶乔木做主景，中下层灌木作为点缀，突出近代建筑方正严整的庄重气质。

1990年代，随着城市经济的发展，与世界的沟通互联越来越多，这个时期的建筑呈现出国际化的风貌特点。以国际金融大厦和国家大剧院为例，以大尺度明快的色块或草坪为底色，组团式种植高大乔木金叶槐、银杏、银红槭、北美海棠等不同冠型、高度、色彩的植物，与建筑形式相得益彰，构成了自然与人文融合的精美画卷，绿地中精心点缀的雕塑也体现了浓浓的时代色彩。

（3）山水资源等视线通廊

此外，自然山水资源也是长安街重要的文化元素之一。对定都峰、三里河、大运河等山水视廊进行建筑高度、色彩以及绿化风貌的统一管控，并通过透景、借景的园林手法得以呈现，为这条"华夏第一街"增添厚重的古都韵味。

2. 突出古树保护与特色，彰显古都历史底蕴

长安街历史悠久，古树名木数量很多，树种有国槐、银杏、桧柏、油松等。在加强古树保护与复壮的同时，要更好地将他们"亮出来"，并设置古树信息铭牌，形成街区的场地文化记忆。

以凯晨世贸中心前绿地为例，绿地中有几棵胸径50cm以上的大古槐，绿化配置时以大树作为

图10

图11

图12

图13

图14

图8　天安门两翼秋季景观
图9　公安部前绿地秋季景观
图10　国际金融大厦前绿地秋季景观
图11　国家大剧院前绿地夏季景观
图12　大运河视线绿廊
图13　三里河视线绿廊
图14　凯晨世贸中心前绿地

图15

图16

图17

图18

图19

图20

主景特色，下层配以黄杨、女贞、小檗色带进行映衬，营造了长安街界面疏朗开阔的绿色空间。

（三）绿色生态的共享街区

除满足首都的政治中心、文化中心功能以外，长安街在绿色生态、开放共享方面也作了很多实践性工作。

1. 绿树浓荫，四季有景

长安街秉承"百里长街、百年大树"的建设理念，在植物选择上非常重视乡土植物，特别是乡土大树的运用，大乔木面积占比高达 50% 以上。国槐、银杏营造的双排林荫路，每到春夏绿荫匝地，既为市民提供了舒适的林荫步行体验，又形成了沿街连续完整的景观界面。

部分路段有机非分车带，在宽度允许的情况下，突出大树林荫效果，大大提高了绿地的生态效益和绿视率。

在绿树浓荫的生态基底下，长安街注重四季景观的营造。三环内以市花月季为特色，串联成 7km 的多彩项链，为街区增添了 5~11 月花开不断的靓丽风景。月季色带宽度适中，并以 PVC 材料收边处理，有效避免了冬季绿地大面积裸露的问题。

为了进一步增加长安街的春夏色彩，2017 年在三环内打造了十大景观节点，运用碧桃、玉兰、紫薇等开花植物多品种、多色彩的特性，营造大尺度、大节奏的植物景观特色。在初春草坪地被还未完全返青的时候，碧桃以其艳丽的花色成为绿色空间的亮点。二乔玉兰、白玉兰、望春玉兰竞相开放，在桧柏等常绿树的映衬下色彩更加亮丽。

在北京夏季开花的灌木品种较少，6 ~ 9 月开花的紫薇、赤薇、银薇，增添了夏日的街区色彩。

2. 多元建绿，见缝插绿

在生态层面提倡多元建绿，见缝插绿。桥区、屋面、广场运用垂直绿化、屋顶绿化、花钵摆放等美化手段装扮街区景观，在细节层面体现高质量发展的生态理念。

3. 开放共享

绿色不仅是给人看的，更是给人用的。随着城市发展及人民日益增长的美好生活需求，长安街绿色空间的营造也在与时俱进，向"行人优先"的思想转换。随处可见的开放共享空间大幅激活了街区的活力和亲和力。

（1）商业型——带状绿地，综合利用

综合利用商务和居住区前的带状绿地构建带状公园。通过合理增设铺装场地、服务设施，提高绿地开放率，为市民和商务人员提供交通通行、休憩交流、休闲放松的友好场所。

（2）桥区周边绿地——绿色换乘，舒适便捷

桥区周边绿地与地铁换乘结合，为市民提供短暂停留休憩的街角空间。街角绿岛点缀雕塑，与植物形成精致的路口风景。

绿地内部设置小尺度的休憩场地，放置条凳、垃圾箱等人性化设施，植物丰富精致，有效提升了市民的慢行体验。

可以看出，整体的开放性空间依然保持了长安街庄重大气的风格，平面布局方正严整，植物配置也十分有序。不足的是，坐凳以石材为主、缺少靠背扶手，不太方便老人小孩使用。

（3）商业休闲广场——城市森林，时代变迁

长安街最具代表性的商业广场——西单文化广场，共经历了 3 次改造建设，体现着城市发展的时代变迁。早期的广场以人流通行为主，路网密集，但绿色植物及休憩设施明显不足；中期改造时，用林荫树阵取代了冷季型草块，休憩功能得到了补充；近期的改造方案，充分贯彻了"以人为本""城市森林"的发展理念，将地下商业覆土加厚，将休憩空间引入林间，实现了多彩森林、鸟语花香的商业场所。

（4）口袋公园——见缝插绿，灵活多样

随着北京非首都功能的疏解，长安街沿线出现了越来越多的小型留白地，这些小型绿地是城市街区绿色空间的强力补充，进一步完善了长安街绿色出行的体验，也成为新时代街区不可或缺的魅力。

五、结语

以上是我们在长安街绿色空间营造中总结的心得体会。随着城市高质量发展的要求和人民日益增长的美好生活需求，长安街的绿色环境还会不断优化、持续升级……

一座城市因街景塑造更具吸引力和生命力！希望未来我们能为城市的美好作出更大的贡献。

项目组成员名单
项目负责人：张新宇
项目演讲人：李　林

图 21　京通快速路上的藤本月季
图 22　中粮广场前绿地
图 23　复兴门桥西南角绿地
图 24　复兴门桥西南角休闲绿地
图 25　复兴门桥西北角休闲绿地
图 26　石景山段休闲绿地

山水慢行、榕城福道

——福州城市山水休闲步道建设的探索

福州市规划设计研究院集团有限公司 ／ 王文奎

一、引言

福州独特的地形地貌造就了富有特色的“山水城市”形态。除闽江，福州城区还有107条内河，形成“一江穿廓、百河织城”的水系格局，这其中既有典型半日潮的潮汐型河流，又有水乡般的平原型河流，也有面城一重山的源短流急的山地型河流。福州又是一座多山的城市，城市外围有“左旗、右鼓、北莲花、南五虎”4座面城的大山，中心城区还有58座山体，形成了“山在城中，城在山中”的独特地形地貌。福州还是一座历史文化名城，有2200年建城的历史文化资源。福州既有丰富的山水地貌条件、生态环境和空间尺度，也有不同的文化特色和城市功能，这些独特的山水和历史文化资源为构建体验丰富的绿道系统和城市慢行空间提供了良好的条件，但同时又面临复杂山水环境带来的多样性挑战。这是山水城市绿道建设的有益探索和尝试，其中可以有一些创新和系统总结。

图1

图2

图1 福州的地形地貌的三维模拟

图2 福州的主要山水格局

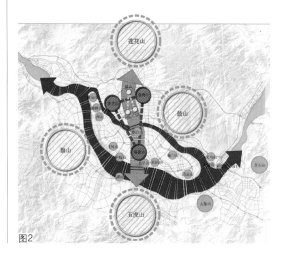

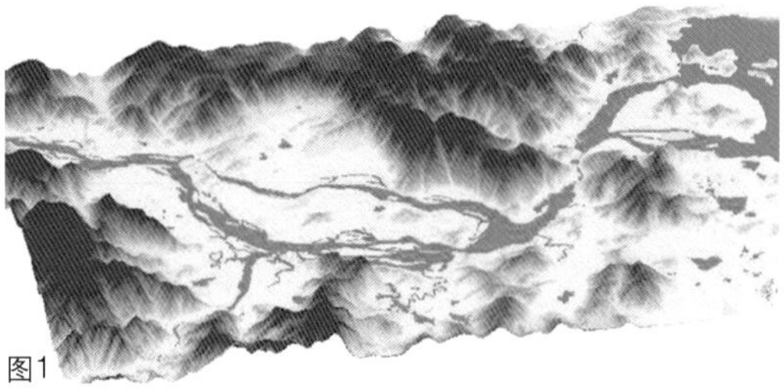

二、福州“绿岛链”和山水休闲步道的挑战

福州城市平均交通出行距离仅4km，步行在这样的城市尺度中占据了很重要的地位。福州市以水系为骨架，将山林、公园绿地、开放空间等进行整合，打通山、水之间的步行联系，山为岛、水为链，形成了“沿江、沿河、环湖、达山、通公园”的具有山水城市特色，以“绿岛链”为结构体系的休闲绿道系统，与道路、人行道和非机动车道一起，构成福州城市慢行系统。其中滨江面海型绿道具有宽阔用地条件，为自行车和步行混合型绿道，其余为步行绿道。各绿道均由绿道游径系统、绿道绿化、绿道设施三部分组成，步道即为绿道游径系统中的步行道，与福州三坊七巷、上下杭等历史街区和其他街巷及步行街等相连，构成了福州可以“看山、望水、走巷，忆乡愁”的山水城市休闲慢行系统，给予了福州市民享受幸福生活的一种方式。

然而山水之城的福州，山和水还有自己的特点。福州作为典型的“浅山沿海”的城市，不仅城市山水资源数量众多，而且类型极为丰富。如水系，既有潮汐型的河流如闽江，又有城中诸多平原型的河流，还有城郊沿山的山溪型河流；既有大江大河每日双潮的险滩急流和沙滩湿地，又有江南水乡般宁静文雅的小桥流水，还有溪水叮叮咚咚和山洪凶猛奔流兼备的山谷溪流。而福州的山，既不像杭州西湖的山圆润清秀，与城若离若即，也不像桂

林的山孤耸俏丽如城中之大型盆景。福州古时城中就有"三山显、三山藏、三山看不见"之说。如今城市之山体，既有淹没在楼宇之中的浅浅小山，也有突出城市天际线的高 100～200m 之间的中山，还有拔地而起千米之高的左旗、右鼓、北莲花、南五虎的城郊高山；既有如孤岛的城中之山，也有与城外连绵山地相连如"绿楔"状插入城市的余脉山体；既有如乌山、于山般怪石嶙峋、悬崖众多的陡峭石山，也有地势平缓的土山，而大多是兼有石山、土山的多样性山体。

福州如此的山形各异、水形多样，既为山水步道提供了丰富的景致，也为步道建设带来了诸多挑战。所以山水步道的建设，不仅要遵循一般绿道之步道建设方面"安全性、功能性、景观性、文化性、生态性和经济性"的一般原则，还需结合自身特点和时代要求，采用更加巧妙独特和以人为本的解决对策。

三、山地步道

福州地处南亚热带，夏暑时长且多有闷热，市民多喜登山，可拂风览城。但以前山路多石阶，青年无暇时，长者却受膝劳所累，故除了少数有景致名胜的名山外，很多山地少有人登临。而今日之山道，皆为缓坡之路，无论老幼皆欢喜至之，是为"能进"；而进又可远观近玩，老幼皆可寻得所爱，是为"能赏"。能进能赏成就福州山地绿道为百姓暇时最喜的步行去处和锻炼健身之道，以"福道"为代表，成为福州城的新地标和旅游招牌，2016 年在一份山地步道和滨水步道比较的民意调查中，有约 65% 的市民更青睐于无障碍山地步道。但在建设中，最为重要的是在复杂受限的山地环境下，解决山地步道建设和山体保护之间的矛盾，在此基础上营造风景和步道特色，其中要面对两大挑战：

（1）微创建设：砍树、挖方、填方、挡墙、施工便道，是山地步道建设的普遍特点，对山地环境破坏很大。微创建设要求精细化设计和施工，像做微创手术一样精准选线、精确施工、极小创面，项目建成后施工痕迹能快速愈合至微痕或无痕。这对山地建设是极高的要求，设计阶段就要把方案到施工贯通统筹考虑，实现微创建设。

（2）舒适体验：对于山地步道来说，灵活的游线组织、无障碍的主线设置、弹性的步道踏面、浓密的林荫栈道、柔和的夜景照明等都是需要认真考虑的内容。尤其是在高差极大的山地步道中，既

要实现无障碍通行，又要保证微创建设，其困难比一般步道要大得多。

微创建设和舒适体验在山地步道建设中是相互影响且不可孤立存在的，需要巧妙地选择步道类型和建设方式。

（一）山地步道的形式

根据当前的技术经济条件，无障碍的山地步道可以有三大类形式：桥梁型步道、路基型步道、混合型步道。

（1）桥梁型步道：适用于坡度较陡、建设用地狭窄的山地条件。特点是能实现贯通，减少破坏性挖填且满足无障碍的技术要求。但高架的桥梁型步道对山体风景也会产生视觉冲突，需要谨慎的设计造型，与自然山体融为一体。

（2）路基型步道：适用于地形较缓、有充足的建设用地的场地。特点是可降低投资造价，步道穿行林间有较好的庇荫条件。此类步道将会有较大的土石方工程，对山地地形地貌产生破坏，需要巧妙选线，减少山体的填挖破坏。

（3）混合型步道：大部分的情况下，依据地形的变化，采用桥梁型和路基型的组合形式，福州大部分山地步道采用此形式。

三种步道类型应视山地地形条件和建设用地条件灵活选择。需要强调的是，历史文化型山地的步道选型较为特殊。山上往往亭、台、楼、阁、摩崖石刻、古木名树遍布，山体即是历史文化的宝藏，步道建设要慎而又慎。此类山地步道必须确保历史遗存和文化景观不受影响。一方面，需通过巧妙的选线实现无障碍通行；另一方面，要避免架桥开路式的大型工程破坏原始风貌。确无条件实现无障碍的，仍应采用符合历史风貌的台阶形式。

（二）典型的山地步道案例

1. 桥梁型步道

（1）金鸡山悦城走廊——可走车的桥梁式金鸡山公园生命线

项目概述：金鸡山悦城走廊是福州第一条无障碍通行的以桥梁型为主的山地步道。其全长 6.1km，由西往东串联起市中心的温泉公园—晋安河滨河绿带—面城—重山的北峰，是中心城区步行通向外围城郊山林的主要游赏路径。沿线结合地域文化设置节点：主要有茉莉花瓣观景台、夜光塔、飞虹桥、茉莉花茶主题馆等观景休憩点和驿站。2016 年 4 月，金鸡山公园因览城栈道而被评选为福州市"十大人气公园"。

技术特点：栈道所处山体多为 30% ～ 70% 陡坡，有废弃坛口和滑坡段。步道采用钢筋混凝土双柱栈桥形式，设计净宽 4.5m，可行可跑，可通管理车、消防车、急救车等，全线布设了消防管栓、应急广播等，也是金鸡山的森林消防通道与生命急救通道。项目的建设对环境造成了一定的影响，故采用多种生态修复策略对施工便道、边坡挡墙等进行修复。

（2）金牛山城市森林步道（福道）——老少乐行的微创生态架空步道

项目概述：项目位于福州市鼓楼区金牛山，建设范围约 47hm²。步道东接左海公园环湖栈道，西连闽江公园，共设 7 个出入口与城市对接，是城市中心一条连接"城－湖－山－江"的健身休闲走廊，更是城市绿道的重要组成部分。项目钢结构架空无障碍主轴线净宽 2.4m，总长约 8km，车行道总长约 6km，登山步道总长约 8km，三线衔接，形成了立体灵活的步道系统。沿线主要串联节点：梅峰山地海绵公园、杜鹃谷、樱花园、悬崖栈道、观景台服务建筑、特色景观桥等。

该项目获得 2017 年国际建筑大奖、2018 年新加坡总统奖、福建省优秀勘察设计一等奖等国内外大奖，多次被央视新闻专题报道，当选人民日报"2019 人民之选——中国新美步道 Top10"。

技术特点：项目所在金牛山，山地被各种单位和居民区围合，用地条件苛刻，可总结为"用地薄、坡度大、体验差、观景难"。在如此条件下还必须实现"微创建设和无障碍通行的舒适体验"两大目标，通过多方案比选，采用全钢结构桁架架空式栈道。通过低影响的选线规划、微创 Y 形单柱构造、8 个标准化模块设计和桥面吊机滑行安装、生态循环材料、创新通透踏面、微创地标建筑、山地海绵等子项任务实现微创＋生态的建设目标。采用 1：16 无障碍坡道、弹性踏面、林荫栈道、柔和照明等实现全程舒适游览体验的建设目标。

2　路基型步道

屏山公园步道——潜藏于历史文化名山中的无障碍步道：

项目概述：项目位于福州鼓楼区屏山，山高 62m，占地总面积 9.4hm²。屏山公园是以"镇海听风、古荔文化"为主题的风景名胜公园。其以镇海楼闻名，与乌山乌塔、于山白塔形成"三山两塔一座楼"的历史风貌格局。屏山作为三山之一，是历史文化名山，步道建设需要在山体和名胜风景保护与步道无障碍标准之间取得最佳的平衡。

技术特点：山地步道可用地有限，通过谨慎的选线和展线，以微调、贯通、优化、串联既有文化资源为策略，选择最适宜的 2.4m 宽石材道路，结

图3

图4

图5

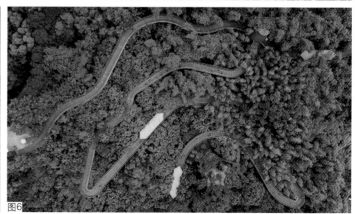

图6

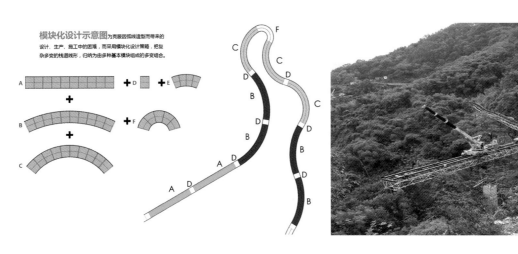

模块化设计示意图 为克服因弧造型而带来的
设计、生产、施工中的困难，而采用模块化设计策略，把复
杂多变的栈道线形，归纳为由多种基本模块组成的多变组合。

图7

合灵活的转弯半径，既实现了无障碍通行，又巧妙
地保护了屏山的历史风貌，同时串联了多个历史风
貌最佳观景点；营造了步移景异，近可观镇海楼，
远可览城的游览线。

3. 混合型步道

(1) 飞凤山步道——平赛结合康体健身的山地
步道

项目概况：项目位于福州市南台岛奥体片区，
用地面积约86hm²。步道以飞凤山为依托，紧邻

福州市奥林匹克体育中心，建设与奥运主题相适应
的，满足不同年龄段进行奥运体验、运动健身、休
闲娱乐等多目标的山地步道，凸显"体育性主题和
辅助赛时活动需求"是飞凤山步道不同于其他步道
的主要特点。

技术特点：步道通过路基和栈桥组合的形式灵
活应对复杂的地形，地形困难的段落少量挖填方，
并尽可能做到场地内挖填方平衡。步道全线无障
碍，主线最大纵坡8%，净宽5m，主材为透水混

图9

图8

图10

图11

图12

图13

图7　模块化的桥段设计和桥面
　　吊机滑行安装法
图8　生态舒适的福道
图9　路基和台阶结合的屏山历
　　史文化名山山地步道
图10　无障碍的屏山山地步道
图11　路桥结合的飞凤山步道
图12　飞凤山步道 与奥体片区
　　主轴线
图13　奥体地标飞凤桥

图14

图15

城西高新科技时尚山地生态休闲步道。步道不仅串联起了分散在不同山谷中的7个软件园，还衔接了周围的居民区、学院、部队和单位，既是市民健身休闲的好去处，又是上班族通勤交通和工余健身的选择。

技术特点：线路规划体验丰富，既有林梢览城的栈桥段，也有林间绿荫的荫凉段，还有回归郊野的乡趣段。步道根据场地现状，采用栈桥和路基结合的形式，实现全程无障碍4～6m步道，采用柏油沥青，红绿双线划分漫步道和跑步道。栈桥部分全部采用模数化和装配式组装，路基部分采特殊的管线一体化填方构筑技术，通过采诿低标号粉煤灰混凝土加轻质填充物，减少挖方对山地的破坏，实现最小干扰的山地步道施工方法。全程配置了先进的智慧导览和健康指示系统，营造良好步行体验。

（三）山地步道的技术特色和建设要点

福州市针对多样的山地类型，探索出了不同类型山地步道的建设方式，不仅仅关乎技术可行性和无障碍舒适性的要求，而是综合了施工难度、用地条件、景观风貌、经济成本等多要素的考量（表1、表2）。

总结福州山地步道的建设过程，可以发现城市山地步道建设最受认可的标准是避免台阶和实现无障碍，让各类人群充分享受城市山地资源，将原来人迹罕至的城市山林真正变成城市公园绿地，满足人们登山览城和健身休闲的最基本要求。为实现这一要求，步道坡度以1∶16为最佳，最大不宜超过1∶8。步道的类型需要综合考虑山地坡度、施工难度和周期、经济性和生态保护等多要素，"宜路则路、宜桥则桥"，不可为了炫造型而不切实际地盲目抄袭和借鉴。步道的宽度和转弯半径等参数，需因地制宜，结合地形条件灵活设置，但是需预留应急疏散的最小技术要求，如应急车的最小宽度、最小转弯半径、最大坡度等，以尽量减少对

凝土和沥青，满足群众性比赛和健身的需求，其中环山步道全长4.12km，1/10马拉松长度。飞凤桥段是奥体片区的地标，长160m，宽6m，横跨飞凤山谷，可揽城望江。采用计算机参数化建模实现步道桥梁优美独特的造型，利用自发光地面丰富步道体验，使之成为飞凤山步道全山景观的焦点和城市的新地标。该步道也是福建省首个智能化健身步道，沿途配置了智能杆和健康指示系统，具有较强的参与性和时代科技感。

（2）福山郊野公园步道——从高科技园区走向郊野的休闲通勤山地步道

项目概述：项目位于鼓楼区西北角，步道连通了大腹山、五凤山、科蹄山三山，总面积约6.3km²，步道长度为24km，为郊野型的山地公园步道。依托自然的山体资源、原生森林植被，以山地制高点和自然、人文资源为主，重点打造福州

图14 福山郊野公园步道总平面图
图15 充满郊野风情的福山郊野公园步道

福州山地步道不同类型技术比较表

表1

类型	代表性步道	宽度（m）	材质	坡度控制	特色亮点	不足
栈桥型	金鸡山悦城步道	4.5	钢＋混凝土	1∶8	福州首个无障碍山地绿道，览城视野佳，服务设施全	施工期有山体破坏，栈桥桥体造型笨重，较晒
	金牛山森林步道（福道）	2.4	钢结构＋格栅面层	1∶16	微创建设，高度尊重和保护山体，览城视野佳，步行体验舒适、栈道造型新颖，成为网红旅游景点	高跟鞋不宜，较晒、宽度较窄不宜结群并行；施工周期较长
路基型	屏山公园步道	2.4	石材	1∶8	投资低，具有较好的林荫环境	容易对现有的景点产生冲突，不易避让；览城眺望视线不足
混合型	飞凤山公园步道	6	沥青和钢结构	1∶8	因地制宜，环境多样，通行宽敞，投资较低，兼做车行主路，飞凤桥成为亮点	山体受损较多，需生态修复
	福山郊野公园步道	4～6	沥青和钢结构	1∶8	因地制宜，既有林梢览城视野，又有林中穿行，环境宜人多样	施工期间局部山体受损

山地地形的破坏又能满足功能的需求。步道的材料也可以多样，以自然耐久的石材和沥青等路面为最佳，清晰的标识、标线也是体现步道特色不可或缺的关键，一般以鲜艳具有反光的蓝、黄、红和白色为宜。另外，一个外观优美的与环境相融合的步道桥梁造型，可以成为一个城市的地标和亮点，比如金牛山的福道和飞凤山的飞凤桥。

四、滨水步道

福州市"两江穿廓、百川入城"的水系分布，是打造蓝绿空间相结合的城市滨水绿道网络与生俱来的独特优势，浅山沿海地带城市复杂多样的水系类型，更造就了丰富的水岸景观和滨水步道形式。但在 2016 年之前的二三十年，福州市虽然建设了闽江、白马河、晋安河、安泰河等河流的滨河步道，但因沿河用地限制，没有实现全线贯通和全线沿河绿地的建设。自 2016 年起，为了全面开展系统性的黑臭水体治理和内河水系综合治理，福州市下定决心拆出沿河至少 6～12m 的城市空间，在水系贯通、河道清疏、沿河截污纳管、生态水系建设的基础上，开展滨河景观带和步行道的建设，实现"水清、岸绿、景美、路通"的城市水系综合治理目标。至 2019 年底，完成了 93 条内河治理，400 余公里的滨河步道建设，涵盖了潮汐河流、平原河流和山区河流 3 种类型的河流，初步实现了全市"绿岛链"的形成。在建设中，以"安全生态水系建设"为指导，采用河流近自然化景观策略，结合各河流的历史演变、水文特点、现状条件和综合治理的方法，在确保安全性的前提下，建设近自然化滨水景观和相应的滨水步道。

（一）水系类型与步道形式的选择

闽江、乌龙江穿城而过，为典型的山溪性潮汐河流，受潮汐影响一天两涨两落，闽江河口附近平均潮差 4.37m，最大潮差可达 6.93m。显著的水位涨落和咸淡水交融形成了丰富的河滩地景观和湿地动植物资源，但闽江沿岸砌筑了高大的防洪堤，虽保障了城市的安全但也破坏了河流的自然景观，隔断了城市与河流的联系。福州城区中大部分内河属于平原河流，通过水闸调控和补水维持相对稳定的水位，并通过抬高沿河驳岸和城市用地标高来满足防洪排涝的要求，河流多被"裁弯取直"，中小河流湖塘被大量填埋，驳岸普遍硬化。北部新店片区和其他近山的城郊部为山溪性河流，比降一般达到 1‰，河道平时水量较少，而雨期水量猛

涨，山洪快速下泻，短时间形成山地急流，所以这类河道一般有高达 3～5m 的驳岸，且驳岸多为硬质材料。

不同的河流类型，具有完全不同的水文特征，形成了各自不同的断面类型和岸带的特征（图17、表3），这些也决定了滨水步道的设置方式和主要景观特色。

（1）潮汐型河流的滨江绿地一直是福州市主要的滨水带状公园绿地，是展示福州市大山大水格局的重要公共空间，同时具备了设置骑行和步行混合绿道的条件。除城市中心段用地限制堤外没有河滩空间外（图 17 a1），大多数河段的步道往往有堤上步道和堤下河滩地步道，提供了丰富的滨水慢

福州山地步道各要素比较表　　　　表2

步道要素	主要参数与形式	舒适性评价	局限性
坡度	无障碍标准，不大于 1:16	步行舒适度最高，老少皆可舒适步行，完全满足轮椅无障碍通行	展线较长，需采用栈桥形式为主
	无台阶标准，不大于 1:8	舒适度高，老少皆宜	轮椅需要陪同辅助通行，且连续长距离上下步行会引起膝盖不适
	有台阶	连续上台阶较为吃力，老人儿童使用较困难	弱势群体和老少不宜，轮椅、婴儿车不宜
宽度	2.4~3m	满足城区步道的基本需求（轮椅+2行人）	高峰时间较为拥挤，应急车辆无法通行，但可通小型电动管理用车
	3~4.5m	可以提供较为宽敞的步行环境	对山地地形破坏较大
	>4.5m	宽敞的步行环境，且可满足应急救援和疏散的要求	对山地地形破坏较大，复杂山地不适用
材料	石材	自然耐久，但脚感较硬	各处通用
	透水混凝土	整体性强，雨天不带水，脚感较好	各处通用
	沥青	整体性强，脚感较好	宽度大于 3m 的步道中才可施工
	塑胶	有弹性，舒适性强，宜走宜跑	仅用于步行环境中，需强维护
	竹木材（含合成拟竹木材料）	脚感舒适，略有弹性	仅用于步行环境中，需强维护
	钢格栅	融于自然环境，保护桥下山地植被	步行及小型应急车辆可通行

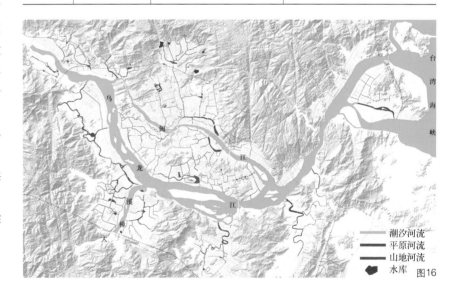

潮汐河流
平原河流
山地河流
水库　图16

图16　福州市河流类型分布图
（图片来源：《福建省万里安全生态水系建设指南》福建省水利厅 2015 年）

河流特征 \ 河流类型	潮汐型河流	平原型河流	山区型河流
水位变化	周期性变化，幅度大	恒定，幅度小	非规律性变化，幅度大
重要水位条件	低潮位、高潮位、多年平均高潮位、洪水位	常水位、洪涝水位	平时水量少，水位浅，洪涝时水位急速升高
流速变化	平时流速小于1.3m/s，洪水季可达2.8m/s	平时流速小于1m/s，涝水时可达1.5m/s	山洪期形成急流，可达4～5m/s
河流平面格局	自然型，但岸线受城市化影响明显	随城市化呈现干流型和井字型格局	趋于干流型和井字型格局
典型断面构成	河流＋潮间带＋驳岸＋河滩＋防洪堤岸＋岸上绿地	河流＋驳岸＋岸上绿地	河流＋河滩＋驳岸＋岸上绿地
生境异质性	较丰富	贫乏	贫乏
生物多样性	较高，乡土物种为主	一般，观赏性植物为主	低，乡土植物为主

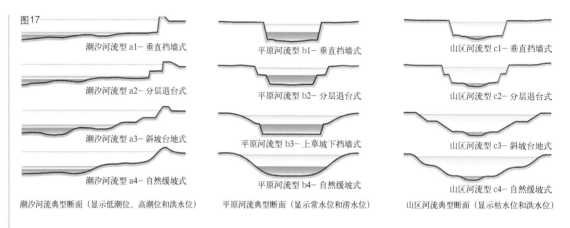

图17

潮汐河流型a1-垂直挡墙式　　平原河流型b1-垂直挡墙式　　山区河流型c1-垂直挡墙式

潮汐河流型a2-分层退台式　　平原河流型b2-分层退台式　　山区河流型c2-分层退台式

潮汐河流型a3-斜坡台地式　　平原河流型b3-上草坡下挡墙式　　山区河流型c3-斜坡台地式

潮汐河流型a4-自然缓坡式　　平原河流型b4-自然缓坡式　　山区河流型c4-自然缓坡式

潮汐河流典型断面（显示低潮位、高潮位和洪水位）　　平原河流典型断面（显示常水位和涝水位）　　山区河流典型断面（显示枯水位和洪水位）

行体验，潮汐型河流的滨水步道也成为福州最具景观性和吸引力的步道之一。

（2）平原河流水流平缓，平面呈现"干流型"和"井字型"格局，沿岸大都是城市高强度开发建设的区域，也包括位于古城的历史河道。除了少部分沿河有公园绿地外，大部分河道沿岸用地狭窄，尽管水位较为稳定，但一般驳岸采用重力式直立驳岸，步道常设于驳岸顶，离常水位较高，亲水性较

图18

差（图17 b1）。福州通过拓展河道两岸6～12m的用地空间，或结合绿地公园，优化河流断面，按照生态水系驳岸的要求，营造了大量复层或斜坡式的岸带形式（图17 b2~b4），灵活设置步道，提高了步道的亲水性和近自然的驳岸。

（3）山溪型河流平时和汛期有着显著的水位落差，要求步道的设置需要充分考虑山洪防治和亲水的矛盾关系。通常做法是在生硬的高驳岸顶设置步道（图17 c1），但亲水性极差。通过拓展两岸用地并按照安全生态水系的要求优化河道断面后（图17 c2-4），也可以灵活设置步道，甚至可以在行洪河滩上设置亲水步道，但要满足抗冲刷和应急疏散的要求。

福州各类型河流的滨水步道大多采用路基型方式，但也会遇到沿河用地不足、步道无法在岸上连续通行的困境，通常可采用局部水中栈道实现连贯。

（二）典型的滨水步道案例

1. 潮汐型河流滨水步道

环南台岛休闲路——堤上堤下丰富的近自然水岸步道系统

项目概况：项目位于福州南台岛滨江环线，全长约60km，为混合型绿道，兼有休闲自行车专用道和步行道。该绿道在满足慢行系统的舒适性、安全性和就近接驳各类交通设施的基础上，形成

图17 福州3种类型河流典型
　　　驳岸形式
图18 环南台岛休闲路的九大分
　　　区
图19 沙滩公园段的滨江步道及
　　　景观

图19

全线九大景观段，既有人文景观，也有山水风景，更有乡愁记忆。目前已建成的沙滩公园、乌龙江生态公园、三江口生态公园、花海公园、湿地公园等段落的滨水步道，已是福州市休闲慢行系统的热点去处。

技术特点：改造原有各类防洪大堤的堤顶路，在满足防汛抢险功能基础上，形成断面（5+3）m的骑行和步行道，既有人车并行段也有人车分流段。堤外步道则充分利用河滩地设置，主路宽度4～6m，位于多年平均高潮位以上和防洪水位之间，多采用石材和彩印混凝土路面，具备抗冲刷和耐淹没的特性。通过堤顶绿化带、斜坡式防洪堤坡面的生态化改造，河滩地作为整体滨水景观带进行规划建设，堤上堤下步道一上一下，若即若离，既实现了防洪大堤"建堤不见堤"隐于花草植被的效果，河滩中还有丰富的花海、湿地、沙滩、草滩以及公共艺术展，形成了潮汐型河道从堤顶到河滩到潮间带丰富的滨水景观体验。

2. 平原型河流滨水步道

（1）晋安河公园步道——古韵和生态河景中的百姓乐活空间

项目概况：晋安河全长约4.86公里，典型的平原型河流，也是福州江北城区的主干排洪河道。结合内河水系综合治理，实施沿河两岸拆迁，实现沿河绿带的全线贯通。并通过生态修复、步道建设、游船通航，打造以榕荫花岸为特色，体现"生态、文化、功能"三位一体的优美城市带状公园和市民活力带，兼有城市内河旅游观光和水上交通功能。

技术特点：步道建设与河道整治、截污纳管、桥梁改造、绿化景观以及两岸城市更新与改造协同进行。根据实际用地情况，统筹河岸断面形式、管网埋设和大树及景点的保护，同时要满足排涝主河道泄洪流速的安全防护要求。采用多种驳岸形式，主要为"平原河流型 b2——分层退台式、平原河流型 b3——上草坡下挡墙式"，临水步道宽不小于

2.5m，位于常水位之上，虽短时内涝可淹没，但给步道带来了更好的生态性和亲水性。除下穿于道路桥梁下的步道外，项目分段落实现无障碍通行。在满足晋安河步道贯通功能的基础上，进一步提升沿路的文化特色，恢复和建设了"河口听潮、王庄戏舟、讲堂盛境、福新问渡、七夕晓月、东门乐游、柳岸朝凤、万福金汤"等八大景点，也用步道串联多处新建的林荫充沛、空间开敞的休闲广场，为社区百姓打造家门口的乐活空间。

图20　沙滩公园堤外河滩地景观
图21　堤外步道穿行于花海公园中
图22　河滩湿地公园中的国际雕塑艺术展的作品
图23　晋安河滨水地带拆迁建设前后对比
图24　晋安河生态休闲步道
图25　晋安河生态休闲步道

图22

图23

图24

图25

图26

图27

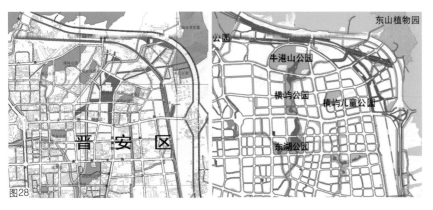
图28

图29

图30

图31

图 26　古寺古榕留存了流花溪的
　　　历史脉络
图 27　流花溪的自然岸线和临水
　　　步道
图 28　凤坂一支河沿河规划优化
　　　调整实现了蓝绿空间的整
　　　合
图 29　凤坂一支河（上游方向）
　　　沿溪的步道和公园
图 30　溪谷（上游方向）及沿溪
　　　的步道
图 31　溪谷（下游方向）及沿溪
　　　的步道

（2）流花溪步道——古寺古榕伴清溪的生态休闲亲水步道

项目概况：流花溪为南台岛内河，全长9.78km，典型的平原型河流。2016年前流花溪河道多被侵占，导致河道狭窄，行洪能力降低，而且周围污水直排，破坏了原有的水系生态平衡，是典型的黑臭水体。流花溪步道是结合河道疏浚工程、沿河截污工程、生态修复工程而建设的平原型河流步道，同时充分挖掘了沿线的历史文化遗存，再现"香积烟雨、甲天下榕树"等景致。

技术特点：步道设置与平原型河流水岸设计整体协调统筹，最大限度实现了步道的亲水体验，同时兼顾安全、美观和生态。因河流水位相对稳定，大部分河段流速平缓，结合两岸的用地条件，采用"平原河流型b3上草坡下挡墙式和b4自然缓坡式"的水岸形式，通过自然顺接滨水绿地和常水位，使沿溪步道在保证极好的亲水性的同时兼具安全性和生态性，并设置了多处的亲水平台和埠头。主步道宽度3.5m，采用透水混凝土路面，全程实现无障碍通行。滨水步道两侧场地中的古寺、古榕在水系治理中得到了有效的保护和抢救，这些珍贵的遗存成为绿道上的文化焦点，使绿道在生态内涵上又多了故事性和历史性的厚重感。

3. 山区型河流滨水步道

（1）凤坂一支河绿道——典型蓝绿空间整合的城市绿轴

项目概述：凤坂一支河位于福州市晋安区鹤林片区，是福州城北的山溪型河流，坡降比约0.5‰，相对较缓。通过规划用地的重新整合，将原先分散的各类绿地和溪流整合，为营造丰富多样的滨水空间提供了条件，另外将牛港山和东湖公园连为一体，融入了水系治理、海绵城市、公园城市、城市双修等重要理念，形成中心城区面积最大、生态系统丰富的城市综合性公园之一。

技术特点：凤坂一支河上游约3.77km²汇水面积，平时涓涓细流水量较少，50年一遇却有

45m³/s洪峰流量。由于将溪流与公园绿地整合为一体，形成c4自然缓坡型河流断面，涝水位线也隐藏于两岸的缓坡中，通过景观水文的计算优化，扩大过洪断面，使洪峰流速降低至2m/s以下，并采用植被和置石相结合的生态驳岸。主步道宽度4.5m，位于洪水位以上，采用彩色透水混凝土路面，成为约10km的环公园主园路；临溪河滩中又设置了1.8m的次园路，洪水时可淹没，但却是平时亲水体验和观赏溪谷多样景致的最佳路径，山地溪流跌跌宕宕，有深潭有浅滩，虽由人作、宛自天开，路随溪转、步移景异。

（2）马沙溪步道——山地泄洪道的溪边步道

项目概况：马沙溪位于福州城北峰山下，也是斗顶水库的泄洪通道，平均坡降比大于1%，是典型的山地型河流。平时来自斗顶水库的溢水和上游汇水区的水量很少，河道常呈现干旱溪床，但在水库泄洪和汛期，则有较大水流和流速。沿溪步道是斗顶水库下游马沙溪段的雨洪公园的重要组成部分，通过泄洪道的生态化改造，增设缓冲滞洪区，丰富场地地形和植被，形成了福州城郊接合部的山地雨洪公园和生态涵养空间。总面积达5.6hm²，可调蓄水量约1.4万m³，并通过滨水步道连接了全市的内河步道系统，使得斗顶雨洪公园成为福州内河绿道网的一个串珠公园节点。

技术特点：结合步道和公园建设的泄洪道生态化改造是本项目的最大特点，是对山区河流生态化、海绵化改造的重要尝试。马沙溪是斗顶水库的泄洪道，为典型的硬质"U"形断面，平时为旱渠，雨季和泄洪时有水，河道环境随季节性变化大。为恢复场地生态、优化步道环境、打造野趣空间，经水安全评估论证，局部拓宽河道新增过洪和调蓄空间，改硬质直驳岸为自然式山涧河道（c1与c4断面类型结合），平常非汛期河道也能呈现旱溪的独特景观效果。同时，通过增加支流和大型的下凹绿地，即增加场地内的蓄洪空间，也形成了起伏变化的自然山水园的景观。为适应雨洪公园的环境特点，洪水位之上的公园主园路4.5m宽，采用透水混凝土路面或栈道梁桥，与福州市绿道网相连接；而临溪和滞洪区的步道宽2.4～3.0m，以石材为主，耐淹且抗冲刷。

（三）滨水步道的技术特征和建设要点

如果说山地步道是绿岛链中的"岛"内步道，那么滨水步道就是名副其实的串联岛的绿"链"。福州市借着城市水系网，构建了蓝绿一体的城市休闲慢行系统网，因为河流的多样性，也造就了多样

图32

图33

图34

的滨水步道及其丰富的沿线景观特色和慢行体验。不同的河流，应根据自身的水文特点和用地条件，营造与之相适应的步道形式和景观特色，并在满足安全性和保护文化遗存的基础上，重点保证步道的亲水性和连通性（表4）。

潮汐型河流堤上堤下步道相结合，在堤顶步道上可凭眺远望，往往是江城一色的景观体验；而在堤外宽窄不一的河漫滩地上通过保留沙滩、湿地、田园、水塘、林地等地形地貌，采取低干扰的建设方式设置步道，既突显自然景观特色，避免"都市公园化"，也符合低维护、展示乡土特色的近自然化滨河景观的要求。平原型河流水位稳定，步道的设置具有很大的灵活性，沿河用地紧张时，临着直直的驳岸也可设置窄窄的步道如三坊七巷安泰河及上下杭三捷河的水街；而用地充分时则形成滨水的带状公园绿地，更大的可形成蓝绿相结合的城市公园，可以有缓缓入水的水岸坡地如流花溪，也可以是分层多级的台地广场如晋安河，花木和各种设施可按照公园绿地的标准打造，滨水步道也就是临水公园的园路了。山区型河流则充分利用较大的枯汛期水位落差，构建多层退台和放坡式的近自然化驳

景观策略 河流类型		潮汐型河流	平原型河流	山地型河流
代表性步道		环南台岛休闲路	晋安河步道 流花溪步道	凤坂一支河步道 马沙溪步道
步道平面		位于防洪堤顶或堤内绿地中，以及堤外多年平均高潮位以上的河滩上	设置于驳岸之上或滨水绿地中	主线步道位于岸上，局部支路可设置于枯水期的河滩上
步道宽度		3～6m	2.4～6m	1.8～4.5m
竖向控制		无障碍标准	分段无障碍，局部台阶	分段无障碍，局部台阶
步道与河流断面	堤坝	有多种防洪大堤，堤顶设置步道	无	无
	河滩地	保持宽阔蓄潮滩，满足行洪的滨水低维护绿地，设置耐冲刷的步道系统	无，或仅有岸边少量河滩用于湿地植物种植兼有保护驳岸的作用	有河滩，需耐受山洪冲刷，可少量引入步道功能
	驳岸	水陆交界带驳岸形式多样，水文情况复杂，稳定性差，一般步道不宜靠近	满足地基承载为主，形式多样且稳定，岸顶可设置步道	刚性为主，满足山洪水流冲刷和地基承载，岸顶可设置步道
步道材料		堤上用沥青，堤下用石材、混凝土等耐冲刷材料	透水混凝土、透水砖、石材等	透水混凝土、河滩上用石材等耐冲刷材料
植物配置		强调低维护，营造以乡土植物为主的生物多样性	兼具观赏性、文化性和乡土性的生物多样性	强调乡土植物为主的生物多样性
连通性		强，容易从过江桥梁下贯通	易受相交道路阻断，且由于桥梁净高不足，难以从桥下贯通，需借助地面平交联通	易受相交道路阻断，但容易通过河滩步道贯通

岸，除了可以在洪水位以上设置如平原河流的岸上步道外，还可以在河滩和阶地上设置分段小型的亲水步道，享受与溪石相伴，与山涧溪水相依，与深潭浅滩上的鱼虫草木同乐的溪涧景观。

滨水步道最大的亮点应该是其亲水性，要"看得见水、走得近水、摸得着水"。一是合理地布置步道位置和高程，步道上能见到水，尤其是潮汐型河流等滨水有较宽绿地的水边，步道与水面之间不宜有大量建/构筑物和连片郁闭的植物群落阻挡视线，可以提倡"工"字形的绿化种植方式，以乔木＋矮被或草坪的方式留出人视高度的观水视线。二是步道尽可能临水设置，合理布置水岸断面，可以结合堤顶、岸顶设置园路，又可以借分层退台、自然缓坡等形式，降低步道的高程，尽量临近水，还可以通过栈道引到安全的水面中。三是结合不同河道的特征，创造可以触摸水的地方，如潮汐型河流可营造沙滩、湿地，山溪型河流的溪谷中的小径，还有平原型河流中的埠头、码头等。当然亲水性还得巧妙的保证安全性，临水的栏杆可多采用通透性的防护栏杆，还可以通过采用生态岸线植物群落的营造、近水水体安全水深的控制，从而改

用低矮的警示性栏杆，甚至不用护栏，以最大限度实现亲水性步道的连通性。城市河网和路网高度重叠交叉，滨水步道要实现贯通，需要穿过与之平交的城市道路或桥梁，最直接简单的方法是沿河道下穿过河桥梁，但要保证桥下最小净高2.0m。潮汐河流江面宽阔，过江桥梁一般都较高，桥下净高完全满足滨水（潮汐河流）步道的联通；山地型河流因为枯水期常水位很低，河滩上的步道可以满足非汛期的贯通需要，汛期则借用路面平交方式实现贯通。但是平原型是中心城区内河，跨河桥梁桥面与河流常水位落差大于4m的，桥下净高就可能满足步道下穿的联通需要，否则只能采取路面平交斑马线过街的方式，但是缺乏安全性和舒适性，如经济条件允许也可用地道或过街天桥的形式贯通滨水步道。

五、山道、水道和巷道的结合

如果说山水步道构成了福州"看山、望水"最贴近自然的休闲慢行系统的话，那么将山水步道与巷道结合，还能"忆乡愁"，慢慢品茗福州这座山

图35 三坊七巷和上下杭历史文
　　化街区及其临水步道

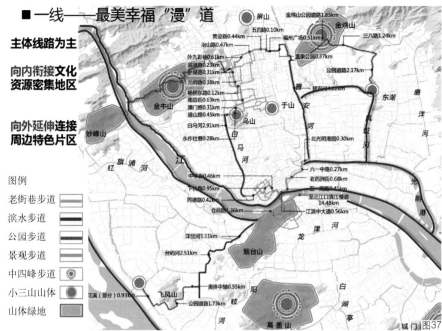

■一线——最美幸福"漫"道

主体线路为主

向内衔接文化资源密集地区

向外延伸连接周边特色片区

图例

老街巷步道
滨水步道
公园步道
景观步道
中四峰步道
小三山山体
山体绿地

图37

水历史文化名城和有福之城的特有生活方式。

以三坊七巷、上下杭为代表的传统街巷是城市最古老、最有市井气的步行空间，同时也是地域特色的承载空间。在这些街巷中有各个时期遗留的印记，诉说着福州城2200年的历史演变（有的城市将传统步行系统成为"紫道"），也有一席石板路陪伴着安泰河、三捷河等古城河道历经了千百年。同时，伴随着当代城市建设从增量建设转向存量更新和城市双修的过程中，一些"背巷小街"通过老旧小区的整体更新，也成为传统街巷之外的另一类适宜步行的小街巷。尽管为满足居民的日常进出，少量的机非通行在所难免，但其主要价值在于满足了城市交通的最后一公里的步行需求。街巷步道和百姓的生活最贴近，不仅四通八达有重要的通勤功能，有的步道还是社区功能的一部分，汇集了养老、托育、医疗、家政、缝补、菜市、小卖等生活服务功能，是百姓生活烟火味的缩影。

这些城市中有机生成的社区街巷和专门打造的商业步行街，与三坊七巷、上下杭等传统街巷，共同构成了尺度适宜、使用频繁、和百姓生活密切的步行系统。通过整体规划布局，借助标识系统指引和过街节点的打通，将其与山水慢道系统链接，无论对于游客还是当地居民来说，都是从中感受这座城市最丰富、最有韵味、最朴实和最真实的一面。所以福州通过山水绿道和巷道的结合，通过"看山、望水、走巷"来打造城市的慢行生活方式，感受这个山水历史文化名城，或许这就是福州这座幸福城市的特色之一吧。

六、结语

"山水慢行，榕城福道"是福州富有特色的慢行步道系统，它的规划建设是基于福州"山在城中，城在山中，一江穿廓、百河织城"的山水格局和2200年历史文化名城的积淀，以山体保护利用、水系综合治理、生态公园建设、老城改造等政府系列专项城建行动为抓手，通过多专业协同、跨部门联动的系统建设和治理，经过多年的积累才初具建设成效，形成了福州城看山望水走巷的特色慢行步道系统的雏形。由于福州金牛山森林步道别称"福道"，有着广泛的国内外影响力和百姓高度认可，所以将其"有福之道、幸福之道"的含义扩展延伸，把福州的看山望水走巷的休闲慢行系统也统称为"榕城福道"，也算是对城市慢行系统从一个工程项目上升到改变城市生活方式，创造美好生活和幸福感的一种诠释！

项目组成员名单

项目主要参加人：王文奎　夏　昌　黄贝琪
　　　　　　　　骆文义（新加坡LOOK）
　　　　　　　　陈志良　程　兴　吴鑫森
　　　　　　　　杨　葳　马奕芳　余　捷
　　　　　　　　何　达　高　屹　郑　凯
　　　　　　　　吴明添　巫晓彬　张　娓
　　　　　　　　吴　雨

项目演讲人：王文奎

图36　和百姓生活最贴近的街巷步道

图37　山水步道与城市巷道的结合形成福州的幸福"漫"道（图片来源：《福州市城市双修总体规划》）

风景园林师　**145**
Landscape Architects

天地之间：崇雍大街街道景观提升设计

中国城市规划设计研究院／王忠杰　盖若玫　马浩然

崇雍大街位于北京东城区中部，南起崇文门，北至雍和宫桥，是东城区唯一一条南北贯通的城市干道。在经过多次整治提升之后，崇雍大街在2018年开展首次系统性综合整治提升工作。同年8月北京市委书记蔡奇和副市长隋振江在对老城街区更新进行调研时也指出"要以崇雍大街和什刹海地区为样本推进街区更新"。作为北京旧城街区更新的示范性项目，崇雍大街街道景观的提升改造也试图探索适应北京旧城特色的街道景观设计方法与实践。

一、项目情况

（一）重要性与特殊性

崇雍大街南接天坛，北抵地坛，可谓"天地之街"，是除北京中轴线以外，现存最完整的老城轴

图1

向空间。自元代起崇雍大街便是都城"九经九纬"中的一经，时至今日仍是旧城东部重要的南北向交通动脉。大街的商业街特色也源于元代，几经时代变迁仍影响着大街的主要业态。大街两侧分布着雍和宫、国子监、东四牌楼等重要城市地标，体现着城市格局变迁的历史信息；沿线还保存有7片历史文化街区，保留着传统老北京特色的生活氛围。可见，崇雍大街是北京老城内独一无二的一条街道，且同时承担着交通、商业、文化等多重功能需求。

（二）复杂性与矛盾性

崇雍大街作为传统城市空间格局的延续，在面临现代日常生活及城市发展的需求时，衍生出了各种问题，涉及多专业的内容，包括建筑风貌混乱、立面一层皮与院落格局脱离；混行情况严重、慢行环境品质较差；街道设施混乱繁多、缺少统一的布局；缺少优质、舒适的公共活动空间，文化彰显不足等。在对街道空间的提升过程中，也必须考虑各种需求之间的相互制约，例如机动车和慢行之间的空间分配；通行空间与生活空间的交互关系；对外文化彰显与本地生活习惯的融合等，在各方间寻求平衡。

二、策略研究

汉字"间"既是方位词，可以表达位置关系，也是名词，指某一范围的空间。"天地之间"既指连接天坛与地坛的崇雍大街，广义上也包含了大街两侧城市中的所有室外空间。北京旧城规划是中国传统城市规划设计的精华之作，由街道、胡同、四合院共同组成的外部空间，构成了多尺度、多功能、多层次的舒适宜人的人居环境。北京作家老舍先生曾在《想北平》中称赞"北平在人为之中显现

图1　雍和宫大街改造后街景
图2　（清）徐扬，日月合璧五星连珠图（局部）中展示的北京城市外部空间

图2

自然，几乎什么地方既不挤得慌，又不太僻静""它处处有空儿，可以使人自由地喘气"。在现代的城市更新工作过程中，项目组也试图构建符合当今需求的宜居、活力、富有特色的旧城外部空间体系。

（一）市坊间（完整体系）

如今的旧城空间从街市到住宅，仍延续着传统的"街道—胡同—院落"格局，但由于现代生活的功能需求，街巷的尺度、胡同的功能、合院的形态等都自发地产生了更多变体。项目组结合对现状需求的观察及未来发展的预测，针对体系内各种空间类型提出优化策略。

街道是最具公共性的空间，也是人群交往最多的空间。通行空间应保证优先路权并连续不断，提供安全舒适的步道；建筑前过渡空间应有较为明确的界定，并适当营造灰空间及外摆活动空间；节点场地应适当腾退基础设施占据的硬质铺装，增加开放式绿地空间；对个别重要的城市地标，应重塑视线廊道和空间意向。

胡同作为次一级的道路，提供半公共半私密的空间，既需要满足社区交往的需求，也应允许一定程度的商业渗透，以丰富城市空间的功能及形态。对旧城停车空间的疏减以及违法建设的拆除都有助于梳理胡同空间，腾退出的小空间可作为绿地或休憩空间，为居民提供日常的交往空间。商业的开发则可分为从沿街向内部的渗透模式和散布的点状模式，复合的功能也将给胡同带来更多活力。胡同口作为街道和胡同的过渡空间，也应通过景观元素或空间变化起到提示性的作用。

院落则是私密的空间，应结合统规自建的院落更新模式，引导民众拆除私搭乱建，恢复建筑和院落的格局关系。可以学习传统的"天棚鱼缸石榴树"，在院落内打造舒适的户外空间，院内的绿色空间也会是城市整体绿化景观的一部分。寺观院落作为特殊的类型，也承担了一部分公共园林的职能，能够结合违建腾退、留白增绿等政策，在旧城中增建这样的绿地也是传统格局的传承。

（二）街巷间（街道空间策略与导则）

针对满足通行功能的街道空间主要提出以下三方面策略。

优化步道空间：通过腾退违建、设施三化及压缩部分道路空间等方式消除通行瓶颈，保证足够的通行宽度；通过不同形式及规格的铺装将街道划分为设施带、通行带、过渡带等功能空间，进一步明确空间功能；在小路口处采用与人行道相近的铺

装，优化行人路权，提示机动车减速。

提升植物景观：在条件允许的情况下，对行道树不连续的路段进行补植，形成连续的绿化基底；适当连通树池或扩大种植池面积，改善现状树的生长环境；配合节点设计，增加具有北京特色的植物品种，丰富观赏层次和季相变化。

完善街道设施：结合电箱三化工程，对基础设施进行小型化、隐形化、美观化改造，减少对街道空间及风貌的影响；对有功能需求的家具小品，应进行补充和完善；包括座椅、栏杆、花钵、标识等在内的街道家具应采用统一的设计元素，保证整体风格、材质的统一。

（三）邻里间（节点空间策略与导则）

由于旧城建设密度较大，需要尽可能挖掘空间，营造满足休闲功能的景观节点。根据空间尺度主要划分出 3 个类型。大型节点（2000 ㎡以上）主要包括路口转角及大尺度建筑前的整块空间，应结合街区历史文化，打造满足日常活动的社区公园。中型节点（300~2000㎡）包括步道较宽敞段、地铁出口及部分重要胡同口，应结合功能需求，利用有限空间设置供居民交往、游客休憩的街边小广场。微型节点（300㎡以下）多为依靠建筑立面或墙体的小空间，利用小品设施或景观装置打造点景的街道微空间。

图 3　街道空间改造
图 4　雍和宫大街步道街景
图 5　雍和宫大街树池连通效果

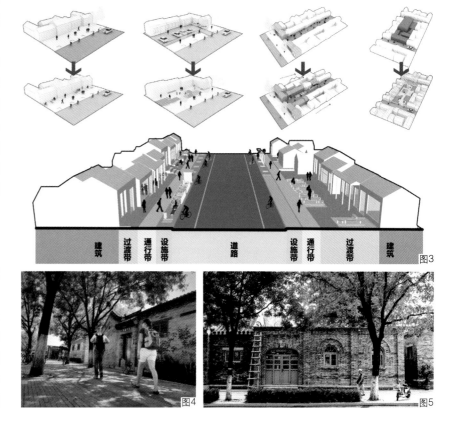

图3

图4

图5

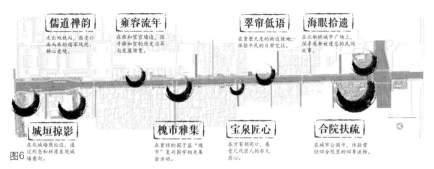

儒道禅韵 | 雍容流年 | 翠帘低语 | 海眼拾遗

走出地铁站，感受扑面而来的儒家风范、祥和意味。

在雍和宫广场处，探寻雍和宫的历史沿革与发展演变。

在重塑尺度的街边绿地，体验平民的日常交往。

在北新桥城市广场上，探寻逐渐被遗忘的民间故事。

城垣掠影 | 槐市雅集 | 宝泉匠心 | 合院扶疏

在北城墙原址边，通过形态和材质表现城墙意向。

在曾经的国子监"槐市"复兴国学相关集会活动。

在方家胡同口，感受几代匠人的非凡匠心。

在城市庙会中，体验曾经四合院里的四季流转。

图6

图7

图8

图9

图10

图11

图12

图6 雍和宫大街总平面及景观
　　节点布局
图7 "儒道禅韵"节点的夜间
　　活动
图8 "宝泉匠心"节点地面特
　　色铺装
图9 "儒道禅韵"节点文化墙
　　及遮荫廊架
图10 "翠帘低语"节点沿路界
　　面
图11 "宝泉匠心"节点街景
图12 "翠帘低语"节点廊架下
　　活动空间

三种尺度的节点共同构成节点体系，形成有节奏的街道公共空间序列。在此基础上，还应考虑周边地块的人群构成，力求满足不同人群、不同年龄段在各时间段的活动需求。节点主题则应挖掘所属街区丰富的历史信息，通过景观元素进行展示和表达，增加街道的辨识度。

三、实施落地——雍和宫大街示范段

雍和宫大街位于崇雍大街的北段，长度约为全段的 1/5，于 2019 年 10 月竣工。作为崇雍大街道改造提升的先行示范段，既落实了整体规划设计理念及策略，也为后续工作提供了宝贵经验。项目组主要关注道路空间和节点空间两部分。

道路空间需要满足通行、休憩及自行车停车等需求，雍和宫、国子监的外来人群和日常活动的本地人群是主要的空间使用者，大量的居住类建筑面向大街开门使两类人群的活动交汇于人行道之上。首先结合建筑拆违与路幅调整，保证全段基本的街道宽度。其次通过不同铺装样式对街道空间进行划分：通行带位于中间，保证一定的宽度，承担主要的交通功能，采用透水材料避免积水打滑产生的安全隐患；过渡带位于建筑前，提供居民活动或行人驻足的空间；设施带位于路侧行道树沿线，采用旧材料利用的方式，集中布置连通树池、自行车停车区、果皮箱、花钵、灯杆等街道设施。

在通行空间以外，利用街道两侧地块扩展出街道公共空间，沿街规划了"雍和八景"作为体现街道特色文化的景观节点，由于用地及其他问题，本期只实施其中三景。

"儒道禅韵"节点将原有被停车占据的空间改造为曲径通幽、绿树成荫的小微绿地，增设廊架和座椅，提供乘凉休憩的活动场地；地铁出口处增设以陈仓石鼓为题的文化景墙，展示街区文化特色；曲线路径对着雍和宫正殿山墙，两侧竹影相衬形成良好的观赏视廊。

"翠帘低语"节点将原私占停车场腾退为公共空间；局部放置全街小型化电力设施，其余部分增加绿化作为街区小公园；几组廊架采用传统四合院建筑立面的天际线，延续街道界面的传统空间尺度；保留现状大树和紫藤，种植元宝枫、紫丁香、黄杨等增加季相变化。

"宝泉匠心"位于方家胡同口，以拐角处建筑山墙为衬，种植玉兰、萱草作为局部视觉焦点；设计金属铺装条展示方家胡同主要的历史变迁，试图激发公众对城市变迁的兴趣。

雍和宫大街的改造提升作为崇雍大街的起步段，取得了较好的效果，对整体的风貌和人居环境都有很大程度的改善，而实践中遇到的一些问题也将成为后期工作的宝贵经验。老城区复杂无序的基地现状使得项目组不得不多次根据实际情况调整方案；民众对于自身利益的各种需求和想法，也与项目组产生碰撞，使得方案进一步贴近民众实际需求；民众对于空间使用的习惯，也需要配合管理方进行循序渐进的引导等等。

四、结语

北京旧城的城市更新是一个漫长而持续的过程，需要政府部门、规划单位、设计单位、管理机构、民众等多方的关注和共同努力。崇雍大街街道空间的提升改造也只是其中的一小步，我们需要在更长远的实践过程中，发挥专业优势、统筹各方需求、汲取经验教训，营造北京特色的城市街道空间，实现北京旧城的城市外部空间体系复兴。

参考文献

[1] (加) 简·雅各布斯. 美国大城市的死与生 [M].
　　第 2 版. 金衡山译. 南京：译林出版社，2006.
[2] (日) 芦原义信. 街道的美学 [M]. 尹培桐译. 南
　　京：江苏凤凰文艺出版社，2017.
[3] (日) 芦原义信. 外部空间设计 [M]. 尹培桐译.
　　南京：江苏凤凰文艺出版社，2017.
[4] 贾珺. 北京四合院 [M]. 北京：清华大学出版
　　社，2009.

济南小清河城市更新实践探索

苏州园林设计院有限公司／屠伟军　韩　君

一、引言

小清河源起济南四大泉群，历史源远流长，是世界上独一无二的泉水河。小清河自南宋刘豫开凿至今，历经880多年的洗礼，承载了沿岸城乡的历史延续，连接着各地的文化交流，推进着经济社会的发展，是兼具水陆联运、海河联运、农田灌溉等多种功能的"黄金水道"。曾经的小清河绿荫夹岸、舟楫林立、商贾如云，作为济南母亲河，见证了济南的兴衰过往，是济南重要的文化走廊、经济走廊、生态走廊，也是构成济南"南山北水、山水融城"整体格局的重要组成部分。

在新时代背景下，为落实中央生态文明建设新要求，进一步优化小清河两岸城市功能、形象和生态环境，打造市民休闲娱乐生态景观带，完成济南市委市政府对小清河"水清、河畅、岸绿、景美、宜游"工作指示，2018年启动了《小清河生态景观带概念规划及景观提升设计》编制工作。在编制过程中，如何坚持高点定位，创新理念，突出特色，统筹规划，分步实施，协调城与水的关系、旧与新的关系、蓝与绿的关系，是本次规划重点和难点。以实现"小清河成为济南由'大明湖时代'迈向'黄河时代'的重要联系纽带"这一目标。

二、技术路径

（一）区位分析及现状情况

1.区位及设计范围

此次规划范围西起槐荫区，流经天桥区、历城区，东至章丘，串联了济西湿地、云锦湖湿地、华山湿地、清荷湿地及白云湖湿地，河道主干长度约70km，包括河岸两侧100~200m范围。

2.现状情况分析

梳理小清河现状，主要有以下七大问题：①小清河地块周边城市环境分析——沿岸用地性质复杂多样，难以激活城市发展活力；②其水质污染严峻，河道行洪能力不足，水生态环境欠佳；③周边道路级别混乱、不成体系，动静交通不匹配，服务质量低；④城市风貌不能满足城市各分区的基本功能需求，且尚不具有核心特有气质；⑤文化资源呈现点状且无序的自然分布状态，未能形成体系；⑥小清河两岸开放空间不足，未能发挥城市绿色生态廊道的基础设施功能；⑦配套设施不够完善。

（二）规划目标与规划愿景

规划目标将小清河打造为一条实现济南"山水生态格局稳定、泉城文化特色彰显、促进北跨动能转换流动"的城市活力脊。以实现协调城与水的关系、旧与新的关系、蓝与绿的关系。尝试去勾勒一幅趣味的城市画卷，让济南市民的生活回归水岸；打造一个时空文化水廊，来展示济南特色的地域风情；营造出一片水城相依的美景，形成安全稳定的城市生态网络。

图1　规划构思

（三）规划策略

规划通过五方面的技术路径，实现小清河重生：生态策略，强调联通关节，织补网络，构建生态安全格局；交通策略，强调通路网，注入活力，提升区域可达性；功能策略，强调种植功能，活力提升，强化城市空间与滨水空间之间的有机融合；公共服务设施策略，强调补设施，服务升级，完善景区功能；文化策略，强调续文脉，古今碰撞，彰显泉城特色。

（四）规划构思与规划结构

图2 整体结构
图3 水质安全关键空间识别图

从"泉生济南"衍生的济南城市历史文化发展脉络，总结所对应的济南独特的文化特色，并呼应城市建设历程"起源、发展、繁荣、和谐"呈现出的功能属性。

生态上，通过沟通城市中各片湿地、串联城市景观轴线，构建蓝绿成网的生态格局；文化上，界定源水而立、临水而兴、因水而荣、溯水而合四大特色片区和五大主题园；功能上，确定与四大特色片区相对应的康养、休闲、运动、商业、艺术等产业与功能，形成"一带四区五园"的规划结构。

其中一带强调小清河城市发展展示带，四区为源水而立、临水而兴、因水而荣、溯水而合特色片区。五园为分布在小清河上的5个重要文化、功能展示节点：①清源康养，定位为国际级综合医疗旅游基地；②悦动山韵，定位为国家级特色赛事承办基地；③风华济南，定位为民族工商业展示窗口；④泉城印象，定位为泉城城市文化名片；⑤齐烟揽华，定位为全域旅游集散中心。

（五）专项规划

1.生态系统规划

（1）生态系统规划的目标为解决城市水质污染与城市洪涝两大问题，依据GIS分析出的城市污染点及洪涝点，针对性地采用市政管网进行收集并配合生态海绵处理措施，以实现小清河水质提升与城市雨洪调蓄。

（2）在小清河南岸打造城市深邃收集系统，沿小清河南岸收集城市污水，通过小清河沿线污水处理厂和下游终端处理系统的净化，控制水体污染，提升小清河水质。

（3）通过在小清河沿线及支流设置活水链工程、调蓄净化湿地、河道净化器工程、健康水生态系统等海绵设施，收集净化初期雨水，提升河道水质，增强河道行洪能力。

2.交通系统规划

交通系统规划的目标是解决城市交通容量不足、公共交通覆盖缺失、慢行体系不完善三大问题。

（1）对粟山路、清河南路、清河北路、荷花路提出道路改造策略，增强小清河沿线交通的畅达性；并针对现有停车场不足问题，在清河沿线结合未来城市发展需求合理增设停车场；在重要节点进行道路改道和下穿设置，实现城水互融，倡导市民回归水岸。

（2）开通小清河水上交通游线，在原有码头基础上结合城市重要节点增补新码头，码头与车行、公共交通相互衔接，实现小清河车行、公共交通、水上交通的无缝衔接。

（3）梳理城市现有绿道，结合济南慢行体系规划，完善提升济南慢行网络，并在小清河沿线形成结合济西湿地的生态步行环、结合匡山公园的运

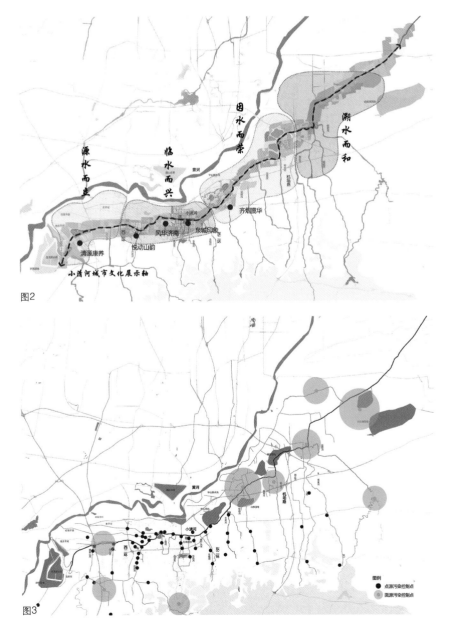

图2

图3

动休闲环、结合云锦湖的文化展示环、结合华山湿地的自然山水环、结合清荷湿地的现代艺术环、结合白云湖湿地的自然郊野环，六环嵌套的整体慢行格局。

3. 视觉廊道控制

充分发挥济南山体资源优势，打造显山露水的视觉格局，通过视觉廊道上的高度合理设计，确定小清河沿线各个地块内建筑的高度控制，形成形态优美、层次分明的城市天际线。

4. 公共服务设施规划

以设施集中、项目全面、系统布点、完整覆盖为规划目标，以现有公共服务设施为基础，适当增加文化、体育设施，补足、完善城市公共服务设施系统，并结合小清河绿道驿站，打造设施完善、功能齐全的景区服务体系。

5. 夜景照明

夜景照明规划紧扣济南"山泉湖河城"的城市风貌，打造"水映泉城"小清河灯光主轴。从"四面荷花三面柳，一城山色半城湖"的济南城市意象中提取元素，构建"柳·河·山·清"四大灯光主题段，并通过5处特色灯光节点吸引居民和游客的参与体验，带动小清河夜间游览活力。

6. 活动策划

充分利用小清河文化资源与生态资源，在重要节点打造具有文化内涵的活动项目，通过多样化的观景和文化活动，重塑小清河和市民的文化连接，实现人与水的良性互动。并依据不同活动特性，策划一整年的节事活动，让小清河滨水沿岸持续汇聚人气，四季充满活力。也考虑日常市民使用，策划日常24小时活动安排，针对早晨、上午、中午、下午和晚间5个时间段，为市民提供一整天的活动内容。

7. 绿化专项

小清河沿线绿化的根本目标是对现有生态系统的生态修复，并同时对沿线公园绿地系统、防护绿地系统和湿地生态系统进行梳理和建立，从而构建稳定的植物群落和多样的景观生境。

通过分段的主题特色，打造丰富多彩的绮丽滨水景观带，展现一条富有四季变化、具有现代活力、展现济南特色的绿色画卷。小清河绿化布局结构通过5个景观主题公园和8个植物特色段打造70km绿廊。

在植物色彩方面，打造绿色基底，根据功能、段落定位和季相变化，选取植物品种，丰富植物色

图4　城市市政污水处理系统
图5　水质净化工程布局图
图6　慢行系统规划图
图7　小清河区域车行交通调整

图 8　山水视线组织规划图
图 9　夜景照明图四大主题片区
图 10　公共服务设施网络
图 11　一天活动时间安排
图 12　四季节事分布

彩。春季以新芽的嫩绿为底，融合春季开花植物的粉色，点缀少量黄色；夏季以繁茂的绿色为底，点缀夏季开花植物的红色、紫色与白色；秋季以叠翠流金的黄绿色为底，融合秋季色叶植物的金色，点缀橙色与红色；冬季以肃穆的深绿为底，点缀冬季观干植物的红色与黄绿色。

（六）景观设计

1. 设计策略

通过发放问卷调查，总结小清河现状景观主要存在三方面问题：①小清河与绿地未形成水绿交融的生态水城；②小清河滨水空间未激活城市活力特质；③小清河未充分展现独特的济南文化特色。

针对这些问题，方案分别从绿脉、水脉、文脉三方面入手提出策略：①生态织补：打造友好型绿廊，实现生态文明；②激活水岸：使市民生活回归水岸，实现人气复活；③文脉重生：凝聚济南地域文化，实现文脉重生。

通过重建城市、自然、人文的对话，重塑古今、传统、新生的桥梁，实现"埠通景秀、水活文盛"的景观设计愿景和目标。

小清河景观总体结构分为八大风貌段及五大特色园，八大风貌段自西向东分别是：睦里桃源段、康体养生段、静享乐活段、济泺风情段、古济新貌段、山水艺术段、现代航运段、自然郊野段；五大特色园自西向东分别是：清源康养、悦动山韵、风华济南、泉城印象以及齐烟揽华。

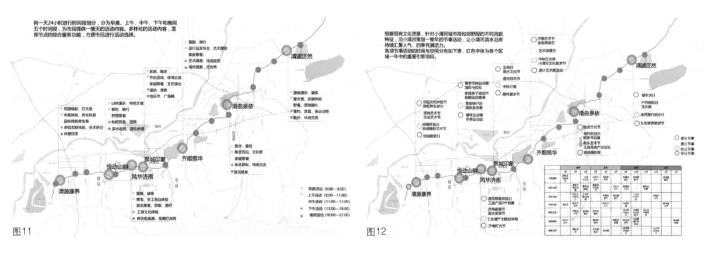

图 10

图 11

图 12

2.景观节点设计

（1）清源康养节点——国际级综合康体旅游基地

清源康养节点位于小清河源头，西起玉符河，东至京台高速，占地312hm²。场地西接小清河源头济西湿地，是黄河、玉符河、济西湿地三水合一之处，自然基底优越；东部地处国际医学中心南北绿廊与小清河生态轴交汇处，绿核功能显著。然而，场地西部湿地作为小清河源头，景观风貌不足；中部睦里村作为小清河上游，对水质缺乏保护，建筑风貌较差；东部小清河被南水北调渠所挤压，河道狭窄断续。

方案在总结场地优劣势的基础上，依托小清河提升改造契机，结合基地区位优势，联通济西湿地和国际医学中心，打造国际级综合医疗旅游基地。

本节点共分为3个区域：①位于小清河源头，定位为源头重塑、文化再现的清河溯源区；②位于小清河上游，定位为北国泉乡、医疗旅游配套的睦里桃园区；③位于国际医学中心，定位为城市公园、心灵康养的涤心雅静区。

清河溯源区为小清河之源，主要为展现小清河风貌特色的观赏性湿地。通过梳理提升源头湿地，增强导水、净水功能，还原小清河源头如画的历史风貌。复原小清河源头历史上"睦里庄前荷花淀，芦苇荡里白鹭飞"的诗意画境。

睦里桃园区为小清河之乡，是集济西湿地旅游配套、国际医学中心高端疗养为一体的华北泉乡。通过控制建筑退线，加强对小清河上游水质保护，重塑睦里村"人人会浮水，家家出清泉；呼吸新鲜气，胜过活神仙"的历史生活状态。

涤心雅静区借助国际医学中心的建设，重塑小清河，以中国传统养生哲学为魂，打造都市人心灵疗养的圣地。小清河重塑是在严格保护南水北调驳岸和河道的基础上，扩充小清河水面，在小清河与南水北调渠之间形成带状岛屿绿地，以达到"两水合一"、重塑小清河的目的。

（2）悦动山韵节点——国家级特色赛事承办基地

悦动山韵节点位于小清河西段，占地32.9hm²。场地内拥有距离小清河最近的自然山体——匡山，向北可望见粟山、北马鞍山。山水相携、山城相嵌、特色鲜明，且该区段也是济南大学生龙舟赛的举办地。

然而，场地内小清河水岸开合度不够，亲水性不足，沿岸建筑景观形象不鲜明，河道缺乏活力，匡山公园设施单一、吸引力弱。

在总结场地优劣势的基础上，依靠基地的山水资源优势，提出融山、融水、融城，打造国家级特色赛事承办基地的定位。

将南侧原居住用地置换为绿地，北侧原居住用地置换为体育用地，打通匡山与北侧粟山、北马鞍

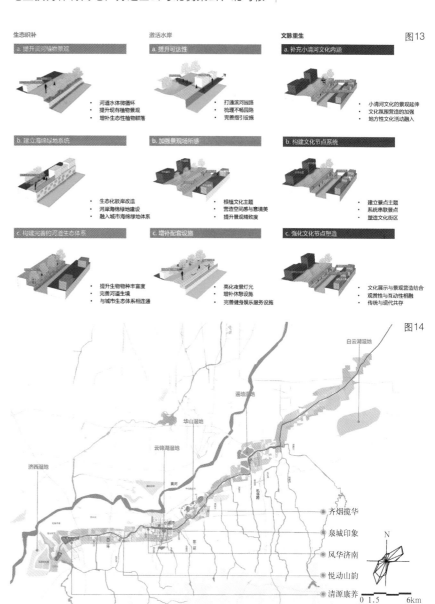

图13

生态织补　激活水岸　文脉重生

a.提升滨河植物景观　　a.提升可达性　　a.补充小清河文化内涵
· 河道水体微循环　· 打通滨河园路　· 小清河文化的景观延伸
· 提升现有植物景观　· 梳理不畅园路　· 文化氛围营造的加强
· 增补生态化植物群落　· 完善指引设施　· 地方性文化活动融入

b.建立海绵绿地系统　b.加强景观场所感　b.构建文化节点系统
· 生态化驳岸改造　· 根植文化主题　· 建立景点主题
· 河岸海绵绿地建设　· 营造空间感与意境美　· 系统串联景点
· 融入城市海绵绿地体系　· 提升景观精致度　· 塑造文化街区

c.构建完善的河道生态体系　c.增补配套设施　c.强化文化节点塑造
· 提升生物物种丰富度　· 亮化夜景灯光　· 文化展示与景观营造结合
· 完善滨河绿地　· 增补休憩设施　· 观赏性与互动性相融
· 与城市生态体系相连通　· 完善健身娱乐服务设施　· 传统与现代共存

图14

白云湖湿地

遥墙湿地

华山湿地

云锦湖湿地

济西湿地

黄河

齐烟揽华
泉城印象
风华济南
悦动山韵
清源康养

N

0 1.5   6km

图15

图17

图18

154 | 风景园林师 |
Landscape Architects

图 16　悦动山韵鸟瞰图
图 17　风华济南效果图
图 18　风华济南鸟瞰图

山的视线通廊。

本地块共分为 3 个区域：运动公园区、滨水休闲区与赛会训练区。运动公园区通过广场下穿等手法对匡山山体向小清河方向进行了延续和融合，并结合匡山设置了极限运动场地以及为周边居民服务的慢跑道、演绎大草坪、多功能运动场等设施，建设以运动为侧重点的市民休闲公园。同时，将入口广场作为济南特色万人马拉松赛事的起点，推动当地的旅游、经济发展与全民健身。

滨水休闲区沿小清河两岸增加活动和交流场地，增加观景点，提高亲水性，增设龙舟码头，利用节点以东 4km 的河道水域建设一流的龙舟赛道，打造中国北方龙舟文化核心区，为承办中国最高等级的龙舟赛事——中华龙舟大赛打下坚实的基础。赛会训练区以特色赛事训练中心为主，设置训练中心、运动员宿舍和室外共享区域等。

（3）风华济南节点——民族工商业风貌展示窗口

风华济南节点位于济南动物园东侧的泺口轴线上，占地 18.9hm²。场地南侧为济南过去重要的商埠门户区，蕴含济泺工商文明，西侧为济南动物园，绿地资源良好。

然而，场地东西向滨河南路交通不畅，南北缺乏慢行联系；小清河景观界面较差，滨水开放度弱；周边产业业态较低端，缺乏休闲餐饮类配套。

方案在总结场地优劣势的基础上，依据场地周边的文化资源，通过建筑风华、场所风华、夜景风华三方面再现济南传统民族手工业的繁华历史，打造展现济南商埠文化的窗口。

结合沿岸新建的红墙民国风的商业建筑，共同

营造济南历史上民族工商业繁盛的画卷。对闲置的闸口建筑进行利用，将其改造为特色餐厅，并架设栈道沟通两岸。从而营造再现民国商埠繁华的示范窗口，打造渗透城市的生态绿脉，塑造活跃、生态的滨河空间。

（4）泉城印象节点——"泉城文化"城市名片

泉城印象节点位于泉城特色文化轴与小清河景观轴的交点处，是泉水文化的展示窗口，也是从传统古城到黄河先行区的古今转换的节点。包括裕兴化工厂旧址、五柳岛和南侧已规划的云锦湖公园，占地 101hm²。

场地内有两大突出优质资源：一是世界唯一的泉水河口，趵突泉、黑虎泉、珍珠泉经城市河道、大明湖，四方汇水，奔流入小清河；二是拥有五柳岛历史遗存、张养浩名人文化等丰富的历史人文资源。将节点定位为"无界泉脉新客厅、东方气韵公园核"，集中展示"泉城文化"的城市核心名片。

泉城印象节点有 3 个主题片区，分别为：环泉而游的泉水体验区、缘泉而赏的泉水礼仪区、抱泉而居的泉水民俗区。

泉水体验区本着将泉文化公共开放化的原则，结合城市节庆广场，增添一个集城市大型开放空间、泉文化展示和商务办公为一体的以泉眼为设计出发点的外向型泉文化博物馆。同时在五柳岛上补充设计神奇喷泉、流动水链等与泉水有关的体验型设施，打造泉水户外体验区，从感官上加强对泉文化和济南传统历史文化的认识，与博物馆共同形成科普教育、体验互动的游乐区。

泉水礼仪区，通过道路下穿，沟通小清河与云锦湖公园，打开中轴城市界面。在小清河南岸打

造视域宽广的全景客厅，并通过叠水瀑布，从视觉和听觉上体现泉水由静到动的力量感；北岸打造立体、多层次的景观空间，同时结合水位变化，形成常水位和洪水位两种情况下不同的景观空间体验。

泉水民俗区：北岸结合济南传统民居抱泉而居的布局特色，打造一条独特的新中式"十里泉街"，包含传统特色商业、创意作坊、传统小食、休闲书吧、特色餐饮、泉文化主题酒吧街等。沿小清河布置院落型建筑，以停留、浸入式的业态为主；整体建筑风貌以当地青砖、筒瓦为大基调，集中展现济南传统民居与点、线、面状泉水之间的沿泉而居、环泉而居、抱泉而居的特色空间布局关系，南岸对应北岸节点空间设时光驿站，为整体感受北岸十里泉街提供观赏点。

（5）齐烟揽华节点——济南全域旅游集散中心

齐烟揽华节点位于大辛河口，华山对岸，新区轴北，占地57hm²。

场地位于济南"齐烟九点"最东段源头处，北承华山湿地公园，5km外有规划的济南新东站，未来将是济南全域旅游发展的门户之一。

然而场地临近华山景区的小清河景观风貌缺乏特色，区域识别性弱；大辛河水体污染严重，直接流入小清河，周边建筑风貌较差；场地活动设施缺乏，活力缺失。结合场地优劣势，依托场地周边交通、文化等优势资源，打造济南全域旅游集散中心，引领济南开启全域旅游新篇章。

本地块共分为3个区：以湿地净化为主的湿地净化区、以旅游集散为主的广场绿地区、以市民休闲为主的公园绿地区。

湿地净化区将新东站绿廊与华山湿地公园串联形成完整的生态廊道，在更大层面统筹考虑小清河、华山水体、大辛河、节点内景观水体与人工湿地的水循环，构建完善的水生态系统。通过人工湿地与生态浮岛，净化大辛河水体后，汇入小清河，以保证小清河水质。

广场绿地区选用山水相容的概念打造全域旅游集散中心，结合集散中心设置齐烟十里画廊沟通东西，其坐南而北望，登高可远眺华山风光。梳理水岸，局部打开，同时打通林下视廊，贯通南北。广场西南角设落雨亭于水上，既自成一处景观，又为流连亭下的观者提供一处浪漫诗意的观景台。

公园绿地区结合海绵雨水系统，打造丰富浪漫的花径植物景观，为市民提供一处优美的休憩场所。

三、结语

"承古续今，三脉融汇兴水岸"，济南小清河景观带融合了蓝绿生态的绿脉、滨水活力的水脉和文化艺术的文脉，结合泉城特色，向世界传递泉文化的友善精神，倡导自然和谐之意，将泉水名片推向更广阔的世界舞台。打造集"泉城文化"城市名片、国际级综合康体旅游基地、国家级特色赛事承办基地、全域旅游集散中心、民族工商业风貌展示窗口为一体、充满活力的济南特色泉水河。

项目组成员名单

项目负责人：贺风春　屠伟军

项目参加人：刘　佳　韩　君　黄若愚　陈士丰
　　　　　　沈　骏　魏君帆　张　璐　王雅琴
　　　　　　李观雯　徐骏成　史梦楠

图19　泉城印象鸟瞰图
图20　齐烟揽华鸟瞰图

图19

图20

新疆国际大巴扎景区和平南路步行街景观改造工程

新疆城乡规划设计研究院有限公司／郝　芸

一、引言

　　新疆国际大巴扎景区位于乌鲁木齐市天山区老城区的核心地带，占地面积约39888m²，总建筑面积约10万m²，是目前全国最大的巴扎集市。大巴扎的建筑风格规模宏伟又极具地域风格，其独特的民族建筑、热闹的商贸街市及浓郁的地域文化吸引着国内外众多游客慕名而来，是乌鲁木齐市旅游宣传的一张名片。

　　2016年起，乌鲁木齐市委市政府组织实施旧城改造工程，为期3年，其中以新疆国际大巴扎景区为核心的旧城改造工程被纳入乌鲁木齐市重点工程。

　　改造前的大巴扎景区存在建筑室外空间不足、街道空间狭窄、交通组织欠佳、景观配套设施陈旧等诸多问题，和平南路作为大巴扎景区内的核心道路，在此次改造中希望能够转变道路功能，拓展景观空间，更好地服务于商贸业和旅游业。

二、项目概况

　　和平南路全长810m，呈南北走向，两侧商铺林立、人头攒动，是乌鲁木齐市最早的商贸街

之一。本次设计范围位于和平南路南段，全长360m，道路紧邻国际大巴扎建筑群，现状为双向四车道的机动车道＋机非绿化带＋人行道的城市支路。根据大巴扎片区整治规划方案，周边建筑均已纳入旧城改造范围，和平南路定位为大巴扎旅游景区的核心街区，由城市支路改为商业步行街。

三、设计思路

（一）定格局，组游线

　　步行街长度只有360m，设南、北两个入口，3个主要景观节点，以东侧（由南到北）和西侧（由北向南）两条游线组织景观空间，分别以新疆的地域风情、维吾尔族的民俗文化、乌鲁木齐的贸易之都和丝绸之路的文明历史为题材，通过现代景观材料或塑造手法在步行街里展示，结合3个景观节点的打造，形成有节奏、有变化、有增长空间的步行街。

（二）寻脉络，立主题

　　以乌鲁木齐市最早的贸易街为历史轴线，以新疆的地域文化为空间轴线，以天山绿洲的生态基底

图1　大巴扎景区实景
图2　大巴扎片区整治规划

图1

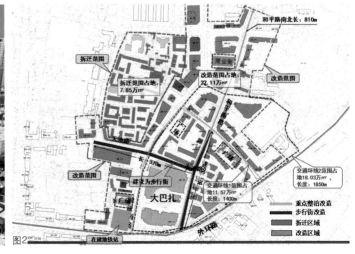
图2

为景观载体，以维吾尔族民俗风情为展示手段，以古今丝路文明为节点主题，全方位、立体化展示乌鲁木齐市中西方交汇、民族风情浓厚、贸易繁荣的国际化大都市风情街区。

（三）拓空间，转功能

为了彻底改观大巴扎周围狭窄的空间环境，呼应大巴扎建筑的宏伟气势，设计拆除和平南路南入口六层商业建筑，改为城市公共活动空间，也是步行街的南起点，以景观广场结合立体停车库的形式辅助大巴扎景区游人集散，并强化大巴扎建筑东向的景观主轴线，从而使整个景区的游线组织更完整，空间序列性更强，景观环境更好。和平南路的道路功能也由原来的城市交通道路转变为服务于市民及游客的旅游观光功能，通过整合原有道路板块、统一空间高程，形成适宜步行游览的场地空间，同时保留原机动车道绿化带，引入水景系统，扩充步行街的绿地休息区域，以水景结合绿地的方式串联各个景点，打造绿色、舒适的步行空间。

四、景观结构

一心，两带，三节点。

一心：扩充后的步行街南入口是东西向和南北向的交汇之处，自然形成了交通组织和景观空间的核心。

两带：以完善街道功能为目的的步行景观带；以服务旅游为目的的文化观光带。

三节点：位于南入口的胡西塔尔歌舞广场，位于步行街中部的丝路驿站，位于北入口的喀赞其景观大门。

五、详细设计

以一个游人的身份出发，模拟步行街的游览路线，从南入口停车区域下车后，首先映入眼帘的是胡西塔尔歌舞广场，该广场是由原来的六层商业建筑拆除后改造成的入口标志性景观，目的在于打通大巴扎与步行街的景观通廊，为游人提供下客、集散、观赏的游憩空间，同时引入水景，在该区域与大巴扎观景塔形成中央水景轴线，强化大巴扎建筑群，给人震撼和耳目一新的感受。广场平面似维吾尔族乐器都塔尔，以一条东西向轴线串联大巴扎观景塔和南入口，整合原来较弱的大巴扎东侧区域景观，东西轴线上以喷泉跌水、小水景、大水面层层递进，寓意天山雪水浇灌的西域绿洲。

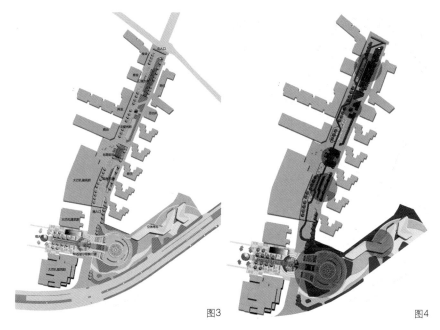

图3

图4

图5

图6

图3 设计平面图
图4 景观结构图
图5 胡西塔尔歌舞广场效果
图6 水景观效果

水面围合的中心广场以巴旦木花造型为铺装花纹，形成放射状的图案，同时又是美好、和谐的象征。该广场可结合群众大舞台、节日庆典、旅游歌舞表演等多种形式为大巴扎区域营造热闹迎宾的氛围。广场周围的水面里层层环绕着具有波斯风情的景观柱廊，结合夜景灯光和音乐喷泉打造不一样的西域风情。

从南入口进入步行街，沿途是以新疆的地域风情、维吾尔族的民俗文化、乌鲁木齐的贸易之都和丝绸之路的文明历史为题材的序列景观小品，主要有：

晾房花墙——以葡萄晾房建筑为原型，采用生土砖和塑木材料，设计带有镂空景窗的景墙作为

图7

图8

图9

图10

图11

图12

主景,四周围绕着花境花坛,种植四季玫瑰、大丽花、五叶地锦等乡土植物,营造地域特色园林景观,同时可为游人提供休息、交流的场所。

戈壁光影——借鉴博物馆的展示窗,将"生土墙"与钢化玻璃组合在一起,经过艺术化处理,结合夜景灯光、水幕效果,打造光与影的变化效果,寓意神奇西域里的虚实变换、过去与未来的交融,吸引游人驻足观赏。

丝路驼铃——位于步行街中部的景观节点,以中式园林建筑做驿站造型,结合商贸驼队景观雕塑,打造古丝绸之路上中西交汇、驼铃声声的繁荣之景。驿站也是步行街的公共服务设施,提供文化展示、咨询引导、纪念品售卖等旅游服务。

汇通古今——以汉唐时期流通于西域的古钱币外观作为景点的铺装图案,结合造型柔美的景观柱和葡萄廊架,仿佛是维吾尔族少女摘下一串晶莹剔透的葡萄献给丝绸之路上来往的客商,也表达"一带一路"建设政策沟通、设施联通、贸易畅通、资金融通、民心相通的美好愿景。

步行街区设南、北两个景观入口,以呼应乌鲁木齐老城区曾经以南门、北门定义城中心的历史。南大门以一组镂空景墙结合西域文字地图等雕刻形式,引游人进入步行街区域;北门则以北方维吾尔族特色建筑"喀赞其"为入口景观造型,其维吾尔语的含义是"铸锅为业的人",寓意维吾尔族同胞勤劳智慧、心灵手巧的淳朴民风。

六、结语

民族特色商贸街区景观重构的重点在于街道功能的完善和民族特色的展现,本次设计把街道当作展示舞台,通过现代景观的处理手法,将民族风情元素作为情景化展示并融入街道功能之中无疑是一种探索和尝试。无论如何,扎根于本土的地域文化就是街道景观的灵魂所在。

项目组成员名单
项目负责人:郝 芸
项目主要参加人:王 策 郝 芸 李 剑
            刘骁凡
项目演讲人:郝 芸

百年校园的新生

——存量时代清华大学校园景观规划的方法研究

一、项目背景

21世纪以来，中国高等教育的增量远远超过了中华人民共和国成立后50年的总量，连续13年保持了入学率平均每年增幅2%以上的持续高速增长。在此背景下，为了满足高校规模增长的需求，大学城、新校区的规划建设和老校区改造成为这一时期高校校园空间发展的重要内容和主要特征。无论是政府和高校的组织者还是规划师，似乎都对高校的快速发展态势估计不足，过去几年的校园规划建设中遗留了众多遗憾，并进一步束缚着高校未来的发展。

清华大学作为一所具有108年历史的中国著名高等学府，同样行驶在中国高等教育发展的快车道上。百年来的校园发展和建设，已经让现有老校园的负荷巨大，校园建筑面积的增加远远无法满足校园人口迅速增长的需求，绿地率大大降低。在封闭管理的校园中，校园还承担着复杂的学校后勤功能，如教师住宅、幼儿园、小学、中学、医院、菜市场等。同时，近80000辆自行车和9000辆机动

车的校园交通量，使得校园交通拥挤不堪。

在这一背景下，清华大学校园规划开始从增量建设转向存量更新和校园环境的提质增效上来，清华大学校园景观规划是作为清华的10次校园总体规划以来的第一次针对校园景观的专项规划，它的出现也是作为百年历史的老校园在新的发展背景下的必然选择。

清华大学环境基底优越，它建立在具有300多年历史的皇家园林基底上，坐落于北京西北郊清朝三山五园的皇家园林之中。随着不同时期的建设，在同一个校园中形成了中国古典园林景观、美式校园景观、苏式校园景观和现代校园景观4种风格的景观风貌。2001年清华大学被福布斯杂志评选为最美校园之一。

二、思考与愿景

作为清华大学的第一次景观规划，我们面临的现实问题错综复杂。因此，现状问题的调研是如何规划的坚实基础，完善的景观规划结构体系的建立

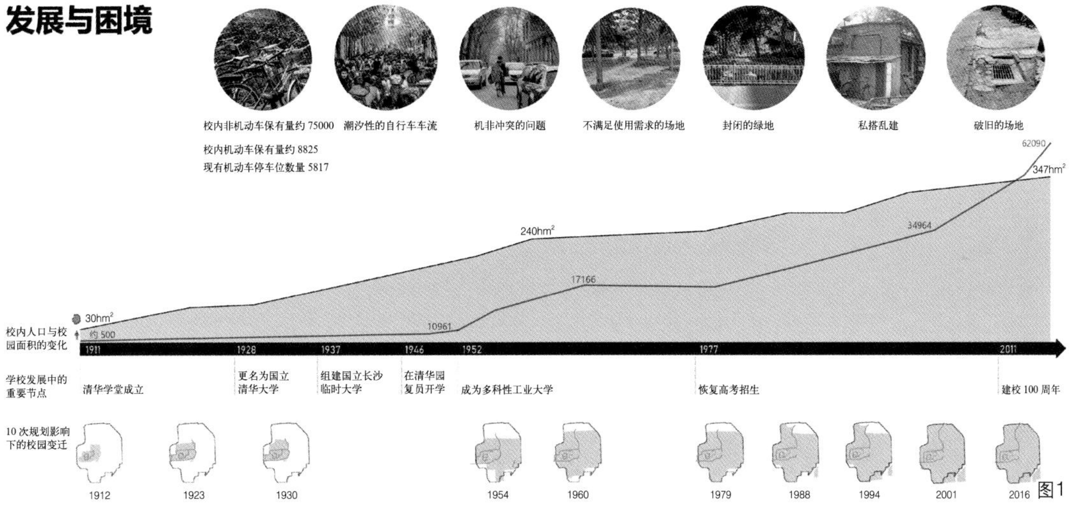

发展与困境

图1   校园发展现状调研

比具体项目的设计更加迫切。将规划工作逻辑定位在：建立在对校园资源普查和评估基础上的景观规划体系和控制导则的建设之上，并且制定今后数年的项目实施计划。

本次景观规划以百年校园的新生为主旨。通过现状资源的梳理，保护、挖掘、修复校园的历史人文景观和自然生态景观，以此作为载体，传承校园的文化和精神。通过复杂问题的调研和分析，平衡校园各类人群的需求，保障教学的主导功能得以满足，通过疏解功能、释放空间、系统化构建三步策略，最终形成崭新、富有绿色活力的校园开放空间。

三、规划重点

（一）广泛公众参与下的详细现状研究

规划前期我们利用 3 个月时间对校园现状进行了基础资源普查式的调研工作，制定了多种渠道和方式的调研方法，其中包括：

（1）针对不同人群的广泛公众参与。这其中包括：建筑学院学生和社团的全程参与，结合了约 500 份学生 studio 的问卷结果；与观鸟协会一同调研校园生态；征求多个学生社团的意见，与校园多个管理部门座谈。整个规划过程共进行了 70 多次、涵盖约 800 人次的师生、专家讨论会。

（2）采用分项调研、分区评价两种调研方法，进行全校园、地毯式、多角度的详细调研。规划列举出学校 10 项重要景观要素进行调研评价，并参考英国景观特征评价指标环，根据校园特性编制了校园景观评价表格，对 34 个分区进行评价打分。

（3）第一次编制校园景观资源库。包括 90 件公共艺术、150 种鸟类、237 棵古树名木、1280 种植物品种、32 万株植物等，并对其中主要内容进行空间落位，为后续规划提供了关键资源保护的清单。

（4）阅读大量校园历史文献，明确校园建设和生态环境演变的历史。以此为基础，进一步对于校园历史人文景观和生态景观提出保护和修复的规划。

（二）通过保护与挖掘历史景观实现清华精神的传承

规划首要建立在对历史的认识、尊重和传承的基础上，对于具有多重风格的清华校园而言，在世界大学校园中也是罕见的，我们尊重并保留不同阶段校园建设风貌，进行了校园总体景观风貌的分区规划。根据校园建设时序，分为 6 个景观风貌分区，其中包含历史景观核心区和风貌协调区。并根据景观核心区的特色，制定了包含色彩、材料、空间形态等 8 个要素的风貌控制导则。

图2

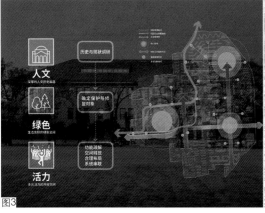

图3

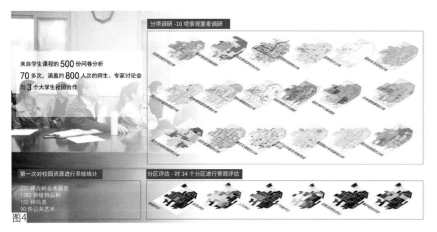

图4

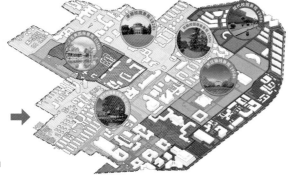

图5　现状风貌分布图

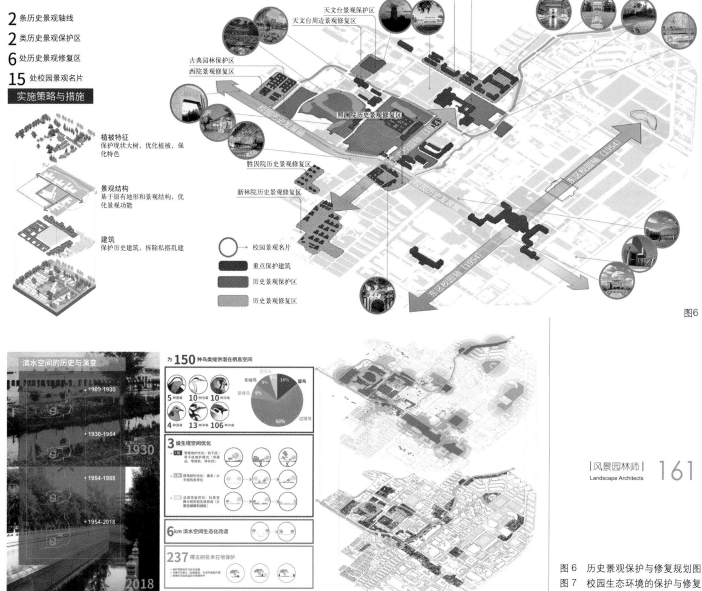

图6 历史景观保护与修复规划图
图7 校园生态环境的保护与修复规划

第一次划定了校园历史景观的保护红线,其中包括历史景观保护区和6处历史景观修复区,划定了美式校园和苏式校园的2条历史保护轴线。同时,根据网络大数据统计和公众调查分析,划定了15处景观名片,以此作为清华精神传承的核心载体。

(三)基于传统园林体系的生态保护与改造规划

作为三山五园体系中的园林,其生态效益受到大空间区位和时间的影响,虽然校园人群密集,但是清华校园具有北京市域范围内除北京植物园外最丰富的植物种类。规划对于校园的绿地和水系空间进行了总体规划,旨在保护百年来形成的生态基底,恢复校园水系的自然面貌,提升水系生态价值。规划结合了校园环境变迁和相关社团的调查,进行了从空间保护、改造措施到后期维护管理的全流程蓝绿空间生态规划。

(1)对于校园小型绿地板块的识别与保护。我们与学校的观鸟协会合作,划定9片校园中重要的生态斑块,并根据其生态价值重要性分为3级,提出相应保护和修复措施。

(2)基于水系历史演变研究的水系生态修复。追溯水系演变历程,并结合水利工程专业,在满足行洪需求和水质条件的前提下,提出现状万泉河人工河道的生态化改造措施,解决雨污合流等问题,再现历史的自然水景,最终实现绿地和水系的生态修复与历史景观的重塑。

（四）创造系统、高效的校园活力空间

百年校园的新生，应体现在更富活力、便捷、安全的校园环境。但在封闭、拥挤、发展不平衡的校园中，如何理清问题的本源，建立一套现实可行的开放空间体系，是我们面临的重要挑战。

我们意识到必须首先通过学校功能的疏解，才能为学校室外空间的重塑赢得良好的基础。

（1）与校方讨论，并结合校园总体规划，疏解校园空间。①主要针对历史修复区及周边的私搭乱建建筑进行清理，腾退空间。②通过增加校门机动车停车场和强化校园公交系统，减少校内机动车和自行车的通行量，营造安全、适于步行的校园，并将部分停车空间转换为绿色开放空间。

我们进行了详细的现状及规划后室外空间功能的数据统计，对腾退空间功能进行合理转化，并对调研中发现的众多封闭绿地赋予了新功能。

通过校园空间疏解和功能的合理配置，校园内可利用绿地占比增加了1倍以上，实现了高效、合理使用有限空间。

（2）整合不同时期建筑周边的附属空间。通过建筑、场地图底关系的重新归零和对室外空间的高效统筹，形成集中绿地、开放场地和统一的自行车停车区等。并结合慢行系统、校园马拉松路线，构建校园步行系统串联的室外开放空间体系。根据人群活动热点区域和学校功能分区等调研成果，形成学习花园、运动花园、社团种植园等场所，将师生的活动更多地与绿色空间融合起来。

最终，我们制定了9个专项规划和1个景观风貌控制导则。并和校方共同制定了规划实施策略，形成以年为单位的实施计划和规划完成指标。

清华大学校园景观规划项目，是目前中国大学建设从空间扩张到品质提升转变的代表。作为一个百年校园的第一次景观规划，首先建立在扎实的现状研究和广泛的师生参与基础上，并突破景观规划的范畴，与校方和总体规划团队合作，探讨解决校园深层次的问题，用系统整合、功能减负的方法梳理复杂的校园问题。规划第一次建立了校园环境的资源清单、第一次制定了校园历史和生态景观的保护规划、搭建了一套完整的景观系统和结构框架，使学校历史和精神更清晰地呈现，使校园空间更有效地利用。清华大学的校园景观规划迈出了坚实的第一步，我们还需继续前行。

项目组成员名单

项目总负责人：胡　洁

专业负责人：郑晓笛　崔亚楠

项目参加人：张　艳　周　旭　梁　晨　孙国瑜
　　　　　　张琳琳　王玉鑫　李正祥　孟献德
　　　　　　范　汉　龚　宇

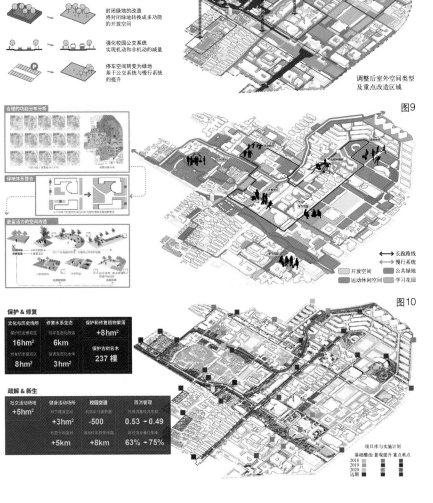

图8　调整后室外空间类型及重点改造区域

图9

图10　项目库与实施计划

文旅融合视角下的绍兴阳明故里总体策划方案思考

杭州园林设计院股份有限公司／宋 雁 董莎莎

旧城更新与文化旅游统筹发展，"以文促旅，以旅彰文"的思路已逐渐成为给老城历史文化街区注入新活力的有效发展模式。本文以绍兴阳明故里总体策划为例，探索文旅融合视角下古城保护利用的策划规划方法，平衡保护与发展的关系，实现居民安居乐业、游客乐游古城，从而激发古城活力，提升历史街区的可持续发展能力。

一、项目概况

绍兴是首批国家历史文化名城，绍兴古城已有 2500 多年的历史，传统江南民居建筑风貌和水乡桥乡特色突出。阳明故里片区位于绍兴古城西北部，南望府山，西小河自北向南穿越街区，山水环绕，历史街区肌理保存较为完好，居民仍保持着传统的聚居和生活方式。街区总规划面积 49.72hm²。

二、问题思考

（一）居住环境品质亟待提升，缺乏社区活力

街区内居住人口密度大，大部分建筑老旧，通风、采光条件较差，部分结构不牢固，私搭乱建现象严重，破坏了传统风貌，基础设施配套不足，缺少公共活动空间，社区老龄化严重，缺乏活力，同时交通拥堵、停车困难的现象较为突出。

（二）文化内涵挖掘不充分，旅游吸引力不足

阳明故里片区内的历史遗存众多、类型较为丰富，却未能得到有效的保护、利用和展示，缺乏整体统筹。阳明文化展陈方式单一，尚未得到深入挖掘展示，导致片区形象不鲜明，相较鲁迅故里、书圣故里等其他历史街区缺乏核心文化竞争力和旅游吸引力。

（三）街区功能单一，缺乏可持续发展动力

目前街区以居住功能为主，吕府、观象台等古迹遗存仅具备简单的文化陈设和展示功能，此外尚有少量空置厂房和办公用地。地块缺乏活力人群和支撑街区发展的可持续动力，由此带来街区环境质量、经济发展、文化特征等方面的不断退化。

图 1 阳明故里片区与绍兴古城的区位关系
图 2 设计范围图
图 3 阳明故里现状航拍

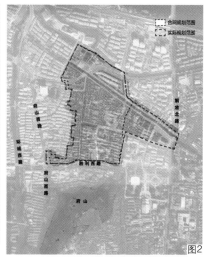

三、策划规划思路

历史街区的有机更新依赖于新功能、新活力的注入，更需要基于原住民及其生活方式、状态的保留。策划以有机更新、文旅融合为切入点，确定以阳明文化为主线活化街区的总思路，具体策略概括如下：

1. 区域视角，差异定位

立足于绍兴古城区域大环境，对阳明故里片区进行差异定位，形成各片区主题鲜明、业态互补、水路串联的绍兴古城游览体系。

2. 望山理水，凸显水乡风韵

综合片区地块内外整体山水环境，充分利用空间借景、对景，恢复历史水系，强化片区传统肌理和空间特色，突出绍兴水乡古韵。

3. 有机更新，活化街区

降低居住密度，提升环境质量，更新街区功能，对现状建筑分类进行合理客观的价值评估，对现状历史遗存分类进行保护、展示和利用，增加公共服务和文化活动空间，重塑街区活力。

4. 深挖文化，多元展现

深入挖掘阳明文化内涵，多角度多层次多手段去展现，形成具有参与感、体验感的文化吸引力，重现街区的历史文化特征。

5. 业态构建，文旅融合

构建文化旅游业态，形成特有的旅游产品体系，文化业态策划与建筑空间布局、景观节点布局充分融合，提升旅游的文化性和吸引力。

四、总体策划概况

本次策划特别注重空间景观与文化业态、街区功能之间的紧密结合，从概念性景观空间规划和业态策划两个方面进行设计思考，集中打造"两轴+一环"，形成富有特色的景观结构和空间布局，协同旅游业态规划，联动发展四大产业板块，细化功能片区，置入丰富的产业元素，彰显文化特色，创新带动发展，激发阳明故里片区的活力。

(一) 概念性景观空间规划

1. 景观空间特色定位

设计巧于因借，望山理水，营造具有绍兴传统水乡韵味和阳明文化元素特色，以传统街区为肌理，融入现代创新建筑空间和绿色开放空间的总体景观风貌特色，旨在打造一处文化独特、风貌优美、服务周到的历史文化街区。

2. 总体景观结构

综合外围区域大环境和现状条件，形成"两轴、一环、四板块"的总体景观结构。

两轴分别是山水景观轴和文化游览轴。山水景观轴沿西小河展开，以府山为轴线焦点，借景城市地标，加强了地块与外围环境的联系。文化游览轴自南向北布置多个特色文化景观节点，以阳明文化为主要展示内容，形成一条富有文化趣味的景观序列。

一环是指水乡游览环。结合现状水系，沟通、梳理和还部分历史河道，沿线充分展示独具绍兴文韵且精致的水乡风貌景观。

四板块是以原有传统民居街巷空间为基底，适当梳理整合，融入文化休闲、旅游服务、文化创意、学研会议四大产业功能。

(二) 旅游业态策划

1. 主题定位

在总体景观规划的定位之下，进一步确定了旅游主题为"心灵归依阳明里，梦里水乡在此间"，旨在打造一处高品质的文韵水乡体验地和度假地。

2. 产业特色定位与业态布局

以阳明文化、绍兴地方文化为核心，以文化休闲、旅游服务、文化创意、学研会议为主要产业特

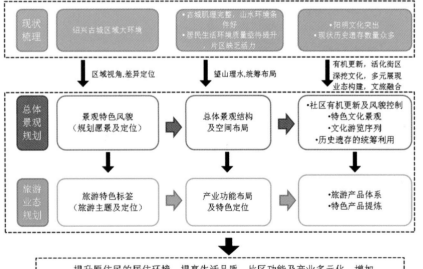

图4

总体景观结构　　表1

两轴	山水景观轴	一个城市地标演绎"阳明故里的山水环境"
	文化游览轴	一个文化核心演绎"阳明故里的人文情怀"
一环	水乡风情环	一条闭合水环演绎"精致的水乡生活风情"
四板块	文化休闲、旅游服务、文化创意、学研会议	四大产业功能演绎"传统街巷的安居乐业"

色，划分十大功能片区，打造"文化＋"中高端复合旅游产业集群，使阳明故里片区从单一故居观光模式转为阳明国学体验地综合开发模式。

3. 文化特色产品序列打造

地块自南向北分别设置良知堂、薪火台、心学之路、山水忆秀、天泉证道、伯府心厅、阳明纪念馆和永久心学论坛会址这八大文化产品，构建"阳明故里心学朝圣"文化序列，凸显文化特色。

五、策划重点的分析与思考

（一）街区功能的有机更新及风貌控制

在保护历史文化街区的前提之下，首先疏解居住人口，有针对性地将占用文保单位、私搭乱建的住户外迁，保留西小河沿岸片区的居民，保证原生社区生活状态的延续。

第二，科学评价建筑、院落、街巷的现状，对其建筑风貌进行调查分析，分类归纳，有针对性进行保护与修缮，在保留传统街巷空间肌理的前提之下，进行有机更新，控制其整体建筑风貌。突出展现建筑与河道、街巷组合关系，延续传统水乡风貌。梳理、增加公共开放空间，在为社区注入活力空间的同时，形成了丰富的水乡步行空间和水乡景观风貌，改善居住环境。少量新建建筑，如阳明心厅、越城五坊商业街，建筑体量上尺度宜人，造型上传统与现代相结合，旨在与原有街巷肌理风貌相协调，又能满足现代生活和文化休闲需求和审美要求。

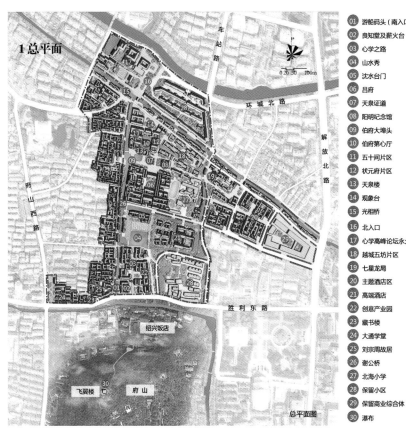

1 总平面

01 游船码头（南入口）
02 良知堂及薪火台
03 心学之路
04 山水秀
05 沈水台门
06 吕府
07 天泉证道
08 阳明纪念馆
09 伯府大埠头
10 伯府第心厅
11 五十间片区
12 状元府片区
13 天泉楼
14 观象台
15 光相桥
16 北入口
17 心学高峰论坛永久会址
18 越城五坊片区
19 七星龙局
20 主题酒店区
21 高端酒店
22 创意产业园
23 藏书楼
24 大通学堂
25 刘宗周故居
26 谢公桥
27 北海小学
28 保留小区
29 保留商业综合体
30 瀑布

总平面图

图5

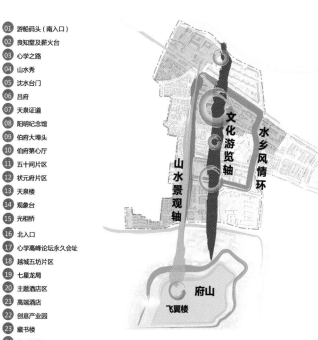

图6

图7

图8

四大产业类型，十大功能片区　　　　表2

文化休闲	核心圣区	尊重历史遗存，强化阳明文化内核
	越城五坊	前店后坊，文化互动体验
旅游服务	特色餐饮民宿区	以街为轴，以巷为脉，展现原生肌理
	书院主题酒店	功能植入，突出书院文化特色，重焕生机
	高端酒店区	打造绍兴旗舰住宿品牌
	旅游地产	远期规划，引领发展
文化创意	水上表演区	水中舞台，演绎水乡风情
	文创产业园区	创客入驻，带动发展，彰显绍兴文韵
	大师台门聚落	荟萃名流，延续名士之乡
学研会议	心学高峰论坛	场地功能置换，弘扬心学文化

图 9　阳明心厅效果图
图 10　核心圣区总体布局
图 11　景点布局与游线组织图

图9

图10

第三，对现状历史遗存进行分类保护修缮，通过不同方式的合理利用，留存其历史价值，传承历史文化。

（二）特色文化景观的打造

以代表性的历史遗存为核心，形成标志性场景节点，以特色文化景点为核心整合景观空间。

1. 核心圣区

核心圣区面积约 2.4hm²，是阳明故里片区北部的核心区块。该区域现状共有 6 处与王阳明密切相关的历史文化遗存，包括观象台、碧霞池、饮酒处、遗存石门框、遗存石坊和伯府大埠头。设计结合现状，以"一轴、一线、多点"的结构来统筹整体布局。

一轴由景观轴和时间轴并行合成，景观轴由"一台（观象台）+ 一厅（伯府心厅）+ 一池（碧霞池）"构成，时间轴以地刻的形式按照时间顺序展现王阳明跌宕起伏的一生。同时设计结合现有历史遗存，重新梳理街巷空间，整合现状建筑，置入各类文化展示、体验等功能，形成多个室内文化游览节点，同时室外公共空间结合水景、景墙、情景雕塑、小

品等景观元素进行打造。合理组织游线，串联六大历史遗存和多个阳明文化拓展点，强化心学文化内核，利用体验、展览、参与等多种方式营造具有历史温度和生活气息的多元体验场所。

2. 山水忆秀

山水忆秀是阳明故里片区中部的重要景点，结合现状水系拓展形成水舞台，以沈水台门为背景，打造一处聚集人气、相对开敞的公共水景空间，与北部的碧霞池遥相呼应，共同形成两大重要的水空间，强化文化游览轴线。

（三）组织文化游览序列

1. 精华文化主环线

该游览环线由文化游览轴和山水景观轴共同组成，集景点之所长，萃文化之精华。由南出口进，自南向北沿着文化游览轴线，串联了薪火台、良知堂、心学之路、山水忆秀、阳明纪念馆、天泉证道、伯府心厅、阳明观象等文化景点，充分感受阳明文化之魅力。由北入口折返，自北向南沿着山水景观轴，以府山为屏，沿西小河可观绍兴风土人情，感受阳明故里特有的山水环境。

2. 民俗休闲次环线

该游览环线以民俗文化为特色，互动式休闲体验为主导，串联了藏书楼、大通学堂、谢公桥、钱家台门、马家台门等多个置入展示体验功能的历史遗存，是对主环线游览内容的补充。

3. 水上风情环线

水上风情环线约 2km，结合多个历史遗存设置特色码头，结合现状和总体规划，形成 3 种不同体验的区段——市井氛围体验段、民俗风情感受段和静水人家游览段，感受水乡文化风情与原真生活，形成丰富立体的水岸互动体验。水上游线的规划旨在与未来绍兴古城的水上交通体系进行衔接，形成水路串联的特色交通游览形式。

(四) 历史遗存的统筹利用

　　现状遗存多个文保单位及历史建筑，设计根据现状及文化特点对其进行分类保护和统筹利用。以阳明文化展陈为重点，向外延伸和拓展绍兴特色文化，打造系列博物馆，主要分为三大类型，阳明文化展示类、现状历史遗存类以及绍兴民俗文化类。其中现状历史遗存类在保护历史文物的前提下，置入展览功能，采用多种数字技术、多媒体技术来打造沉浸式、交互式和富有创造性的展览体验。系列博物馆文化涉及类型多样，包括刘周宗故居、古越藏书楼、七星龙局、大通学堂、吕府等，丰富了文化游览内容，增加文化吸引点以吸引更多类型的游客。

(五) 旅游产品体系的构建

　　整合现有资源，增加产品特色，丰富游览体验，构建完整的旅游产品体系，由此带动景区升级为文化主题鲜明、要素完善的特色旅游目的地。整个产品体系由引客产品、留客产品和衍生产品组成。

　　引客产品整合现有资源，选取最具有代表性和原真性的旅游资源，如精致化的绍兴水乡、故事化的历史遗存，这些均具有高度传播价值和文化吸引效应，同时通过潮流化的创意工坊等项目给人带来更多独特体验从而迅速聚集人气。留客产品的构建注重夜间产品的打造，包括水上情景表演、夜话阳明故里、国学沉浸书院、书院主题酒店等项目，强调深度体验的挖掘，给予游客沉浸感、氛围感和放松感，拉长游览线，吸引和留住外地游客过夜进行"二次消费"。衍生产品则具备可号召、可传播、可记忆的特点，如世界心学论坛、文化沙龙、大师台门聚落等，同时立足周边创意，引进青年创客集盒，以创新带动旅游产业升级发展，从文化到文创再到旅游，实现"文—商—旅"融合发展。

图11

六、结语

　　文本从文旅融合的发展视角，围绕旧城发展中保护发展如何平衡的问题，对绍兴阳明故里片区的未来发展进行了一些策划思考，以文化为引擎，以产业为基石，以原住民及历史街区为基底，三者有机整合，共生发展，以期实现持久保护历史遗存、延续传统水乡特色、重塑街区活力的目标，最终实现弘扬阳明故里独特文化特色的愿景。

项目组成员名单

项目负责人：宋 雁

项目组成员名单：卜红鹰 张荣超 董莎莎
　　　　　　　　杨 骏 熊 健 朱 君
　　　　　　　　邹汝波

城市修补理论的实践应用

——世纪大道景观提升项目

上海市园林设计研究总院有限公司／李　婧

改革开放以来，我国城市飞速发展，取得重大成就，但也面临着资源紧缺、环境污染严重、生态系统遭受破坏等问题，"城市病"普遍存在。2015年中央城市工作会议指出"要加强城市设计，提倡城市修补""大力开展生态修复，让城市再现绿水青山"。"城市双修"理论应运而生，成为目前治理我国"城市病"，推动城市转型发展的重要方法。

城市公园是城市重要的公共开放空间，是城市环境的重要组成部分，也是市民近距离接触自然、休憩、娱乐、锻炼的场所，是展现城市风貌的重要场所。我国城市公园起源于清末帝国租界。1868年，公园首次出现在上海美英公共租界上，称为"公共花园"，即黄埔公园。1978年后，上海将园林绿化列为城市建设任务之一，作为城市基础设施建设中的重要一环。此后，城市生态环境日益受到重视，上海公园建设开始持续、稳步地发展。

2005年上海老公园改造工程正式启动，东安公园成为第一个闭门改造的老公园，此后，复兴公园、杨浦公园、和平公园等也相继开始改造。本文所涉及的公园改造项目也属于上海老公园改造。修补公共空间不仅需要满足人们真实的物质需求、改善基础设施、提升绿化空间等，同时也要唤回场所精神，防止公共空间的老化与消失。因此，应当采用城市修补的原理，对老公园进行有针对性的提升，恢复其生机与活力。

因公园的特点和定位都有所不同，其改造的侧重点也各有特色。本文将以世纪大道沿街八大植物园改造为例，探讨城市修补理论对上海老公园改造的实践作用与意义，让老公园重现活力。

一、公园概况

世纪大道被誉为"东方的香榭丽舍大街"，是第一条绿化和人行道比车行道宽的城市景观大道。北侧人行道建有8个180m长、20m宽的植物园，分别取名为柳园、水杉园、樱桃园、紫薇园、玉兰园、茶花园、紫荆园和栾树园，主题突出、各具特色。本文将着重针对这8个主题植物园的改造进行讨论。

从时间经历上，世纪大道植物园位于城市主干道道路旁，周边多为商业办公区域。因此需要运用城市修补的理论对其进行有针对性的改造。

二、老公园现状问题

通过对案例的分析与总结，老公园目前面临的主要问题包括：基础设施陈旧、绿化缺乏养护管理、功能布局无法满足现代生活需求、道路布

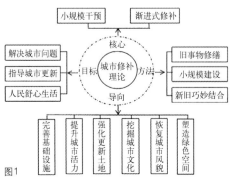

图1

图2

图1　城市修补理论内容
图2　世纪大道八大植物园

局不合理且状况不良、空间开放性差、文化精神内涵流失。

（一）基础设施陈旧

随着时间的推移，老公园的基础设施逐渐开始老化，又因设施不能得到及时的维修与更换，已经无法满足正常的使用需求。通常存在的问题包括给水排水管老化，照明设施缺失或陈旧，缺乏指示标牌与服务设施等。例如在紫荆园中，因常年降雨侵袭，园内下水口堵塞，雨水下渗受阻，灯具基座被水浸泡，无法点亮，廊架生锈严重。

（二）绿化缺乏养护管理

老公园绿化的问题主要为植物层次缺失。上层植物生长情况过于良好，植物修剪养护不及时，过大的乔木影响了下层植物的生长，导致部分区域植被退化、土壤裸露。此外，目前上海老公园的树种以常绿树为主，落叶树占比较少，且少有开花灌木及地被植物，导致公园内植物缺乏色彩与季相变化，景观效果单调。

（三）功能空间无法满足现代需要

随着周边环境的变化与使用人群的增多，公园功能空间布局的不足逐渐显露。空间使用率不平衡，某些区域过于拥挤，而某些区域则少有人使用。世纪大道8个园子周边都是商办用房，周边居民也比较多，封闭的园子无法得到更好的利用。

（四）道路与布局状况不良

现状园路主要存在的问题包括道路不充足、不合理，存在断头路，缺乏应急疏散通道，地面沉降导致出现高差，硬质材料破损，这些问题都导致了一定的安全隐患。世纪大道八大植物园现状被围墙围合，缺乏穿行通道，已无法满足人们在公共空间中活动的需要。

（五）空间开放性差

由于历史原因，上海早期建设的公园有着较差的开放性，主要表现在出入口寥寥无几，围墙绵长封闭。园内与园外空间缺乏联系，降低了公园的可达性与便利性。开放性较差是世纪大道主题植物园的主要问题之一。8个主题植物园均被混凝土墙围合，留有铁门晚上关闭，又因院内空间较为狭窄，造成围合后的空间过于封闭。世纪大道宽阔的人行道功能单一，互动活动空间较少，略显空旷和沉闷，缺乏展示时代特色的活力景观空间。

（六）文化精神内涵流失

上海早期的老公园都各有风格，其内部空间布局、景观建筑与绿化植物都是文化内涵的重要载体。随着时间的推移，园内一系列物质载体破损，其所表现的文化内涵也逐渐模糊。此外，老公园也没有顺应时代发展的潮流，展现出新的精神风貌。世纪大道的八大植物园因其重要的地理位置，也具有展示新时代精神风貌的优秀潜能。

三、老公园改造策略

总体来讲，通过对比公园改造前后平面图，可以看出世纪大道八大植物园均对空间进行了较大程度的改建。针对上述提出的问题，利用城市修补的理论，总结了多种改造措施，包括修缮基础设施，提升绿化环境，完善道路结构，整合功能空间，增强开放性以及丰富精神文化内涵。

（一）修缮基础设施

城市修补理论指出，改造应大力完善老公园内老化的基础设施。加快给水排水、电力老旧管网的改造，适当增设亮化工程，安全监控系统。例如在世纪大道植物园中引入全新的照明系统。

（二）提升绿化环境

在保留原有植被群落结构的基础上，对现有杂乱的植物进行梳理，形成乔—灌—地被植物群落的层次感，增强植物景观丰富性。调整园中落叶树与常绿树比例，增加观花、观叶植物。世纪大道八大植物园的绿化改造强调了不同园区内部的植物主题，但不拘泥于只使用主题树种，而是选择多种景观效果相似的植物与之相配，打造一段一景、色彩鲜明的主题植物群落。例如在紫荆园中栽种紫荆、垂丝海棠、北美海棠、杜鹃以形成春花主题。紫薇园中则以紫薇、天鹅绒紫薇为主题树种，形成夏花主题。

（三）完善道路结构

完善道路体系，取消或者补充道路，打通断头路，修补硬质破损地面，完善应急疏散道路。世纪大道植物园则大幅度增加了横向穿行的道路，方便人自由穿行。

（四）整合功能空间

在满足功能需求的基础上，有选择性地保留并适量增加硬质空间或绿化空间。世纪大道植物园，

图3 服务设施陈旧
图4 混凝土围墙围合空间，铁门晚上关闭
图5 世纪大道植物园——紫薇园改造前后平面图

(a) 改造前

(b) 改造后 图5

(a) 改造前

图6　*(b)* 改造后

图7

图 6　围墙拆除改造前后对比
图 7　茶花园坐凳上雕刻的茶花图案

针对不同植物园所处位置以及周边环境，各个植物园空间功能都有所不同。例如，紫荆园靠近上海纽约大学，气氛年轻明快，因此打造开敞的公共活动空间。而在水杉园中，结合周边办公楼商务休憩活动的需求，打造相对静谧的休憩空间。

（五）合理增强开放性

结合周边环境及其本身的空间性质，合理增强公园开放性，对开放性不足的公共空间进行加强，促进园内空间与周边环境的交融。世纪大道八大植物园的开放性却是有着最大化的变化。其改造拆除了大部分的围墙，仅保留了管理用房周边的围墙进行垂直绿化。同时结合道路调整与空间功能布局整合等措施，开放园内空间，提升植物园与周边环境的关联性与人的可达性。

（六）丰富精神文化内涵

城市修补可以加强老公园历史文化的挖掘与整理，在有文化价值和历史基础的场所，通过对重点文化景观的恢复与修补，传承历史文化内涵。在传承原有文化精神的基础上，根据公园的地点与特色，鼓励适当地注入新精神内涵，促进新时代文化的发展。世纪大道植物主题园则更加强调了植物主题文化的表达，除了营造主题植物群落，在硬质空间与构筑物上也有所体现。例如，针对不同主题设计 LOGO 符号，标识在座凳、灯具等小品边角处。在茶花园中，为了与现有的茶花地坪形成呼应，在座凳上雕刻茶花图案，强调其植物主题。

四、总结与反思

目前上海老公园面临的主要问题包括基础设施老化、绿化缺乏养护管理、公园道路体系不完善、功能空间无法满足需求、开放性较差、文化精神内涵流失。从老公园本身来讲，其问题的主要根源之一是缺乏日常的管理，日积月累，导致问题越加严重，最后不得不展开大规模的改造活动。其次是人的干预，因老公园的设计无法满足现在人们使用的需求，超负荷的运行最终会对公园的环境造成破坏，其文化风貌也逐渐模糊，为了解决这些问题，需要对老公园进行改造。此外，老公园改造也有着其必然性，随着人们审美观念的改变，对公园的整体定位、精神文化风貌也提出了新的要求。

基于城市修补的理论，在日后老公园的改造中应注重以下几点。

第一，城市修补理论指出老公园的改造不应当进行大规模的重建工作，但并不意味着需要一味维持旧形象，而是应当根据其改造的必要性、重要性来确定。例如世纪大道植物园因其根本的定位性质发生了改变，必然会导致其改造量较大，但这样的改造程度是必要的。因此，在满足其基本改造目标的前提下，可尽量维持老公园的原有风貌，但却不能忽视某些改造的必要性。

第二，修补过程可以充分利用原有资源，贯彻可持续发展的思想。改造应当针对老公园有破损的地方进行修补，尽量在原有的构筑物上进行修缮，减少不必要的改造量。这也比较符合城市修补小规模、渐进式的改造方式。

第三，公园的修补不仅仅是物质环境层面的修补，也应当注重唤起场所的文化记忆，或注入新时代的精神内涵，如世纪大道植物园引入新时代的精神文化。因此在改造中，应当因地制宜地选择将要展示何种文化形象，如何将历史文化记忆与新时代精神融合起来，或适当地有所侧重。

最后，城市修补理论能有针对性地解决老公园目前所存在的问题，但公园并不是一直保持在静止的状态，它是由自身发展、人的干预与城市环境改变共同作用的一个动态的变化过程。因此大规模改造之后，城市修补的进程应当继续进行。建议对公园进行精细化管理，对现代人的生活需求做出及时的调整。日常的管理养护应当到位，若出现问题，应当及时采用小规模、渐进式的修补措施，这样才能保证老公园能够不断地适应时代环境的变化，保证其稳定、有活力、长期的可持续发展。

参考文献

[1] 常月.城市修补理论研究综述[J].低温建筑技术，2017，39(11):151-153.

[2] 杜立柱，杨韫萍，刘喆，刘珺.城市边缘区"城市双修"规划策略——以天津市李七庄街为例[J].规划师，2017,33(03):25-30.

[3] 吴晓玲.城市老公园景观改造提升设计研究[D].安徽农业大学，2015.

[4] 徐慧为.论上海老公园改造指导思想[D].上海交通大学，2009.

[5] 王箐.英国风景园形成探究[J].中国园林，2001(03):88-90.

项目组成员名单
项目负责人：李　婧
项目参加人：还洪叶　尤德劭　白燕凌　刘妍彤
项目演讲人：李　婧

城市更新的景观提升 3.0 策略探索与实践

——以上海虹桥商务区主功能区景观和功能提升概念设计为例

棕榈设计有限公司／魏依莎

一、引言

快速城镇化进程将城市用地从增量时代转变为存量时代，在新增土地日渐减少的情况下，我们面对的景观设计从一片空白上开始的项目也越来越少，城市改造、提升、更新等词汇越来越多地出现在我们的设计任务中，成为城市发展的新动力与增长点。但目前许多研究更多在于城市更新的规划或其他层面，关注点主要在于社会心理、人居就业、基础设施、环境卫生等方面，关于城市景观提升的研究目前较少，因此笔者希望借助项目的经验及实施反馈，提炼出景观提升方法策略及体系，以供参考。

二、背景

现代城市公共空间因为人的需求及活动的复杂性也越发呈现精细化及复杂化的特征，且随着网络的高速传播及生活节奏的加快，城市景观更新的速度也越来越快。这个时代的城市空间呈现出以下3个明显的特征：

首先是多功能聚集。原本的单一功能属性为了迎合现代人对就近便利度的诉求，扩展成为高度复合的城市职能，因此在有限的用地条件下利用景观满足多样化的服务需求是提升环境品质的重要途径。其次是多领域交叉。城市更新领域景观公共空间的规划建设已经不再停留于园林植物或某个公园的改造，而是城市整体的品质提升，景观与建筑、规划、交通、道桥、管网、照明、公共艺术、智能化等专业领域的配合协同要求越来越高。再次是高品质需求。人们在全球化视野的影响下对城市景观的要求越来越高，既需要高效率运作，又必须体现地域特色，城市公共景观空间往往成为城市面貌展示的重要窗口。

由此可见，现代生活导致纳入城市景观公共空间的要素不断增多，协调要素关系的系统论对于现代城市公共空间的研究具有非常重要的意义。

三、策略

针对上述提到的发展需求，由于城市景观提升是在现有的基底上，在保证现有居民日常生活正常进行的条件下来做的微环境提升，通常情况是自下而上的缓慢而有重点地逐步进行，而不是从"一张白纸"开始自上而下全盘推进系统的、新的规划设计，结合软件操作系统的更新方式，从景观的角度提出了"3.0版本扩展安装包"策略，在现状运行基础上发挥优势，解决BUG，打通微循环，用高密度、高连通、高绿量实现高效率，体现高品质。

具体来说，在景观1.0时代，规划解决的是城市硬件问题，公园绿地空间从无到有，我们通过用地划定公园地块，景观以散点的方式布局在城市中。景观2.0时代相当于给具备硬件的产品安装软件，在具有了生态效应后注入各类人的活动，景观规划设计开始倡导区域绿道与生态网络，人和生物的活动路径在宏观上被更多地关注，虽然不一定以用地的方式直接表达，但道路绿化、河湖水系都更多地被提起与关注，景观主要以线的方式呈现，城市绿化率在这一阶段得到了飞速提升，造就了我们今天的景观基底。而景观3.0时代已经有了2.0时代的软硬件基础，但是里面存在的问题也需要通过整体的提升来解决，这里的解决方式一方面包括增加新的软硬件，另一方面更包括对现有软硬件的扩展更新。如何在2.0的基础上利用现有资源，叠加新功能，引入新故事，焕发新风貌，就需要从更加立体的维度去改善空间，结合智能化、无线网络这些新的需求去提供场所，从而形成一个"磁场"，

图 1 景观提升策略的演进过程
图 2 设计范围及现状主要问题

内部有着丰富的物质、信息的交换，同时也放射能量，吸引人气在此汇聚。

经过总结，城市空间景观提升 3.0 时代的策略主要有以下几方面。

（一）通

城市是高效运作的有机整体，要实现高效必然需要畅通的路径体系，即人和生物流动路径的连续和雨水、阳光、氧气等环境要素的立体互通，打造一个永续的优质生态基底。一方面可以使人快速到达想去的地点从而感受到城市景观带来的便捷与舒畅；另一方面则需要尽可能提升人工环境下城市的生态质量，也就是需要做到生态廊道体系的连通，这既包括平面格局上的绿脉水网，也包含垂直空间的雨水管理及气候营造。

（二）彩

目前城市存在的千城一面的问题很多时候是因为缺乏有地域特色的元素，而色彩是城市风貌中凸显地域特色的重要元素。如何通过植物、材质、灯光在绿色中点缀丰富植物，在灰色调中点缀丰富的彩色，在夜色中增添亮点，实现城市环境随地域不同而呈现丰富的色相、色调以及季节的变化，展现多姿多彩的城市活力与魅力。

（三）联

联是强调为人们创造可以停下来，可以产生联系的各种空间。城市空间的孤岛效应让很多人希望有更多温暖的交流。但在城市化进程中，许多有回忆的空间被拆除、被损坏、被遗忘了，设计师应该为民众找回属于社区、属于家园的记忆，尽可能多地考虑去创造或大或小，或静或动的活动空间，促发快节奏生活中的慢生活与交流，促进人与人、人与景观、人与自然之间的联系。

（四）融

融即通过将以往被忽略的边角、灰空间变身成为口袋公园、社区菜园、健身花园、儿童乐园……提升低效空间的复合利用率，将多元的功能植入其中，让这些无边界绿地融入城市更大的生态网络系统，提升区域整体的生态环境效能，并让人们在其中感觉到新意，感受到快乐。

四、案例

上海是一座全球化城市，2018 年 11 月在国家会展中心召开的首届中国进口博览会将世界的目光聚焦于大虹桥这一联系长三角都市群乃至世界的窗口，笔者团队有幸借此契机参与主导了虹桥商务区核心区的整体景观功能提升。虹桥商务区是基于交通枢纽带动的商贸区域，总面积 86km²，本次提升范围是包含虹桥枢纽和商务中心区的 16km² 核心区。设计内容包含道路、水系沿线、公园绿地三部分。

通过现场调研，基地内既有存在几十年的绿地，也有新建成的商务区。经过时间累积的植物群落有优美的林荫，但整体环境景观仍给人一种老旧的、与期望中的新区形象格格不入的感觉，结合现场调研，总结下来最大的痛点有两个："碎片"和"无趣"。

其中"碎片"主要是指景观要素实体的破碎化造成的连通性不足、缺乏统一连续的系统规划等问题，主要包含铺装老化、交通断点、零散而缺乏层次的活动空间、植物覆盖度不足、主题风貌繁杂零乱等。"无趣"则主要指景观与人的非良性互通，景观设计让人难以对其产生关注动力和亲近欲望，主要包含缺乏新意、色彩灰暗、夜景效果平淡、季相变化不足、缺乏互动参与性等。

结合对虹桥商务区周边居民、研创办公、游乐消费、外籍商务、会展交流、公共服务等六大使用

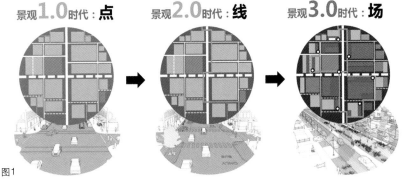

图1

改造项目如何利用现有资源，叠加新功能，引入新故事，焕发新风貌？

景观 **1.0** 时代：**点**　　景观 **2.0** 时代：**线**　　景观 **3.0** 时代：**场**

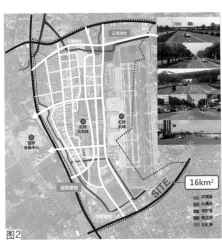

图2

人群的空间偏好及功能需求分析，为了解决碎片和无趣的问题，我们运用"通、彩、联、融"四大策略，将提升目标定为通过慢行系统、特色节点、主题街道、无界公园四大特色内容的导入，将原先的交通枢纽空间转化为复合商务生活空间，实现生态、亮彩、智慧、畅享四大愿景。

由于虹桥商务区是因为虹桥枢纽的地位提升而由原先分属于闵行、长宁、青浦、嘉定4个行政区域的板块结合而成，因此每个区块都带有原区域规划的属性及特质，缺乏虹桥商务区主题风貌和统一形象的控制和引导，影响到未来大虹桥的品牌输出效应。因此在设计开展之前，我们经过总结大虹桥所具有的智能、复合、集约、高效流转的特征后，将设计主题定义为"芯·虹桥"。一方面，虹桥和芯片一样，占用空间虽小，却是长三角汇聚的核"心"，具有强大的能量交互神经中枢；另一方面，我们也希望借助这次改造"新"生，让虹桥焕发"欣"欣向荣的活力与魅力。

（一）总体层面的规划

有了目标与构想，在方案推演过程中，我们以"芯片"提炼抽象出的折线与节点元素为基底构图因子，结合人群需求分析结论导入常态化及特色化的活动面域，得到"彩虹现七色，双环串七景"的风貌控制总体平面。在总体层面的规划上，我们主要从分区、控点、连通、共享、提亮5个维度进行控制，为下一阶段的设计提供总体思路上的依据。

1. 分区

按照地块功能属性将整个区域划分为商业商务、居住组团、交通仓储、公园绿地几大板块，各分区在保证现状功能完整度的前提下依据设计愿景控制基调色彩、配合色彩、点缀色彩等，形成特色风貌。并根据人流量及公共服务活动划分动静区域，在分区间借由绿地对道路、工厂、机场、车站等产生噪声、污染等的区域与需要舒适安静的区域以植物隔离。

2. 控点

这一步骤主要是为了找出生态系统格局中的关键点，并通过对点的控制强化脉络输出。例如在水系方面，对基地范围内通过北横泾、南虹港、北虹港、张正浦、华漕港5条河流最终汇入苏州河的23条毛细水网的交汇关键点采取海绵过滤及监控反馈措施，为上海城区源源不断输送洁净水体；在绿地方面，将生物廊道的交汇点放大作为口袋公园和生物踏脚石系统，满足生物迁徙和栖息的需求。

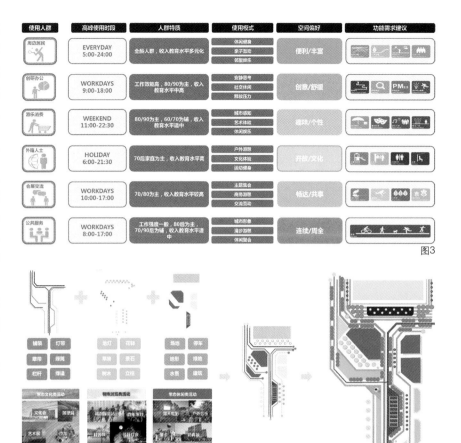

图3

图4

3. 连通

虹桥枢纽及商务区各项活动的高效性需要有便捷的交通体系和舒适的生态系统作为支撑。整个区域原先以快速交通为主，将人流从虹桥枢纽快速导入城区，而商务区需要聚人和留人，设计通过双环七彩绿道系统和主题步行街道提升地块的慢行可达性，并考虑了立体的慢行交通体系，包括利用步行桥重塑一水两岸的连通呼应关系以及利用空中连廊联系高层建筑上层空间的隔断。同时为了进一步提升人们行走其间的舒适度，慢行系统均与生态廊道体系相互重合，在生态廊道中特选具有杀菌、滞尘、吸附有害气体、高产氧量植物，结合绿道设置健康慢行氧吧。

4. 共享

根据工作、生活、游览、休闲等不同人群及时段作出需求分析，结合人群需求塑造丰富的活动类型，大集中小分散前提下设置不同层级的公共活动空间，有效提供就近休闲，以均好性原则提升各地块品质，疏导人流，打造15分钟社区生活圈。在社区引入芳香药用植物，营造芳香满溢的休闲品质住区环境。我们也建议结合芯主题，打造统一元素和材质的自行车停靠区、公交车站、座椅、花箱、太阳能垃圾桶等功能性雕塑小品，并通过市政设施

图3 人群需求分析图
图4 芯片元素概念演绎示意图

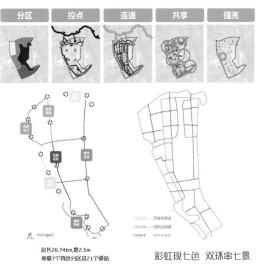

图6

总长26.74km,宽2.5m
串联7个特色分区及21个驿站

彩虹现七色 双环串七景

图7

图5

图5 方案结构及总平面图
图6 杨虹路高架提升效果图
图7 申长路提升效果图

与街道家具的一体化整合，实现路灯、沿街 Wi-Fi、摄像头、语音广播、显示屏、环境监测、充电桩等一杆多用，凸显虹桥引领智能化景观的国际先行示范效应。

5. 提亮

整个 16km² 的虹桥片区不能平铺直叙地展示景观，因此在人流最密集的商业和商务轴线区域布置最为丰富和连续的景观序列，在公共空间轴线交汇的位置设置地标作为景观核心。以口袋公园、趣味雕塑、互动景观等形成多样化的公共艺术展示，丰富虹桥的"虹"之色彩，也考虑夜间安全性照明及景观照明的双重需求，对主要通廊骨架和景观节点设置了照明体系，这样也同时可以实现飞机在虹桥机场起降时俯瞰城市夜景。

（二）具体的景观规划

在具体的景观规划提升中，则将以上策略具体落实在道路、水系和公园绿地 3 个方面的设计内容上。

1. 道路提升

商贸和信息的流动依赖于交通，道路是虹桥商务区的骨架。作为交通枢纽的虹桥，大量尾气将导致雾霾，而这是未来虹桥商务区营造舒适环境所必须改善的。为了解决这个问题，在道路设计中，我们着重关注两点：一是从交通枢纽时期定位的只关注车行交通到商务核心时期的在车行同时关注人的出行步行化；另一个则是关注高架桥错综复杂的交通立体重叠所产生的利用率低、疏于管理、杂乱的灰空间。

我们将 20 条道路分为交通性主干道、生活性主干道及支路三类，从硬景、软景、点景几方面提供了将通行空间提升为品质空间的具体途径。在交通性为主的空间里，复杂的高架体系与商务区的关系需要用植被来缓冲，更强调多层次植物的防护与隔离，同时也要增加骑行道和自行车停靠驿站，解决最后一公里的问题，用完整的慢行系统连通各类断点；而在生活性空间里，需要有特色的乔木与兼具海绵下凹绿地功能的疏朗的下层空间展示两侧的建筑与景观，同时融合我们的芯片元素主题，植入兼具功能的小品，形成充满活力的可走可停的绿色花街。

针对虹桥商务区需要对外展示的特质，我们在道路绿化设计中打破常规"用地红线"框定的绿化边界，将原本与周边地块相互割裂的平行式厚重的绿化隔离带提升为与建筑前步行林荫空间相互融合的、在满足生态功能的条件下强调整齐、开敞和韵律的多层次绿化空间。在其间，创造七彩慢行双环系统，与"虹桥"的"虹"字呼应，在保留现状长势良好的乔木基础上增加吸附二氧化硫的植物以及滞尘植物，补缺更换地被，融入海绵植草沟，并用色彩丰富的春花秋叶主题季相植物实现一路一景，让人行于间，悦于行。

2. 水系提升

虹桥水系处于流经整个上海的黄浦江的上游，但因防洪需求及交通优先使其滨水空间的平面及立面都被屡屡切断，因此我们把水系的提升重点放在生态净化保护和亲水空间断点连通上。将原本单调且不可达的水系依据周边用地情况分类成段，从水质净化、驳岸处理、滨水空间 3 个维度营造 4 种风貌、7 类驳岸，结合海绵弹性过渡带塑造人可亲近、生物可栖息的共同乐园。

因为南北两侧分别是商务区水系的进、出水口，在南北两侧公园段我们把水面扩大形成进出区域的净水湿地，同时也提供活动场所和科普体验，

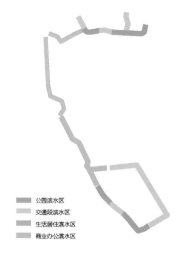

公园滨水区
交通段滨水区
生活居住滨水区
商业办公滨水区

生态海绵带——通过地形塑造处理形成海绵净水湿地
健康休闲带——处理水体流通死角及沿线绿道贯通
乐活体验带——结合住区居民活动需求增设散步道和停留空间
公共艺术带——配合商业营造开放式动态滨水活动空间

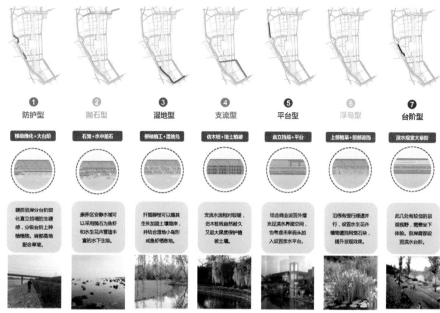

① 防护型　② 抛石型　③ 湿地型　④ 支流型　⑤ 平台型　⑥ 浮岛型　⑦ 台阶型

图8

在保留原公园基本格局和大树的前提下，通过增加地表微地形提升对地表径流的控制，借助层层过滤再汇入水系，为商务区本身以及流入上海苏州河的水系提供一个尽可能洁净的水环境。

生活滨水区结合居民需要的夜跑、晨练、阅读等空间打造实用的设施；休闲滨水区主要是高架桥与防护绿地或目前待建区中的滨水空间，主要功能是通过绿道的贯穿，解决目前滨水空间断点的问题，并运用镜面等手法缓和高架桥下的压抑感，漫步在这座水上栈桥，窄窄的一排净水植物在镜面反射下变成了一片美丽无垠的水上森林。

而商业商务滨水区则成为展示虹桥风貌的形象窗口，在连接虹桥枢纽与国家会展中心的城市轴线与水系的交汇处节点，我们设计了一个互动灯光秀主题地标——"世界之眼"，来传递透过虹桥链接世界、展望未来的美好愿景。

3. 公园绿地提升

设计内容原本只有被铁路分割开的4块绿地。其中南侧的华翔绿地和迎宾绿地两块是新建，北侧的天麓绿地和云霞绿地两块存在较多破损。和道路、水系一样，我们也希望突破常规的补损、补植等提升模式，从整体生境、游径体系、点景空间三方面实现景观3.0时代的无死角面域化的景观体验。具体来说就是依据城市发展方向、绿地水系自然空间的生长脉络以及周边用地属性来统筹一个更完整的绿地系统，塑造"筑巢引凤"的游憩环境。

从宏观角度，我们首先将原本被铁路割裂的4个公园两两配对，分别形成"春风迎客"和"金秋

图9

图10

图8　水系驳岸系统分类示意图
图9　南虹港滨水慢行系统提升效果图
图10　世界之眼主题地标效果图

送爽"的虹桥南、北双门户，并结合中央景观主轴线规划了一条体现全球24时区的特色主题街道，以及七彩双环道路景观形成的春花秋色完整闭环。在此基础上又整理现状闲置绿地及边角空间，结合

南北门户——春花秋色迎客八方
9花盛放——社区公园均好格局
40星闪耀——互动艺术点亮生活

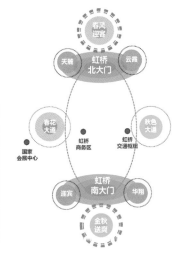

图11

图12

图11　绿地空间结构示意图
图12　云霞绿地新增湿地效果图

服务半径及周边人群特点与需求，打造了9个社区花园和40个不同类型的口袋公园，构成虹桥商务区完整的绿地网络系统。

　　针对公园内部景观的提升，我们对南侧较新的公园所做的调整较小，主要是引入虹桥七彩慢行系统以增加公园的开放度，在有景可观但与游客互动性不强的地方增加人与景观的互动设施，通过这种串线补点的方式实现区域呼应联动；而在北侧老化严重的公园则利用起伏的大地艺术，既满足雨水径流坡度又可以形成在虹桥起飞的飞机上俯瞰的空中观感。此外我们也建议将互动水景、感应照明、二维码扫描等智能化景观方式有序地逐步加入进来，让虹桥的景观与未来人的生活更为贴近。

五、展望

　　每当看到城市存在的现状问题，大家总想急切地进行"翻新"，但其实城市更新过程中伴随着不间断的使用需求，更类似一个中医调养的过程，

它不仅需要改变物理空间，也需要改变城市居民的生活习惯，是对各种生态环境、文化环境、产业结构、功能业态、社会心理等软环境进行延续与更新。

　　作为有社会责任感的专业设计师，我们也希望运用思考的力量，认真环顾我们要提升的这片土地，去观察里面发生着什么，需要什么，我们能为这里提供和创造什么。这不仅仅关乎材料和外观，还要考虑谁在使用，如何被使用，以及我们如何通过设计鼓励大家去使用，用一个全域的、系统的、理性结合感性的思维，从绿色基础设施、生态景观格局、多元活力热点、慢行交通系统、紧凑高效布局、智慧生活服务等方面实现生态导向的规划设计方法的创新，实现城市、自然、人的和谐共生。

　　最后，希望从4个方面来对未来的城市更新提供一些思路：

　　一是精致。粗放的摊大饼带来的浪费不能再继续下去，小是节约，是见缝插针，是丰富多样，是亲切宜人。它需要一种深耕细作的匠人态度，使每一寸土地经过设计都呈现更好的价值和体验。

　　二是生态。这是个超高频词汇，但在以往由于设计师以图纸表达理念，使得经验更多停留在理论层面，难以落地。设计师应该更积极地参与规划生态理论与设计施工及后续维护管理。

　　三是诗意。中华文化的底蕴很深厚，我们有诗，有画，有建筑，有工艺。而美是相通的，设计是为人服务的。设计师要引导人们去关注生活之美，将一水一木都注入诗情画意，做出感动心灵的有联想、有内涵、有故事的设计。

　　四是承续。城市的改造、提升、更新……意味着有基础、有历史，也意味着未来还将与时俱进。世界唯一不变的就是变化，此刻的一切景观都是临时的。但设计师能做的是在当下，承接过去，续写未来，既让每一个临时变成一连串美的瞬间，成为一个时代的人们美好的记忆；同时也不去过度表现，而忘记了给未来留白更多惊喜。

　　"建筑适合阅读、街区适合漫步、城市始终有温度。"让我们期待这样的生活愿景在全社会的共同努力下成为现实。

项目组成员名单
项目负责人：许华林　魏依莎
项目组成员：程　刚　张　玥　黄　献　肖喻哲
　　　　　　杨柳茹
项目演讲人：魏依莎

无界森林

——以北京新一轮百万亩造林绿化工程总体规划为例

北京北林地景园林规划设计院有限责任公司／周叶子　陈　宇　姜海龙　李　伟

风景园林工程

风景园林工程是理景造园所必备的技术措施和技艺手段。春秋时期的"十年树木"、秦汉时期的"一池三山"即属先贤例证。现代的竖向地形、山石理水、场地路桥、生物工程、水电灯信气热等工程均是常见的配套措施。

一、引言

伴随快速城市化带来的资源环境约束趋紧、城市功能发挥失衡等问题,《北京城市总体规划(2016年~2035年)》首次提出"减量发展"的规划理念,明确城市发展阶段逐渐步入由增量向存量转型的时期,在促进城乡建设用地减量的同时,要不断优化调整生产、生活、生态空间结构,扩大绿色生态空间规模,提高环境承载力。为推动生态文明建设思想在北京落地,完成《北京城市总体规划(2016年~2035年)》确定的生态建设目标任务,北京适时提出开展新一轮百万亩造林绿化建设工程设想,并围绕"减量发展、增效提质"的核心目标编制《新一轮百万亩造林绿化建设工程总体规划》(以下简称"新一轮百万亩总体规划"),从战略谋划、用地布局、建设引导等方面对北京园林绿化事业进行一体化设计。在国土空间紧张的首都北京新增100万亩绿地,难度可想而知,本文重点针对百万亩绿地用地布局这一难点问题展开讨论,探索超大城市大规模、高质量造林绿化的实施路径。

二、北京绿色空间发展现状及存在的问题

近年来,北京大力开展生态环境建设,极大改善了城市景观风貌,形成了良好的生态基底。尤其是2012~2015年实施的平原地区百万亩造林工程,初步改善了平原缺林少绿的状况,奠定了平原地区绿色生态空间格局的基础。全市基本形成了山区绿屏、平原绿海、城市绿景的生态景观。尽管取得显著成效,但仍然存在三方面问题。一是森林总量不足。全市森林覆盖率虽已提高到42.3%,但平原地区森林覆盖率仅26.81%,与世界发达城市相比仍存在较大的绿量落差。全市每公顷森林蓄积量仅为27.93m³,远低于全国和世界的平均水平。二是绿色空间布局结构不完善,尚未形成有机整体。长期以来,经济效益优先的发展理念导致绿色空间布局存在滞后性。同时在部分绿色空间初具规模的区域,也存在着林地聚连度低、景观破碎度高等问题,绿色空间系统效能不强,守山、治水、造林、护田仍面临着各自为战的工作格局,生命共同体并未实现生态服务功能最大化。三是发展水平参差不齐,整体质量有待提升。北京多数森林资源都存在林分结构不合理、林层单调、生物多样性不高等问题,城乡绿色空间品质差异较大。

三、新一轮百万亩造林绿化用地布局思路

面对上述问题,迫切需要在进一步扩大绿色空间规模的基础上,把握城市转型发展的历史机遇,立足系统思维、发展思维与人本思维,在全面保护山水林田湖草多要素的基础上,充分考虑生态系统的完整性,统筹协调现状资源条件及城乡一体化发展要求,提前预判用地落实中可能存在的变化,在满足现状需求、实现理想格局、对接土地供给的博弈当中寻求平衡与突破,形成既能宏观控制结构又能具体落实用地的空间布局方案。新一轮百万亩总体规划提出"无界森林、宜居城市"的发展理念,期望通过大幅度提高绿色空间规模与质量,打破森林边界,融山、水、田、湖、草、城于林,构筑人与自然无界的共享生态圈,通过营造互联互通、有机融合的生态系统,逐步实现浅山层林尽染、平原蓝绿交融、城乡林茂鸟语的美好图景。

四、用地布局中理想格局探索路径

（一）优先搭建北京绿色空间"四梁八柱"骨架

《北京城市总体规划（2016 年~ 2035 年)》在把握"舍"与"得"的关系基础上，紧抓疏解北京非首都功能，优化城市功能和空间结构布局，着力改变单中心集聚的发展模式，构建北京"一核一主一副、两轴多点一区"的城市空间发展格局，并不断加强全域生态环境保护，通过强化山区生态屏障功能，以三类环形公园、九条连通城乡的楔形绿地为主体，通过河流水系、道路廊道、城市绿道等绿廊绿带相连接，共同构建"一屏、三环、五河、九楔"网络化的市域绿色空间结构，打造城乡一体、内外连通的绿色空间体系。新一轮百万亩总体规划在全面对接新版城市总体规划提出的绿色空间结构之上，进一步提出向多廊、多片区集聚增绿，围绕各类绿色廊道及城市重点发展区域形成大尺度生态空间，构建更为连续、稳定的绿色空间网络，通过新增 100 万亩森林，搭建北京绿色空间"四梁八柱"骨架。

作为"统筹布局在市级、实施主体在乡镇"的造林绿化工程，要保障规划结构传导落地却存在巨大困难。上一轮平原造林工程总体规划虽然提出 80% 造林工程量应落在"两环三带九楔多廊"的结构布局中，但实施过程中因用地协调等多种因素，与规划目标存在较大差距。如何保障结构落地是亟须解决的现实问题。新一轮百万亩总体规划深入分析各结构落实面临的主要问题，明确各结构重点建设内容，推动总体结构的高质量完成，优先搭建北京的"四梁八柱"。

（二）以资源环境承载力为硬约束倒逼区域生态环境修复

北京作为水资源短缺的城市，最突出的资源支撑压力来源于水，新版城市总体规划以水资源为最主要的刚性约束条件，控制城市发展规模，确定了人口总量上限、生态控制线以及城市开发边界三条红线，并提出到 2020 年全市城乡建设用地规模减少到 2860km²，到 2035 年减到 2760km²。作为市域国土空间管控的重要组成和基础保障，新一轮百万亩总体规划把握减量提质增绿及水生态空间管控的契机，开展水资源保护专题研究，结合地表水涵养与保护区域、地下水涵养与保护区域以及易积水区域数据分析锁定水环境敏感区域，以水定绿划定重要保护区域，指导造林布局，通过在水环境需要重点保护区域合理规划造林用地，科学引导林地建设，大力推动水环境的生态修复。

北京水资源敏感区域主要集中于浅山区水库周边、永定河、潮白河、沟河等重要河流周边，针对水域周边生态空间被侵占或损害等情况，新一轮百万亩总体规划划定造林空间，提出及时取缔清退、退耕还林等用地控制要求，并探索林与"水"、与"湿地"融合建设的方法，以水资源保护倒逼区域生态环境整治，建设水源涵养林、生态隔离带，通过大规模、科学造林绿化逐步恢复河湖湿地生态功能，修复并重建区域生态系统，促进水与城市协调发展。

（三）构建物种丰富、互联互通的生境网络

与城市快速发展相反，城市生物多样性正在逐年递减，生境愈发破碎、缩减，城市与生物似乎成为对立面。在高质量发展要求下，生物多样性已经成为评价城市生态系统和谐稳定的重要指标，新一轮百万亩总体规划针对生物锐减、绿地孤岛、绿而不活等问题，以自然优先、生态优先为导向，借鉴岛屿生物地理学、景观连接度等景观生态学理论，用生态办法解决生态问题，充分考虑生物多样性保护需要，构建生态安全格局，

图 1　北京绿色空间结构示意图

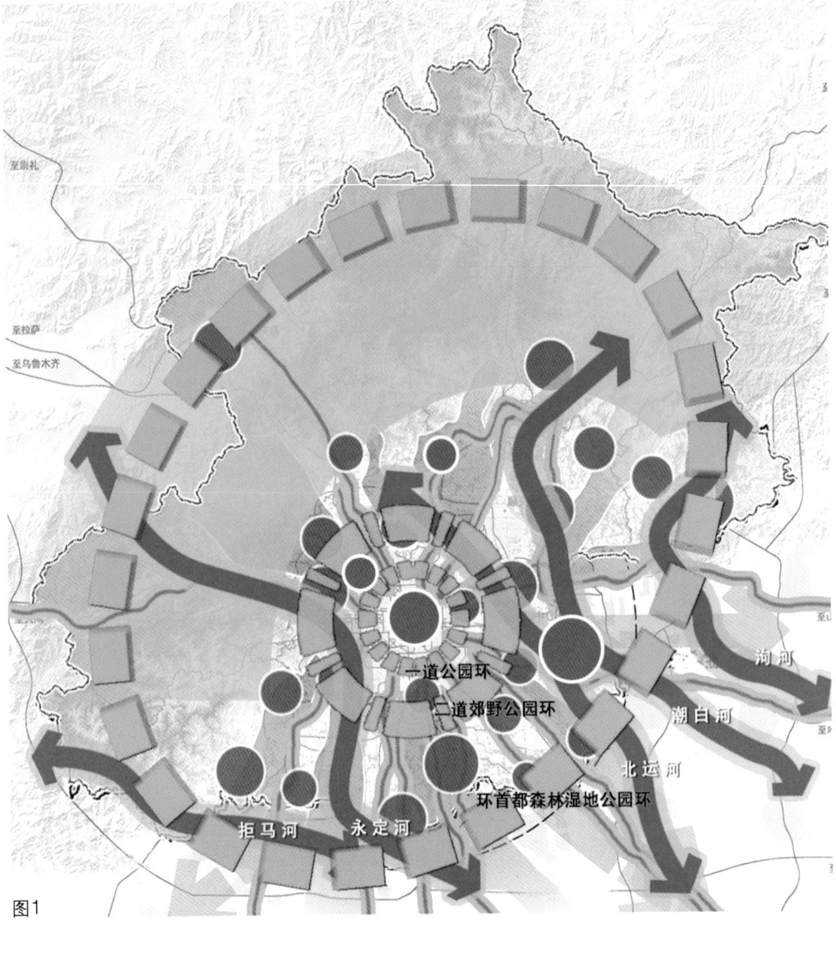

一道公园环
二道郊野公园环
环首都森林湿地公园环
拒马河　永定河

图1

将自然生态系统修复作为宜居城市的重要建设内容，实现城市与生物共存共荣。新一轮百万亩总体规划运用景观生态学空间格局分析方法开展生境网络保护与构建研究，研究建设由核心保护区、栖息地、觅食地等生境斑块、动物迁徙廊道以及作为生物迁徙中重要补充的生物跳板构成的生物保护网络系统。

新一轮百万亩总体规划选取适应北京高度城市化地区环境的鸟类与小型哺乳动物类群，筛选白鹭、雉鸡、黄鼬为指示物种，使得类群的生境类型基本涵盖湿地、山地、平原林地、农田、草地、荒地、城市绿地及村镇等北京市域范围内各类生态空间。围绕物种类群的生态习性对现状与潜在的栖息地与觅食地等生境斑块进行识别，并利用Arcgis平台Linkagemapper工具模拟生物在生境斑块间迁徙活动的廊道网络。通过对模拟廊道结果进行优化调整，局部补充保障廊道功能性连通的小型绿色斑块，构建形成由核心生境—迁徙廊道—跳板组成的综合生境网络保护格局，明确北京市域生物多样性保护范围，为造林绿化用地布局提供依据和指导，实现自然生态系统与城市生态系统融合共生。

（四）结合公园绿地可达性分析实现精准增绿

新一轮百万亩造林绿化规划拓展范围，辐射包括核心区、中心城区、外围新城等建设用地，真正实现百姓身边增绿，改善市民的生活环境品质。考虑到城区依然存在公园绿地服务半径盲区，新一轮百万亩总体规划结合大数据运用路径规划工具生成交通可达圈，开展更为真实准确的公园绿地可达性研究。此方法优于以往缓冲区分析法仅以直线衡量空间任意一点到公园的空间距离、忽略了道路网络的结果，是实际道路网络下真实的公园绿地与各小区的可达性结果，可为城市公园绿地用地布局提供更为科学、准确的依据。

新一轮百万亩总体规划基于上述分析结果精准锁定真实的公园绿地服务盲区，积极梳理盲区内的城市空闲地、城中村、低效产业用地等，开展拆迁腾退、复绿升级，结合小微绿地、城市森林等绿化形式推动建成区新增多处来之不易的绿地空间，改善城区环境品质，丰富周边居民的休闲生活，真切提升市民绿色获得感，为建设出门见绿、共享可达的人性化绿色空间提供思路。

五、多规合一，锁定重点建设区域落实用地布局"一张图"

为更好推动理想格局构建，新一轮百万亩总体规划基于生态系统构建与宜居城市营造的需求，运用生态安全格局分析、生境网络保护与构建分析、公园绿地可达性分析等技术方法，提出科学合理的用地要求。在此基础上，积极与园林绿化、规划与自然资源等多部门共同进行用地协调工作，统筹互动研究减量建设用地、可绿化土地、基本农田保护及储备用地、需绿化用地的供地，并开展"用地需求分析研究"、"基本农田保护与布局优化建议研究"等专项研究，以水定绿、以生物定绿、以人定绿、以发展定绿，锁定255处造林绿化重点区域，最大程度争取绿化空间，形成多规合一的造林绿化布局"一张图"。

用地布局方案在市级层面统筹全局，以优先保障生态格局和重点区域的绿化用地布局为原则，由规划和自然资源部门下发至各区征求镇乡和相关部门意见，规划项目组与镇乡和相关部门共同协调绿化用地情况，通过多轮反馈、互动工作，不断调整、完善用地布局方案，保障用地落实。

六、结语

作为指导北京市近年绿化建设工作的顶层规划之一，新一轮百万亩总体规划协调多专业、多部门的力量，运用多种技术手段，结合城市战略定位及生态安全格局提出用地需求，为大规模、高质量造林绿化用地布局提供科学依据、明确要求。新一轮百万亩总体规划以促进城市健康发展为目标，以保障生态安全格局为基础，以服务于民为核心，力求探索出一条有创新、重科学、可实施的大规模绿色空间用地布局规划路径。

项目组成员名单

项目负责人：周叶子　陈　宇

项目参加人：徐　波　郭竹梅　周叶子　陈　宇
　　　　　　姜海龙　许健宇　李　悦　李雅琪
　　　　　　佟　跃　李　煜　邹　涛　张东旭
　　　　　　李湛东　高大伟　刘明星　李　伟
　　　　　　茹小斌　寇宗森　王　斌

项目演讲人：周叶子

商业办公区园林植物配置的探究

——以中关村科技园区丰台产业基地东区三期 1516—35、1516—36 地块项目为例

北京丰科新元科技有限公司　R-land 北京源树景观规划设计事务所 ／
胡　轶　胡海波　程　涛　张媛媛　隋凯月　张　胤

一、项目概况

丰台科技园区占地面积广，包括东西区、科技孵化一条街及扩区后的丽泽金融商务区等。丽泽金融商务区坐拥北京西南三环内第一道绿化隔离地区，生态优势是其区别于其他金融区的最大亮点，并且通过大兴机场带动丰台科技园一带的全面发展。中关村科技园区丰台产业基地东区三期 1516-35、1516-36 地块项目（以下简称丰台创新中心项目）位于北京市丰台区，是由华夏幸福基业股份有限公司与丰台区政府合作投资建设的一个集行政办公、商业、国际交流与休闲娱乐为一体的项目。本项目位于丰台科技园区东区三期，分为东、西两区，总占地面积约 14 万 m²，其内配套办公、商业及园林绿化，依附以上地理优势及发展规划，着力打造为丰台区商业办公的"新名片"。

二、国外 CBD 商务区项目种植形式

种植作为办公景观环境中最重要的构成元素之一，直接影响到城市商务区办公环境质量。以下列举几项著名的城市商业中心案例。

（一）英国伦敦金丝雀码头商务区

金丝雀码头位于伦敦东部港口区内，街心花园、广场、步行街、林间小路等公众空间约占地 30hm²。其为伦敦市内新兴中央商务区，区内主导产业以金融服务和传媒业为主，同时也是区域性的休闲购物中心，这里聚集了约 200 家店铺餐厅及生活配套设施。在植物设计上结合现状自然条件，营造丰富的植物层次，提高了植物群落的生态多样性；除此外，绝大多数场地通过中央绿地形式，提升了商业区的植物景观质量以及周边建筑的景观价值。

（二）美国纽约布鲁克林商业中心区

布鲁克林商业中心区靠近曼哈顿大桥、布鲁克林大桥及其他交通枢纽，是纽约市第三大商业区，仅次于曼哈顿中心区和中城区。该中心区由 Metro Tech 中心建筑群组成，绿化穿插其中，使楼间充满生态绿色，形成简约、疏朗的植物种植空间，进而提高景观质量。

三、中国北京国贸 CBD 商务区

北京国贸 CBD 是北京金融最发达的地区，这里聚集大量的金融、商贸、文化、服务等设施，交通便捷，现代化通信设施完善。众多跨国公司、金融机构、企业财团等落座其间，是北京重要的国际金融功能区和发展现代服务业的聚集地。北京国贸 CBD 景观中植物简约自然，体现了接近自然、回归自然的景观夙愿，现代简约的种植设计手法为人们提供了一个可以放松休憩的高端商务办公空间。

四、商业办公区种植概论

商业办公区作为一种新型的办公聚集区域，致力于打造一种优美、健康、舒适的工作环境。商业办公区的植物绿化是一种不仅局限于绿化美化还考虑使用人群的植物配置设计。

园林植物配置是科学性与艺术性统一的行为，既要注重空间营造、意境表达，还要均衡植物地域性和个性化的特点，而非千篇一律的植物景观效果。在商业办公区的植物配置不仅要符合以上要点，还需考虑使用者——办公人群的需求。植物的质感、色彩、造型等因素可作为商务办公区植物配置的考虑方向，使得设计为人所用，进而为商业办

公人群打造与自然和谐均衡的生态型花园式办公空间，在视觉或心理等方面缓解办公人群的工作压力，提高办公人群的情趣，激发活力和创造力，提高工作效率，促进身心健康。

五、本项目园林植物景观的营造

丰台创新中心项目空间形式多样，如中央行政办公区、办公楼密集区域等大尺度空间，建筑所围合的空间前者主要体现严谨气派的氛围，后者主要体现简洁疏朗的空间感受，而种植的营造则强化了这种空间感受。除此外的小尺度空间，如运动公园、办公花园、下沉庭院等，这类空间内的种植手法较为灵活，不仅考虑某视点丰富的植物景观，更要步移景异，保证植物景观的连续性。

（一）利用园林植物划分园林空间，通过空间对游人进行指引

1. 行道树对空间的界定

丰台创新中心项目西侧为马草河，东侧为居民楼，南、北两侧为商业用地。本项目南、北两侧及两地块间种植国槐作为行道树，东侧种植白蜡，项目东区西侧种植3列法桐，路侧行道树采用行列式种植，不仅延续丰台科技园规整有序的整体大环境风格，而且在空间上与周围环境分隔开来，实现了软景植物对空间的划分。国槐为北京市市树，体现北京独具特色的人文景观和文化底蕴；白蜡冠型饱满，体量大；法桐冠大荫浓，呈3列形成法桐步道，给人规整有序的景观感受。

2. 内部场地利用园林植物划分空间

项目西区运动公园设置400m环形跑道，在跑道外围列植不同品种行道树，不仅为跑步者提供遮荫，还在空间上界定运动花园的范围，使运动公园以步道为界限与周围景观空间分隔开来；同时在不同节点种植不同品种的行道树，给人步移景异的视觉感受。项目东区下沉广场上方，外围列植银杏，内侧间种山杏及北美海棠，两行植物分隔广场内外空间，不仅可以将两个空间区分开来，还为行人遮荫，供人休憩驻足观赏；两个下沉会议花园上方分别环形列植白蜡、山丁子，将会议花园与外部分隔，空间划分简洁明了，游人进入环形植物空间后便进入了另一片天地，并经过扶梯进入下沉会议花园；东区艺术花园由8块大小不一的绿地组成，连接各绿地的道路两侧列植白蜡和元宝枫，不仅为行人提供遮荫还可将不同区块绿地分隔开来，到秋季金叶满地，景色迷人。场地利用植物分隔空间，游

人在不同的景观空间穿梭，感受植物的四季变换。除此外，行政办公区的植物空间为半开放形式，既满足了工作需要，还展示了行政办公的严谨形象。其他各组办公建筑周围适当设计私密性空间，提高景观的安全性和神秘感。

（二）对使用者的感官影响

1. 视觉

（1）色彩感知

中央行政办公区楼前成排列植银杏树，建筑两侧种植元宝枫，两种植物的叶片在秋季均变为黄色，为秋季景观增添一抹浓重的色彩，秋风拂过，叶片随之散落，自成一派景观。东、西区的中心花园内植物也有按其生物学特性配置：早春开花的玉兰、夏季花团锦簇的紫薇等，秋季变色的银红槭、元宝枫、银杏等色叶植物。东、西两区北侧建筑楼间种植红枫，丰富建筑楼前植物景观色彩。在植物配置过程中，设计师根据不同植物的个性巧妙配置，从而形成独特的植物景观。

（2）形态感知

西区北侧建筑楼前，种植三五株造型松与涌泉搭配成景，造型松姿态逶迤，枝干弯曲错杂，飘逸悠然，给人宁静隐逸之感；东、西区内多处重要节点种植丛生树（丛生元宝枫、丛生蒙古栎等），丛生树较独杆树在姿态上更显飘然优美，且往往体量较大，易形成视觉焦点，缩小空间感进而拉近人与植物之间的距离，给人独特的视觉享受，部分特殊品种丛生树具有明显的季相特点（如丛生元宝枫秋季叶色变黄）且姿态优美。

2. 嗅觉

项目结合使用功能种植多种开花植物，如在重要的商业休闲区域种植紫薇、玉兰、木槿、榆叶梅等芳香植物，增加商业氛围，而在办公楼前则种植少量芳香植物，尽量减少植物气味对办公人员的影响。早春开花的碧桃、玉兰及樱花等，为春季景观带来一片生机，此时植物的气味也随之产生，人们进入园林中，会自觉地随着香味的引导进行游览。

3. 触觉

园林植物设计的目的在于：不论人们行走在任何一个空间内，均可感知植物的搭配以及呈现的良好自然环境，通过心理感知调动人们的积极性，进而想要触摸植物，探索自然。通常情况下，乔木枝叶粗犷、树干挺拔，给人营造高大庇荫的感受，拉近空间距离感；低矮的灌木或植被，大多质感细腻，形态或颜色丰富多彩，吸引行人想要触摸植物，亲近自然。例如西区1号楼南侧，春季玉兰

花洁白清香，夏季紫薇绚丽繁茂，细腻娇嫩的花朵带给人欢愉喜悦的心情，并吸引行人触摸花朵逗留至此，成为过往人群的"打卡地"。

（三）从使用者心理角度剖析

1.对安静氛围的感知

东、西区设计多处下沉庭院，在其上部均成排种植行道树，在空间上与外部疏离，进而围合场地形成局部景观，制造"安静空间"；西区运动场地旁，国槐成排种植围合成半开敞空间，行人可以此作为停留休憩的合适场所。

2.对自然环境的亲近感

东、西区内两个大型花园，在组团植物的配置上，不仅要考虑植株的单个外部形态能否与预期整体效果相符，还要注意植物色彩与季节的关系以及整体颜色的协调性，例如西区运动花园外侧，高大挺拔的雪松与树形饱满的碧桃相搭配，雪松四季常青，碧桃春季花先叶开放红粉相间，二者相映成趣；组团植物的外部形态特征也是引人注目的关键点。不论何种种植形式，均呈现了景观的自然性。

（四）科普价值

该项目内种植百余种园林植物，品种丰富，特点各异，主要集中栽植于两大花园内，并结合地形起伏变化，如蜿蜒曲折变化的篱带、成排大乔木或组团种植的灌木丛、孤植或群植的乔木等。为更好地科普植物知识，园区里的植物配有植物铭牌，其上注明植物中文名、拉丁学名、科属及生态习性等，并附有二维码，便于游人结合实物了解植物知识；园林植物是园林设计中唯一具有生命的要素，其自身依据生物学特性一年四季展现不同的姿态，且在空间塑造上占据重要地位；游人置身其中，放松身心并了解自然，培养对大自然的尊重和热爱。

（五）人文关怀的体现

1.植物的美好寓意

东区行政楼前列植成排的银杏树，银杏具有"活化石"的美称，其生长较缓慢，寿命极长，自然条件下从栽种到结银杏果需要二十多年，40年后才能大量结果，故而有人称其"公孙树"。银杏寓意坚韧与沉着，成排列植于行政楼前，营造严谨的氛围。除上述外，本项目中还种植了象征富贵吉祥的紫薇，象征玉堂富贵的海棠，象征和睦的合欢，代表对美好事物追求的玉兰，代表坚毅品质、积极向上并对未来的生活充满了向往的红枫树等。

2.植物对意境的表达

西区北侧建筑楼前，三五株造型松姿态逶迤，枝干弯曲错杂，与潺潺流水搭配成景，营造静谧深远的空间氛围，不同于其他视角的植物配置，仅依据造型松独特的外形和美好的寓意便可单独成景。东区东侧建筑出口种植不同品种海棠，夏季海棠花团锦簇，散发怡人芳香，热烈浓郁的花色吸引人群，仿佛置身"世外桃源"。

六、结语

随着人们生活水平的提高，生态型花园式办公区势必成为越来越多企业办公地的首选，而植物在生态型景观中占据重要的地位，设计师根据植物对空间划分的功能，营造不同的景观空间；根据植物四季的变化，进行合理种植配置展现不同的季相景观。软景植物在满足办公人员对景观基本需求的同时，还注重办公人群在心理、视觉等方面的需求，植物的人性化设计使人们处于一种舒适的办公环境中，提高工作效率的同时还可提升人们的幸福感。

参考文献

[1] 石晓景.办公景观规划设计的特色化表达研究[D].南京林业大学，2014.

[2] 李阳.城市商务办公区外环境设计研究[D].西南大学，2017.

[3] 崔祎.基于环境心理学的城市办公区景观设计研究[D].吉林农业大学，2018.

[4] 申可夫.商务办公园区植物景观设计探究[D].华南理工大学，2011.

[5] 刘瑞雪，许晓雪，陈龙清.基于使用行为的城市公园植物景观空间调查研究[J].中国园林，2019,35(4):123-128.

项目组成员名单

项目参加人：胡　轶　张　胤　胡海波　程　涛
　　　　　　张媛媛　隋凯月　陈佳运　田静宜
　　　　　　裴　超　刘浩喆　白晓燕　马爱武
　　　　　　徐飞飞　陈经纶

城市水环境治理中"流域统筹，品质提升"的思考

——以广州市天河涌流域品质提升项目为例

中国电建集团北京勘测设计研究院有限公司／赵　凡　郁文吉

一、引言

河流是人们赖以生存和发展的重要载体，其在城市的发展过程中具有不可替代的作用。但随着社会发展和城市化进程加快，水环境问题显得日益突出。在国家高度重视生态环境建设的时代背景下，各地方政府都在积极响应，对解决城市水环境问题做出了不懈的努力。

而在我们深入参与了城市水环境综合治理项目后，我们就会发现，城市的水环境问题是一个较为复杂的问题，其问题成因复杂多样，涉及的专业繁多庞杂，这就要求我们在考虑城市水环境问题时，应从宏观角度入手，全面统筹，对城市水环境的具体问题进行具体分析，并以多专业协同的方式，齐头并进，采用多种手段，进行综合治理，而不能一味地采用单一技术，依靠单一专业。只有这样，才能切实解决城市水环境问题，实现对城市水环境的真正改善。

二、当前城市水环境治理中存在的问题

随着城市水环境问题给社会经济发展带来的制约作用愈发明显，国家越来越重视城市水环境的综合治理工作。目前，城市水环境问题主要可以归纳于三方面的原因——污染源居高不下、自净水量严重不足、缺乏流域统筹管理。但因其往往是多方作用，故造成了当前水环境问题颇为复杂的成因。

传统城市水环境治理的思路较为局限于各单一领域工程措施层面，即较为局部化、零散化。同时，其主要建设目标也紧紧围绕水体水质、防洪排涝等工程建设目标，往往忽视了对城市景观风貌提升与周边经济产业带动的作用。综上而言，当前的城市水环境治理普遍缺乏流域尺度的，可统筹多领域、多专业的系统规划。在水环境问题成因琐碎复杂的情况背景下，未来基于全局思维和系统治理理念，按"流域统筹，系统治理，品质提升"的顶层设计思路，全面强化流域生态本底，并基于良好的生态本底，改善城市风貌，推动城市发展，提升城市品质，才是城市流域水环境综合治理较为合理的思路和方向。

三、"流域统筹，品质提升"的城市水环境治理实例研究

（一）流域概况

天河涌流域位于广州市天河区东部，是广州市重要的河流生态廊道，亦是天河区内流域面积最大、最为重要的流域。其水环境状况对天河区乃至广州市的可持续发展具有重大影响。车陂起源于龙洞水库，最终注入珠江前航道，因在车陂村入珠江而得名。其主涌长 20.4km；支涌和暗渠共计 23 条，总长约 50km。总流域面积 80km^2。

（二）问题梳理及识别

1. 现状问题梳理

基于流域内排水单元情况摸查，以及流域水质现状调查、水动力计算、小微水体情况摸查、主要河涌水面线计算、内涝点分布、滨水景观风貌评价、碧道连通性分析、历史文化资源分析等一系列现状分析，我们将天河涌流域内目前现状问题归类总结如下：

（1）水资源问题：枯水期，河流水动力不足，水深较浅，部分河涌存在间断风险。

（2）水环境问题：①流域内达标单元面积占比低，目前仍有较大流域面积存在排污入涌风险。②23 条支涌中，有 13 条仍然为黑臭水体，另有 2

条水质黑臭反复性强，水质不稳定，不黑不臭的支涌仅有 8 条。③流域内有 32 处小微水体待整治，其中 15 处为黑臭水体。

（3）水安全问题：①流域内存在 37 处内涝点，其中 15 处亟待整治。②目前在 20 年一遇的防洪标准下，部分河段存在防洪能力不达标的问题。

（4）水景观问题：①景观形式过于单一，缺乏亮点。②景观设施未充分融合海绵城市建设要求，生态功能性欠佳。③城市生态景观系统缺乏整体规划，体系有待完善。④滨水道路不通不畅，存在多处道路阻断点，滨水空间可达性欠佳。

（5）水产业问题：①流域内，居民休闲项目主要以观光项目为主，缺乏具有当地代表性的体验参与类项目，人水联系较为薄弱，水岸空间的潜力没有得到有效激活。②"水文化"结合不佳，"水文章"没有做足。区域内本就有厚重的人文历史底蕴以及独特的龙舟民俗文化，但在城市建设中没有做重点打造，展示性不足。与此同时，天河涌流域经过漫长的治理与复兴，其宝贵的治水经验以及成果亦没有得到充分的留存与展示。

2. 流域品质提升的思考

为实现"水清岸绿、堤固城安、文盛景秀、游畅通达、民乐城兴"的美好愿景，基于问题现状，我们对天河涌流域品质提升进行了一些思考，提升需求如下：

（1）水环境建设：控制城市面源污染，解决城市水体环境问题。

（2）水安全建设：重点解决城区暴雨造成的内涝积水的问题，提高河道行洪能力。

（3）流域景观建设：完善城市生态景观系统，提升流域景观风貌，解决现有景观品质不佳的问题。

（4）流域文化建设：强调文化引领，以文化引导城市建设，彰显场地精神，解决文化展示性不足的问题。

（5）滨水碧道建设：打通滨水脉络，增强滨水可达性，解决滨水道路不通不畅的问题。

（6）产业亮点建设：结合城市特色，融入具有体验性、参与性的经营性项目，产生经济收益，打造流域亮点。

（三）技术路线

依据上述现状问题及对流域品质提升的思考，本次规划设计以"流域统筹，品质提升"为主导思想，针对天河涌流域进行全流域、全过程、全要素统筹规划，并以"海绵城市建设"及"景观风貌提升"为两大实施路径，以问题为导向，明确建设目标，最终提出"4+2"品质提升规划体系，以此开展本项目规划设计工作，使天河涌实现 1.0 ~ 2.0 的蜕变。

（四）天河涌流域"4+2"品质提升规划体系

1. 四大工程建设体系

基于区域现状问题，拟采用四大工程体系，以此来强化区域生态本底，改善城市水环境状况，保障城市水安全，彰显城市风貌，提升城市品质。

（1）水质提升体系。基于流域内排水单元达

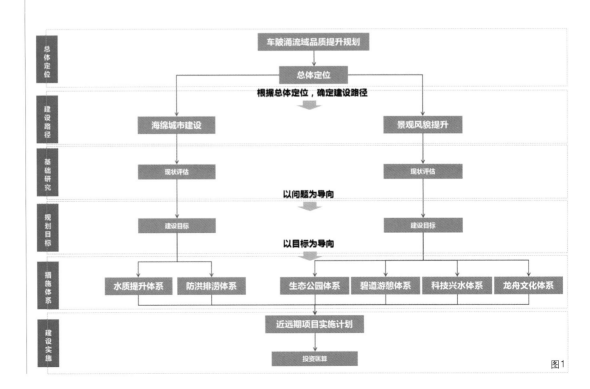

图 1　技术路线图
图1

图2 龙船塘景观设计效果图

标率低、河涌及小微水体水质不佳等问题，我们以"全过程控制"为思路，以"源头减排—过程阻断—末端治理"为治理路径，提出以排水单元达标工程、调补水工程、初雨调蓄池建设工程、河涌水质提升工程以及小微水体治理工程为主要组成部分的水质提升体系，针对水体水质，提出全面治理思路，旨在重点强化流域内的生态本底，于近期全流域消除黑臭水体。

（2）防洪排涝体系。针对部分河道防洪能力不足以及暴雨所造成的城市内涝问题，我们提出以"灰绿结合"的方式，构建区域防洪排涝体系。

一方面，采取工程措施。针对河道防洪能力不足的问题，采用清淤疏浚以及河道拓宽的方式，保证河道的防洪能力达标；而针对城市内涝问题，基于"自排为主、调蓄相辅、泵排为辅"的设计原则，依据造成内涝点的不同的成因，采用相应的工程措施，如完善排水管网设施、局部抬高、设置强排泵站等，以解决部分内涝问题。

另一方面则基于海绵城市设计理念，通过充分利用设计范围内32处小微水体以及现有及未来规划的绿地区域，于其中设置生态湿地、雨水花园、生态调蓄塘等海绵设施，使其发挥城市海绵作用，以绿色生态的方式增强城市雨洪调蓄能力，减少城市防洪压力，以此缓解城市内涝风险。

（3）生态公园体系。通过梳理区域内现有公园，结合城市总体规划及水系规划，缝补整合，以"珠联璧合、龙游车陂"为景观设计主题，新建或改建11处生态公园，从而形成16个规模较大的绿心，打造"三廊十六园"的城市公园体系结构，补全天河涌流域生态公园体系，实现区域内开放绿地的串珠式发展，使其整体发挥更大的景观生态效益。同时，融合城市文化，进一步打造"生态车陂、智慧车陂、文化车陂"3处城市景观记忆点，构建城市景观亮点。

（4）碧道游憩体系。在广州市碧道建设的背景下，衔接上位规划，以兴趣点分析、现状交通及联通性分析为基础，近期先行打通珠江口—火炉山森林公园段近12km碧道建设；远期，结合流域内9条河涌水系，连通40km碧道建设，串联区域近30个城市节点。同时增设绿色交通接驳站点，完善碧道配套设施建设，最终构建水清、岸绿、安全、通达、完善的碧道游憩体系，引领广州碧道建设，建设"车陂大花园"。

2.两大文化产业体系

在工程体系的帮助下，以良好的自然生态本底及城市景观风貌为基础，融合城市定位及特色，以水为脉络，进行文化产业体系的建设，通过导入产业项目，增强城市软实力，推动城市更新及城市建设，使项目兼顾生态效益、社会效益及经济效益。

（1）科技兴水体系。本着做足"水文章"的出发点，我们于"智慧车陂"城市节点中，构建一栋天河涌博物馆、一座水科技展览馆、一处水科技景观标志点，并以此组成本项目的"科技兴水体系"。天河涌博物馆结合周边城市用地，作为天河区智慧城市展览馆的组成部分，生动展示天河涌的前世今生。水科技展览馆结合区域内的大观净水厂以及其尾水净化湿地，可作为水处理的科普教育基地，直观展现水质净化的流程及原理。智慧景观水塔则作为一处以水为特色的景观装置，加强了人水间的互动，强化了场地印记。

通过上述载体，集中展现"科技兴水"的这样一个主题，从而直观地传达了天河涌与天河区城市发展间的兴衰关系——"车陂兴"则"天河兴"。

（2）龙舟文化体系。地域文化与城市建设的融合是体现城市特质的有效手段。车陂龙舟广场是广府龙舟文化中的典型代表，2017年被正式列为广州市非物质文化遗产，至今已有150年历史，是天河传统民俗文化的重要组成部分。我们在此，以"龙舟文化"为引领，结合龙船坳龙舟文化主题公园、龙舟赛道、隐舟阁船坞以及周边特色村落，集中打造龙船墟龙舟文化风情园，策划以龙舟竞渡、游龙省亲、龙船宴为代表的特色体验项目，彰显区域特质，丰富市民活动，使群众体会满足感、获得感。

四、结语

对城市而言，水不仅是城市生存与发展不可替代的物质条件，更是城市可持续发展的支柱。探究如何以"流域统筹，品质提升"为主导思想，通过对城市河流进行"全流域""全过程""全要素"的管控设计及风貌提升，最终实现"重现河流生机，重塑城水纽带，重构人水和谐"的美好愿景，具有重要的现实意义。

项目组成员名单
项目负责人：赵　凡　郁文吉
项目参加人：于　然　朱婷婷　夏　彤　欧阳君林
　　　　　　　张　博
项目演讲人：赵　凡

采石矿山精细化生态修复规划方法研究
——以荥阳南部矿山为例

北京清华同衡规划设计研究院有限公司／沈　丹

一、项目背景

　　20 世纪 90 年代以来，我国进入了快速城市化进程和大规模建设的时期。随着城市建设对石料需求量的不断增加，采石矿山的面积和数量也随之增加。我国的采石矿山往往数量众多，但单个矿山尺度普遍较小而且差异巨大。传统粗放的采矿方法极易造成地质灾害和安全隐患。同时，长期的采石活动对生态环境造成了严重的破坏。随着国家生态文明建设的持续深入开展，采石矿山已成为我国目前主要进行的生态修复和治理的对象之一。

　　本研究以河南省荥阳市南部矿山为例。荥阳市隶属河南省郑州市，整个南部山区石灰岩底层分布广、厚度大、开采方便，有上千年的开采历史。据不完全统计，多年来荥阳市南部矿山为郑州市提供了 60% 以上的建设用砂石骨料。本次研究的南部矿山总面积约为 14km²，共有矿坑 30 余处。场地内高陡边坡多，岩壁落差 30 ~ 120m，岩壁坡度以 40° ~ 60° 居多。近十余年的大规模开采已造成矿山区域内动植物破坏、山体挂白、水土流失等诸多生态环境问题，也隐藏着极大的地质安全隐患，严重威胁矿区未来的安全、健康、绿色发展。

二、面临的主要问题与修复策略

　　荥阳南部采石矿山主要面临以下两个问题。一是这些数量众多、大小不一的采石矿山存在极大的安全隐患，大量的高陡边坡极易形成滑坡、崩塌、泥石流等地质灾害，威胁该区域内村民的生命财产安全。二是由于长期的采石活动，必然导致当地矿区及周围的生态环境失衡，从而造成土壤质量降低，物种数量减少。而且石材的加工和运输过程中都会有大量的粉尘扩散到空气中，严重污染环境。

　　本次规划提出了"三步走"的生态修复策略，分别是地质治理、生态修复和产业植入。首先是对现状进行全面摸排评估，然后进行地质治理，全面消除安全隐患；其次是通过生态修复策略，对场地进行综合整治，形成山水林田湖草的生命共同体，达到人类与动植物共荣的修复效果；最后导入绿色产业，结合塔山康体养生、户外运动基地、绿色双创产业，形成生态绿色产业综合体。

三、生态修复方案

（一）地质治理

　　地质治理主要分为 3 个部分，分别是地质安全评估、场地整理和山体的天际线优化。

图 1　荥阳南部矿山现状情况
图 2　生态修复策略

图1

图2

STEP 1: 地质治理	STEP 2: 生态修复	STEP 3: 产业植入
安全为先 ——地质安全评估 现场初判＋坡率法 (40m以下) ＋综合限幅法 (500m以下) ＋参数评估法 (校核)	因水定绿 ——收集雨水浇灌 GIS模拟汇水形成蓄水池，根据水量选择植物群落	怎么发展 ——产业定位 解读郑州市及周边产业短板和机遇，寻找突破口
边坡优化 ——场地整理 平整坡度小于0.3%	因光定植 ——种植规划 GIS模拟光照形成阴阳坡，根据光线选择植物种类	在哪发展 ——产业用地 避开保护范围，现状村庄、良好林地、高陡边坡、不利风向，适应产业用地
美观修正 ——山体天际线优化 优化塔山、主要道路视线上的山体天际线	美观修正 ——视觉敏感区优化 优化塔山、主要道路视线上植物配置组合	发展什么 ——产业规划 综合周边产业短板和机遇，结合机遇导地规划产业

岩石种类及其特征	岩石风化程度	岩石的破碎程度	边坡坡度与高度值		
			高 15m 以内	高 30m 以内	高 40m 以内
石灰岩厚层，块状致密，坚硬	微风化至中等风化	节理很少至节理较多	1：0.1 ~ 1：0.2	1：0.2 ~ 1：0.3	1：0.3 ~ 1：0.5
		节理发育	1：0.2 ~ 1：0.3	1：0.3 ~ 1：0.5	1：0.5 ~ 1：0.75
		节理极发育	1：0.3 ~ 1：0.5	1：0.5	
	强风化	节理很少至节理较多	1：0.2 ~ 1：0.4	1：0.5	1：0.75
		节理发育	1：0.4 ~ 1：0.5	1：0.5 ~ 1：0.75	
		节理极发育	1：0.5 ~ 1：0.75	1：0.75 ~ 1：1	
燧质、硅质、泥质、铁质石灰岩、磷灰岩或互层薄层，中层、致密	微风化至中等风化	节理很少至节理较多	1：0.2 ~ 1：0.3	1：0.3 ~ 1：0.4	1：0.4 ~ 1：0.5
		节理发育	1：0.3 ~ 1：0.4	1：0.4 ~ 1：0.6	1：0.5 ~ 1：0.75
		节理极发育	1：0.4 ~ 1：0.5	1：0.6	
	强风化	节理很少至节理较多	1：0.3 ~ 1：0.5	1：0.5	1：0.75
		节理发育	1：0.5	1：0.75	
		节理极发育	1：0.75	1：1	

1. 边坡安全性评估

对于采石矿山来说，由于采石开挖山体，形成了陡峭的边坡，在降雨、风化条件下极易崩塌。因此，在采石矿山的修复治理中，高陡岩边坡治理是重中之重。矿山环境修复与开发规划方案是在确保安全基础上制定的。由于目前矿区矿坑杂乱、岩体边坡陡峭、岩体破碎，存在极大的地质安全隐患。因此在制定环境修复方案前，应首先对矿坑边坡进行岩土工程安全评估。

根据岩土工程设计师的要求，在边坡治理中，山体边坡稳定性综合评判原则如下：① 40m 以下山体边坡评判采用坡率法（表1）推荐结果，指标法与参数计算法进行校核。坡率法的核心参数在于边坡的高度和坡度，我国许多建设部门在边坡设计治理过程中积累了很多经验，依据现有规范及手册所记录的坡体介质、结构及其他条件查表类比，进行边坡稳定性状态的定性判断。② 大于 40m 以上边坡，需要综合考虑选取岩性构造、坡高、坡角、地震、降雨作为影响边坡稳定的主要因子，并对其赋值后进行综合评判。

在传统的采石矿山边坡稳定性评估中，对于上述两种不同的边坡，设计师往往需要先根据测绘地形图筛选出相关范围内的边坡，再通过现场调研获得的影像资料综合进行评判。在本次规划中，采用了数字化的方式还原了真实场地现状，为设计过程提供了极大的便利。在设计过程中，通过场地高程分析、坡度分析以及坡率分析等地形地貌分析，初步筛选出采石矿山内的坡高、坡角等超出规范的范围，其次再针对选取的区域进行剖面分析，利用数字化手段中准确快速生成剖面的工具对每个矿坑进行剖析，最后通过三维实景模型进行校验，综合选取作为场地边坡整治的区域。多次的验证确保了边坡治理范围的准确性。

2. 边坡治理

边坡治理是采石矿山地质治理的关键所在，本次规划中主要选取的边坡治理措施有：薄层岩壁挖通，对局部台阶过陡的区域进行降坡工程处理，修正表面易产生滑坡的区域以及保留并整理稳定的岩壁。

在传统采石矿山边坡治理中主要是通过划分区域并通过判断给出标准断面以做统一整形处理。这种边坡治理方法很大程度上依赖于设计师的经验和

台阶过陡：降坡
易滑坡：表层修整
稳定：保留
薄层岩壁：挖通

图3

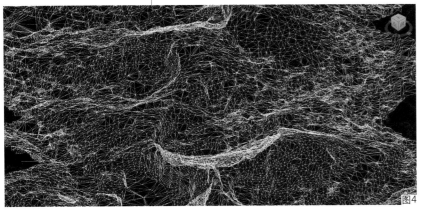

图4

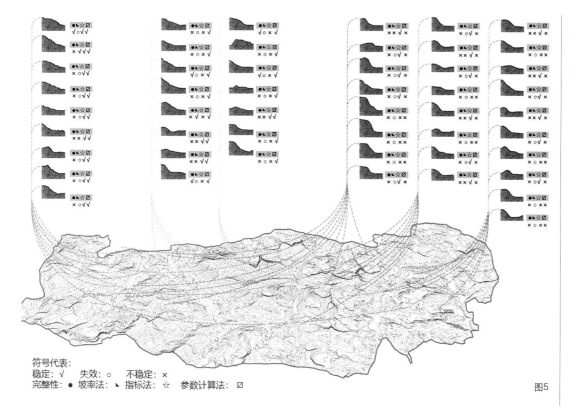

图 3 不同类型的地质治理方式
图 4 利用数字化工具初步筛选边坡治理范围
图 5 选取断面校核边坡治理范围
图 6 以模型为基础有针对性地进行边坡治理

符号代表:
稳定: √   失效: ○   不稳定: ×
完整性: ●   坡率法: ▲   指标法: ☆   参数计算法: ☑

图5

技术水平,而且很难对技术的实施进行量化评估。在本次规划中,由于在前期已经建立了精确的数字化模型,因此在设计过程中,充分利用数字技术三维化、可视化和精细化等特点,根据现状地形精准地设计出边坡治理后的地形,同时还根据设计要求提出不同的边坡治理解决方案,将方案加载到现状场地模型中,推敲方案的可行性。基于精准的场地模型实现石方量的量化也在本方案中体现了优势,通过比较不同方案治理前后产生的石方量进行方案优化,对于未来实施落地有充分的保障。

3. 山体天际线优化

通过选取主要视点来优化可视范围内的山体天际线。通过计算机模拟地质治理后的山体天际线较为工程化,比较坑洼,缺乏自然山水的美感,可通过人为优化天际线达到景观优化的目的。

(二)生态修复

生态修复的重点是依托边坡治理后的采石矿山建设自然式的复合种植空间。因此,在规划中提出了因水定绿、因光定植的生态修复方法。

在生态修复过程中,考虑到采石矿山立地条件恶劣,植被对于水、光照比常规植物种植要求更高,因此在规划中提出了因水定绿的策略。借助边坡治理后的场地模型,利用 ArcGIS 平台进行汇水分析,根据汇水分析结果在空间上确定了 10 个蓄水池。通过计算每个蓄水池能收集到的雨水量确定

可修复植被的面积。以尽可能多地修复植被面积为原则,科学选择耗水量少、生态效益高的本土植物群落。对边坡、复林迹地平台、复耕基地平台的范围进行空间落位和规划,达到宜耕则耕、宜林则林、宜景则景的因地制宜的修复目标。

在生态修复植物树种的选择上,利用数字化工具对场地进行光照分析和风环境模拟,根据不同的立地条件形成不同类型的修复分区,针对不同的分区选择适应性强、抗逆性好、生长快的乡土先锋植物,采用近自然混合林结构种植的方式以促进植被更好更快地生长。

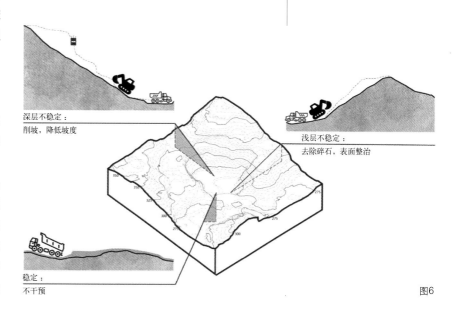

深层不稳定:
削坡,降低坡度

浅层不稳定:
去除碎石,表面整治

稳定:
不干预

图6

图 7　山体天际线优化的前后对比
图 8　生态修复策略——因水定绿
图 9　生态修复策略——因光定植

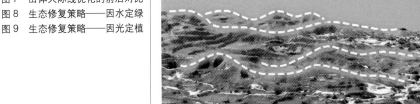

图7

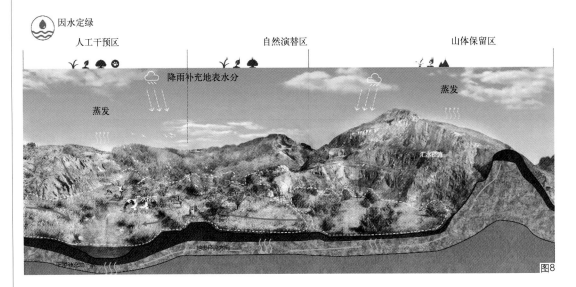

因水定绿

人工干预区　　　　　　　　　　　　自然演替区　　　　　　　　　　山体保留区

降雨补充地表水分

蒸发　　　　　　　　　　　　　　　　　　　　蒸发

图8

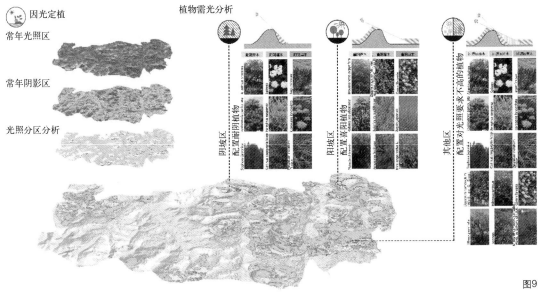

因光定植

常年光照区

常年阴影区

光照分区分析

植物需光分析

图9

（三）产业植入

在保障安全和生态功能的基础上，规划中提出植入特色文旅、导入绿色产业、完善区域功能的绿色转型路径。探索多种山体修复利用模式。通过利用矿坑自然基底，转不利条件为优势资源，补充郑州矿坑旅游市场空白，形成矿山休闲体验区、绿色产业双创区和塔山康体养生区三大产业功能区。

矿山休闲体验区通过矿坑生态修复利用与休闲运动、文化娱乐、旅游观光、特色度假、生态农业相结合，以独特的矿业遗迹资源为主体景观，重点体现矿业发展历史内涵，发展特色旅游，如矿坑酒店、矿坑温室、矿坑花园、博物馆、音乐厅、矿坑攀岩、矿坑极限运动等。绿色产业双创区将吸引以装配式建筑研发、装备制造研发、新材料研发、新能源和环保节能研发、文化创意等为主的智力密集型科技企业入驻。提供商务交流、企业孵化、金融服务、教育培训以及综合服务等功能，通过

图 10　规划愿景

图10

政策优势、待遇优势、创新创业环境优势，吸引国际国内创新人才入驻小镇。塔山康体养生区，打造沉浸式景区文化体验、中原文化研习体验、修心养生新标杆。

四、结论与展望

（一）采石矿山的生态修复是一个复杂的系统工程

采石矿山的生态修复是一个系统而漫长的过程，生态修复是解决矿山环境保护和综合治理的有效途径。但是，恢复生态系统功能，决不仅仅是植被的恢复。生态修复一定要从简单的复绿过渡到生态功能修复，总体上应该重新建立一个功能性完整的生态系统。除此之外，还要考虑与自然生态系统相匹配的经济、社会系统的修复，以及文化功能、美学功能和公众感受等等。本次规划提出了从地质治理、生态修复到产业植入"三步走"的修复策略，最终实现安全为基、生态优先、兼顾发展的修复目标。

（二）基于多学科的数字技术助力采石矿山生态修复的精细化

采石矿山的生态修复是一个极其复杂的工作，完成修复工程需要岩土工程学、地质学、生物学、土壤学和水土保持学等多学科知识和技术支持，数字技术为规划提供了广泛的应用可能性。在本次规划中，通过三维摄影测量技术获取采石矿山地形地貌数据构建数字化模型，继而以模型为基础进行边坡安全性评估、危险边坡提取、边坡治理以及日照分析、汇水分析等多个方面的量化研究，改变了传统的基于精度较低的测绘地图的平面化的规划设计方式，形成了一种新型的采石矿山规划设计研究方式。基于数字化技术的应用不仅极大地提高了设计效率，而且通过这种数字化的方式构建了规划设计的科学性和逻辑性，从而可以有效量化修复中的成本，也为后续生态修复落地工程打下坚实的基础。

项目组成员名单

项目负责人：沈　丹

项目参加人：沈　丹　张　姝　闫少宁　于　亮　齐祥程　陈卫刚　孟献德　彭剑波　贾文军　高红玉　崔雪娜　赵静波　李　明　辛鸿博　张志波　贾　娟　谢麟冬　殷豆豆　李恰恰　任心怡　吕亚飞

项目演讲人：沈　丹